◉ コンピュータはどのように動くのか ◉
ディジタル回路からアルゴリズムまでのステップ

# コンピュータのしくみを理解するための10章

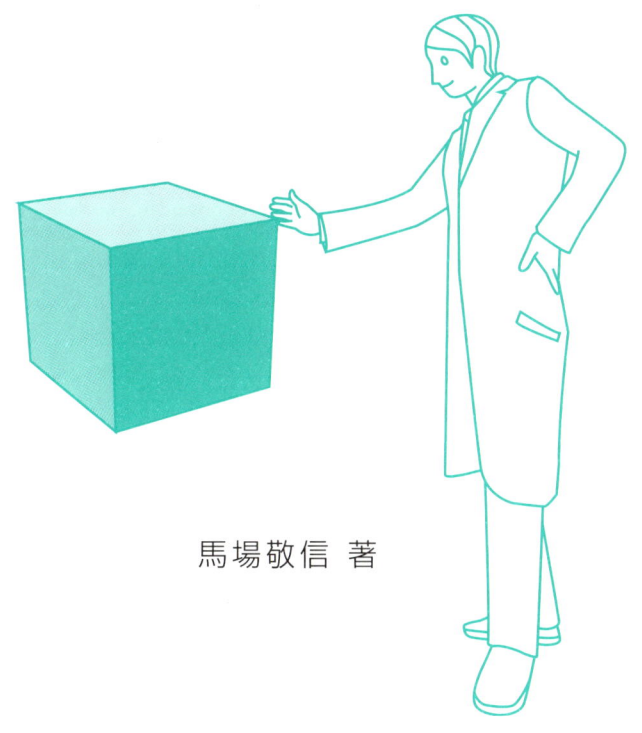

馬場敬信 著

技術評論社

本書の第4章で定義しているASCモデルコンピュータのアセンブラ（第8章を参照）とシミュレータから成る「ASCシステム」を公開しています。誰でも自由にダウンロードして使えますので、以下のURLを参照のうえ、ご活用ください。

http://gihyo.jp/book/2005/4-7741-2422-2/support

本文中に記載されている製品の名称は、すべて関係各社の商標または登録商標です。

# はじめに

## ■ なぜ「コンピュータのしくみ」なのか？

　コンピュータはいまや世の中のいたるところに満ちあふれている。パソコンは言うまでもなく、携帯電話、家電製品、車など肝心な部分がコンピュータで制御されているものを挙げ始めるときりがない。しかし、我々は、そのようなコンピュータの存在を意識することはまれであり、コンピュータの中味など知らなくてもあまり問題はない。むしろ、中味を知らないと使えないような製品は作る方が悪いということになるだろう。

　しかし、本当に中味など知らなくてもよいのだろうか？　いつの時代にも、なぜ、どうして、という疑問をもって中のしくみに興味をもつ人はいるはずであり、そのような人が科学技術の進歩を支えたといっても過言ではない。

　コンピュータの使い方は時代とともに変わるが、中のしくみはそう変わるものではないし、普遍性も高い。使い方だけではなく、しくみまでわかれば、操作していることの意味も納得できるのではないだろうか。

　コンピュータのそれぞれの分野について専門書も多いが、一般の読者にとってはあまりに高度で敷居が高過ぎる。登山の経験のない人にいきなり高い山に登りなさい、といっても無理がある。初めてコンピュータを勉強しようという人や、コンピュータの全体像を理解しようとする人は、きっとコンピュータの世界全体を理解する前にくたびれてしまうだろう。

　本書は、コンピュータの「使い方の本」でもないし「専門書」でもない。コンピュータのしくみに興味を持つ人を対象に、コンピュータの世界の全貌とそのしくみを予備知識なしで理解してもらうことを目的とする本である。コンピュータを必要以外には扱うことのない一般の方に、あるいはリテラシー教育の一環として文系・理系の学生諸君に読んでもらえれば幸いである。

## ■ 本書の特徴

　第一の特徴は、コンピュータの世界の全貌を階段を上るように理解してもらう目標を持っていることである。このため、物理世界での0と1の表現法から出発して、最後は処理の手順（これをアルゴリズムと呼ぶ）を考えるまでを、一段ずつステッ

プアップする。言い換えると、あることがらを基本にして、一段上のことをどう作り上げるかを学び、さらにそれを基本にその上をどう作り上げるかを学ぶ、という風に1つ1つ足場を固めながら進んでいく。

**第二の特徴**として、本書では、幅広い初心者を対象に、**コンピュータの動くしくみをできるだけわかりやすく紹介**することを心がけた。そのため、各章での説明は、本筋を見失わない範囲でできるだけ簡潔に留めている。それぞれのことに興味を持ったら関連する参考書等が読めるように、巻末に文献紹介を付けた。

**第三の特徴**として、説明の際に可能な範囲で**例え話**をもちいた。コンピュータになじみのない人にコンピュータの世界を知ってもらうには、それぞれの人がもっている経験から入るのがわかりやすいのではないか、ということによる。ただし例えの仕方によっては、誤解を生む危険性もあるので、そこには注意を払った。

## ■ 本書の構成

全体は2部構成にしてある。各章の内容を簡単に見てみよう。

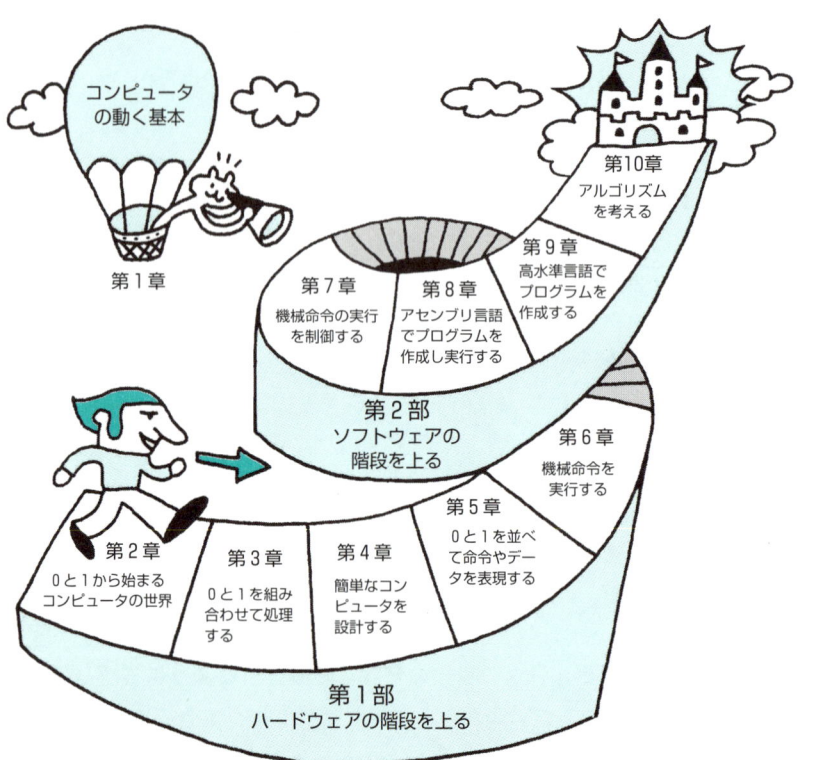

【第 1 部】…物理世界から始めて、機械命令をどう定義して、どう実現するかといった、ハードウェア中心のテーマ

- 第 1 章…本書の導入部。いわば気球に乗って、コンピュータの世界全体を大づかみに眺めて理解してもらうことを目的とする。

- 第 2 章…コンピュータの世界の一番ベースとなる物理の世界との接点部分では、すべて 0 と 1 が出発点になっていることを示す。

- 第 3 章…0 と 1 を組み合わせてどのような処理が行われるのかについて説明する。

- 第 4 章…0 と 1 を組み合わせて処理することにより、ASC と名付けた簡単なコンピュータを構成することを考えてみる。

- 第 5 章…現実的なコンピュータの世界では、どのような形で命令やデータが表現されるのかを説明する。

- 第 6 章…第 4 章で簡単に説明したことを、第 5 章で説明するような現実世界のコンピュータ並みにするために必要なことについて説明する。

【第 2 部】…機械命令レベルから上の世界がどのように構成されるか、またどうやって処理の手順を考えるか、ソフトウェア中心のテーマ

- 第 7 章…機械命令の実行を制御する方法について述べる。ここには割り込みに始まるオペレーティングシステムの重要な概念を含む。

- 第 8 章…機械命令を書きやすくするために考えられたアセンブリ言語とその処理について説明する。

- 第 9 章…アセンブリ言語よりさらに高レベルでプログラムを書けるようにした高水準言語について説明する。

- 第 10 章…高水準言語よりさらに高位のこととして、問題が与えられたときに、その処理の手順を考えることについて説明する。

基本的には、章の構成順に読んでもらい、階段を上るように理解してもらうことを想定しているが、部単位で切り離して読むことも可能である。

　もし読者が実際に何か課題が与えられ、課題に応じた手順を考え、プログラムを記述して、コンピュータを使うような立場に立ったときには、本書を**逆方向のトップダウン**にたどることを知っておいてほしい。

　これら10章を読み終えたとき、コンピュータのしくみの本筋の理解を得るとともに、理解することの喜びを味わってもらえることと確信している。

## ■ 感謝のことば

　本書を書くにあたっては、多くの人の協力を得た。中でも、研究室の横田隆史助教授、大津金光助手、古川文人博士、月川淳技官、武田有志博士（現・東京都立産業技術研究所）にはコメントとともに、実際のプログラムの作成や検証に協力してもらった。西田泰江秘書には作図などを手伝ってもらった。

　技術評論社編集部の跡部和之編集長、佐々木由美さんには、編集者の立場から有益なコメントを頂戴した。

　最後に、私事になるが、筆者の仕事を支えてくれる妻秀子と咲弥子、千佳子、裕信の3人の子供達、並びに信雄と桂子の両親に感謝したい。

2005年　馬場 敬信

# 目次

はじめに ... 3

## 第1部　ハードウェアの階段を上る ... 13

### 第1章　コンピュータの動く基本 ... 15
いまやコンピュータはどこにでもある ... 15
電卓とコンピュータは何が違うか？ ... 17
プログラム内蔵方式の発明 ... 18
　【コラム】コンピュータを発明したのは誰？ ... 19
コンピュータの中を見てみよう ... 20
コンピュータにおける命令サイクル ... 22
コンピュータの基本構成 ... 25
プログラム内蔵方式コンピュータの特徴のまとめ ... 26

### 第2章　0と1から始まるコンピュータの世界 ... 28
0と1で情報を表現する…ビットについて ... 28
なぜ0と1だけなのか？ ... 30
すべては0と1で表現 ... 31
2進数による数の表現 ... 31
　【コラム】10進数以外の例を身の回りで探してみよう ... 33
ディジタルとアナログ ... 35

### 第3章　0と1を組み合わせて処理する ... 37
スイッチのオンとオフ ... 37
半導体でスイッチのオン・オフを表す ... 40
ブール代数を使って0と1を処理する ... 43
　【コラム】日常生活との関係…ド・モルガン則を一般化する ... 49
2変数の論理式表現 ... 51

　　　　　　　【コラム】2点スイッチはどうできている？ . . . . . . . . . . . . 51
　　論理関数で事象を表すには . . . . . . . . . . . . . . . . . . . . . . . . . . . . . . . 52
　　論理関数を論理回路で実現する . . . . . . . . . . . . . . . . . . . . . . . . . . 54
　　　　　　　【コラム】NOT、AND、OR は NAND か NOR だけで実現
　　　　　　　できる . . . . . . . . . . . . . . . . . . . . . . . . . . . . . . . . . . . . . . . . . 55
　　組み合わせ回路のしくみ . . . . . . . . . . . . . . . . . . . . . . . . . . . . . . . . 57
　　　　　「じゃんけん」の判定回路 . . . . . . . . . . . . . . . . . . . . . . . . 57
　　　　　デコードをする回路 . . . . . . . . . . . . . . . . . . . . . . . . . . . . . 59
　　　　　たし算をする回路 . . . . . . . . . . . . . . . . . . . . . . . . . . . . . . . 60
　　　　　　　【コラム】論理回路の簡単化 . . . . . . . . . . . . . . . . . . . . 64
　　順序回路 . . . . . . . . . . . . . . . . . . . . . . . . . . . . . . . . . . . . . . . . . . . . . . . 65
　　順序回路の例 . . . . . . . . . . . . . . . . . . . . . . . . . . . . . . . . . . . . . . . . . . 65
　　　　　順序回路のモデル . . . . . . . . . . . . . . . . . . . . . . . . . . . . . . . 66
　　　　　記憶するということは？ . . . . . . . . . . . . . . . . . . . . . . . . . 66
　　　　　設定された値を記憶する回路 . . . . . . . . . . . . . . . . . . . . . 68
　　時間の概念を導入する . . . . . . . . . . . . . . . . . . . . . . . . . . . . . . . . . . 71

# 第4章 簡単なコンピュータを設計する　　　　　　　　　　　74
　　シンプルなコンピュータを実現しよう . . . . . . . . . . . . . . . . . . . 74
　　モデルコンピュータ ASC の命令とデータの形式 . . . . . . . . . . 76
　　モデルコンピュータ ASC のハードウェア構成 . . . . . . . . . . . . 79
　　ASC で命令サイクルを実現する . . . . . . . . . . . . . . . . . . . . . . . . 81
　　　　　命令の読み出しからデコードまで . . . . . . . . . . . . . . . . 81
　　　　　命令の実行 . . . . . . . . . . . . . . . . . . . . . . . . . . . . . . . . . . . . . 83
　　ASC でプログラムを実行してみる . . . . . . . . . . . . . . . . . . . . . . 85
　　第3章の構成要素で ASC を構成する . . . . . . . . . . . . . . . . . . . . 87
　　　　　制御部を構成する . . . . . . . . . . . . . . . . . . . . . . . . . . . . . . . 87
　　　　　データパス部を構成する . . . . . . . . . . . . . . . . . . . . . . . . . 90
　　　　　　　【コラム】キロとケー . . . . . . . . . . . . . . . . . . . . . . . . . 94

# 第5章 0と1を並べて命令やデータを表現する　　　　　　　95
　　機械命令＋データ＝機械語プログラム . . . . . . . . . . . . . . . . . . . 95
　　機械命令の表現 . . . . . . . . . . . . . . . . . . . . . . . . . . . . . . . . . . . . . . . . 97
　　　　　機械命令の制御内容 . . . . . . . . . . . . . . . . . . . . . . . . . . . . . 98

　　　　　機械命令の表現形式 .................................................. 99
　　　　　　　　【コラム】実際のコンピュータの命令形式 ................. 105
　　データの表現 .............................................................. 106
　　**10 進数と 2 進数** ...................................................... 106
　　　　　10 進数から 2 進数への変換 ..................................... 107
　　　　　2 進数から 10 進数への変換 ..................................... 107
　　**固定小数点形式…小数点を固定して表現する** ....................... 108
　　**負の数の表現** .......................................................... 110
　　　　　符号と絶対値表示 ................................................. 110
　　　　　2 の補数 ............................................................ 110
　　　　　1 の補数 ............................................................ 111
　　　　　バイアス表示 ....................................................... 111
　　**浮動小数点形式…小数点を固定しない表現法** ....................... 112
　　　　　浮動小数点形式はなぜ必要か？　どうやって表現するか？ .. 112
　　　　　2 進数での浮動小数点数の表現 .................................. 114
　　　　　ASC の浮動小数点数表現 ......................................... 115
　　　　　浮動小数点数の正規化について ................................. 116
　　　　　　　　【コラム】IEEE 浮動小数点形式 ......................... 116
　　**数の表現の本質** ........................................................ 117
　　**その他…文字コード・アドレスなどの表現** .......................... 118
　　　　　文字コード .......................................................... 118
　　　　　アドレス ............................................................ 121

# 第 6 章 機械命令を実行する　　　　　　　　　　　　　　　　122
　　**固定小数点演算命令を実行する** ...................................... 122
　　　　　符号と絶対値表示は扱いにくい .................................. 122
　　　　　2 の補数の加減算は簡単 .......................................... 123
　　　　　1 の補数の場合…加減算では符号ビットからの桁上げがあったとき
　　　　　面倒 .................................................................. 125
　　　　　2 の補数のシフトはどうやる .................................... 126
　　　　　固定小数点数の乗除算 ............................................ 127
　　**浮動小数点演算命令を実行する** ...................................... 129
　　　　　浮動小数点数の加減算 ............................................ 129
　　　　　浮動小数点数の乗除算 ............................................ 131

　　　　固定小数点演算と浮動小数点演算の誤差についてひとこと . . 131
　　分岐命令を実行する . . . . . . . . . . . . . . . . . . . . . . . . . . . . . . . . . . . 132
　　その他の命令の実行 . . . . . . . . . . . . . . . . . . . . . . . . . . . . . . . . . . . 134
　　　　入出力命令を実行する . . . . . . . . . . . . . . . . . . . . . . . . . . . . 134
　　　　システム制御命令を実行する . . . . . . . . . . . . . . . . . . . . . . 134
　　重要な命令とその実行について：まとめ . . . . . . . . . . . . . . . . . 135

# 第2部　ソフトウェアの階段を上る　　　　　　　　　　137

## 第7章　機械命令の実行を制御する　　　　　　　　　　　139
　　割り込みとは何か？　なぜ必要か？ . . . . . . . . . . . . . . . . . . . . . 139
　　割り込み処理のしくみ . . . . . . . . . . . . . . . . . . . . . . . . . . . . . . . . 141
　　複数のプログラムを同時に走らせる . . . . . . . . . . . . . . . . . . . . . 142
　　ハードウェアを包むオペレーティングシステム . . . . . . . . . . . 143
　　　　マルチプログラミングはCPUの仮想化 . . . . . . . . . . . . . 144
　　　　記憶装置の仮想化 . . . . . . . . . . . . . . . . . . . . . . . . . . . . . . . . 144
　　　　入出力装置の仮想化 . . . . . . . . . . . . . . . . . . . . . . . . . . . . . . 145
　　　　　　【コラム】UNIXとWindows . . . . . . . . . . . . . . . . . . 146
　　システムの振舞いを舞台裏から見る . . . . . . . . . . . . . . . . . . . . . 146
　　　　【事象その1】…最初に電源を入れてからログイン画面が現れるまで、
　　　　コンピュータは何をやっている？ . . . . . . . . . . . . . . . . . . 147
　　　　　　【コラム】ブートストラップ余談（その1） . . . . . . 148
　　　　【事象その2】…キーボードを押してからディスプレイに表示される
　　　　まで . . . . . . . . . . . . . . . . . . . . . . . . . . . . . . . . . . . . . . . . . . . . 148
　　　　【事象その3】…ディスプレイ上にあいた複数の窓〜マルチウィンドウ 149

## 第8章　アセンブリ言語でプログラムを作成し実行する　　151
　　なぜアセンブリ言語でプログラムを書くか . . . . . . . . . . . . . . . . 151
　　擬似命令とは . . . . . . . . . . . . . . . . . . . . . . . . . . . . . . . . . . . . . . . . 153
　　　　　　【コラム】コメントに何を書くか . . . . . . . . . . . . . . . 154
　　コンピュータごとのアセンブリ言語プログラムの違いは？ . . . . . . . . 154
　　アセンブリ言語から機械語へどうやって変換する . . . . . . . . . . 154
　　複数のプログラムを結合して実行する . . . . . . . . . . . . . . . . . . . 156
　　アセンブリ・コードから実行可能イメージの生成まで . . . . . . 159

【コラム】静的と動的 .................. 161

# 第9章 高水準言語でプログラムを作成する　　162
　なぜ高水準言語でプログラムを書くのか？ .......... 162
　Cのプログラム例 ........................ 164
　Cのプログラムを翻訳して実行する ............. 167
　コンパイラの仕事 ....................... 168
　　　　　【コラム】ブートストラップ余談（その2）..... 172
　変数には型がある ....................... 172
　演算処理を行う ........................ 173
　　　　　【コラム】木表現 ................... 176
　式の構文解析をする ..................... 177
　　　　　【コラム】構文解析の方法あれこれ ......... 179
　実行順序を制御する ..................... 180
　　　流れ図の見方 ...................... 180
　　　Cの主要な制御文とその流れ図による表現 ...... 180
　　　if文とその機械語へのコンパイル ........... 182
　　　for文とその機械語へのコンパイル .......... 185
　ひとまとまりの仕事を関数とする ............... 188
　　　関数の考え方 ...................... 188
　　　関数の例 ......................... 189
　　　関数を機械語で実現する ............... 192
　　　スタックを活用して必要な情報を保存し復帰する ... 192
　もっと複雑なデータ構造 ................... 194
　　　配列…同じものがたくさん並ぶ ............. 194
　　　ポインタ型…要素間をポインタでつなぐ ........ 195
　　　配列やポインタ型の実現 ................ 196
　　　メモリ上の領域を分類する ............... 196
　プログラミング言語の文法 .................. 197
　　　　　【コラム】文法の持つあいまいさ .......... 199
　高水準プログラムの作成から実行まで ........... 200
　高水準言語レベルでプログラムをデバッグする ...... 200
　　　　　【コラム】いろいろなプログラミング言語 ..... 201

## 第10章 アルゴリズムを考える　202

アルゴリズムとは？ . . . . . . . . . . . . . . . . . . . . . . . . . . . . . 202
数字を大小順に並べる問題 . . . . . . . . . . . . . . . . . . . . . . . . 204
効率の良いアルゴリズム . . . . . . . . . . . . . . . . . . . . . . . . . 208
　　【コラム】計算コストの目安を与えるオーダ . . . . . . . . . . 208
アルゴリズムからプログラムを作る
　…アルゴリズム＋データ構造＝プログラム . . . . . . . . . . . . 210
　　【コラム】自分で自分を呼び出す…再帰の考え方 . . . . . . . . . . 215
実行時間を比較する . . . . . . . . . . . . . . . . . . . . . . . . . . . . 219
どうやってアルゴリズムを考えるか . . . . . . . . . . . . . . . . . . 220
正しいアルゴリズムとプログラムを作る . . . . . . . . . . . . . . . 222
付録 . . . . . . . . . . . . . . . . . . . . . . . . . . . . . . . . . . . . . . . 223

## そして最後に　226

## 文献紹介　228

## 演習問題　232

## 演習問題解答　237

## 索引　251

# 第1部

## ハードウェアの階段を上る

第1章　コンピュータの動く基本
第2章　0と1から始まるコンピュータの世界
第3章　0と1を組み合わせて処理する
第4章　簡単なコンピュータを設計する
第5章　0と1を並べて命令やデータを表現する
第6章　機械命令を実行する

# 第1章 コンピュータの動く基本
―なぜコンピュータはコンピュータなのか？―

まず第 1 章では、コンピュータとはどのようなものかを大づかみに説明する。"コンピュータ"の語はあまりにもよく耳にするが、今どんなところにコンピュータが使われているのか？　コンピュータと呼ばれるためにはどのような機能が必要なのか？　コンピュータの基本的な動作原理ってどんなものか？　といったことから始めてみたい。

### トピックス　Topics
- 身の回りにあるコンピュータ
- 電卓とコンピュータは何が違う
- プログラム内蔵方式とは
- プログラム内蔵方式コンピュータ
- 命令サイクル
- プログラム内蔵方式コンピュータの基本的な構成要素

## いまやコンピュータはどこにでもある

たとえば、1 台の車にいくつくらいのコンピュータが使われているか知っているだろうか？　実は、高級車になると 50 個以上のコンピュータが使われている。使いみちはエンジンやブレーキの制御といった重要で基本的なものから、窓の開閉にいたるまでさまざまだ。だから、いま車はコンピュータなしでは動かない。

また、ガスメータの中には 1 本の電池で年単位で黙って動作しつづけるコンピュータが組み込まれている。ガスの流量の異常や地震が感知されると自動的にガスの流れを遮断する。遮断後にスイッチを押すと、システムが自ら異常のないことを確認した上で、動作を再開する機能をもっている。これらの高度で豊富な機能は、コンピュータを内蔵することで簡単に実現できているが、もしコンピュータ抜きで実現しようとすれば、極めて難しくなる。

携帯電話の中では、コンピュータが非常に複雑な処理をこなしている。記憶されている情報の量も半端ではない。一般のユーザには使いきれないくらいの機能が小さな携帯電話の中にぎっしりと詰まっている。

図 1.1　車の中のコンピュータ

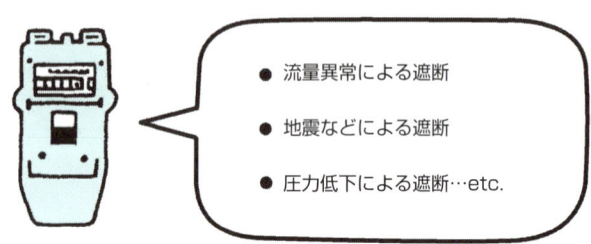

図 1.2　ガスメータの中のコンピュータ

　ガスメータから車、携帯電話まで、どこでもコンピュータの時代となって、いまやコンピュータは、いかにも私がコンピュータです、という顔をしていないことの方が多い。だから、これを使う方も、コンピュータを使っているという意識などはもっていない。コンピュータを意識しないで使えるというのは一般的には良いことであるが、コンピュータのしくみを身をもって感じる機会は少なくなった。

　1970 年代のコンピュータはそうではなかった。コンピュータには操作パネルがあり、ユーザは、スイッチやボタンを駆使してコンピュータを操作した。面倒ではあったが、いやおうなくコンピュータのしくみに触れることになった。今のパーソナルコンピュータにはそのような操作パネルもスイッチもない。

　車の世界も同様に言える。昔の車は、良く故障した。ドライバは、車の構造をある程度知ってないと安心して乗れなかった。車の構造もそれなりに簡単だったということもある。ギアのシフトは、クラッチとシフトレバーで直接制御した。今、オートマチック車となって、クラッチとシフトレバーはなくなり、ギアをシフトしながら車が走ることは意識する必要はなくなった。

　しかし、現代の最先端の車でも本質的な構造はそう変わっているわけではない。

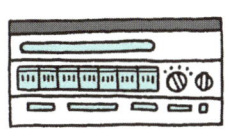
(a) 昔のミニコンピュータ

(b) 今のパーソナルコンピュータ

図 1.3　昔のミニコンピュータと今のパーソナルコンピュータ

ドライバが直接関わるハンドル、ブレーキ、アクセルという基本的な機能は何も変わっていないし、車の基本的なしくみは意外と変わっていない。車の構造を知っているかどうかが、プロのドライバに欠かせないのと同様に、情報処理の世界を基盤から理解するには、コンピュータの構造を知ることが必須の条件である。

## 電卓とコンピュータは何が違うか？

電卓は、正しくは電子式卓上計算機と呼ぶ。簡単な計算をするには便利な道具である。たとえば、1＋2の計算をしたい場合には、図 1.4 に示すように、クリアキー

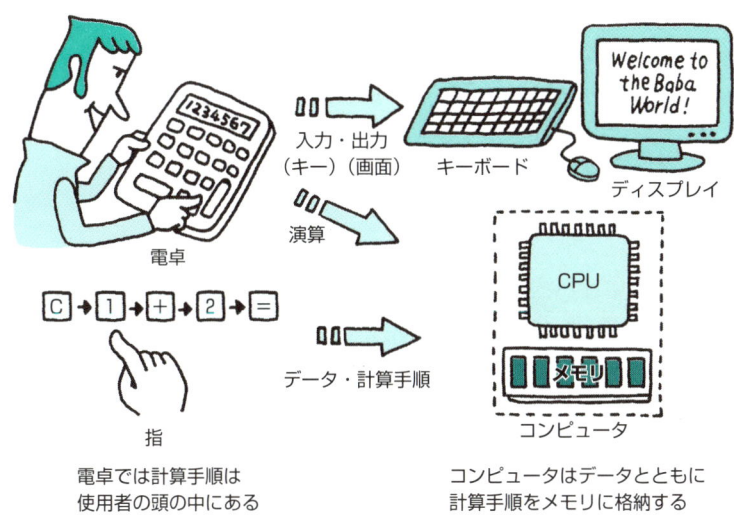

図 1.4　電卓とコンピュータは何が違う

コンピュータの動く基本 | 17

に続き、1、＋、2と押してから、＝キーを押せば結果の3が表示される。

　では、コンピュータで同じ計算をするにはどうすればいいか？　図 1.4 の右側に同じ計算をするコンピュータの概念図を示す。電卓において入力を行うためのキーは、キーボードになる。表示部は、コンピュータではディスプレイになる。電卓の演算機能は、より高機能な演算装置として**中央処理装置（CPU）**に組み込まれる。入力したデータや演算結果は、**メモリ**に記憶される。このように見てくると、電卓の機能は、ほぼコンピュータにおいても対応する機能に置き換えられることがわかるが、ただひとつ大きな違いがある。電卓では計算手順は使用者の頭の中にあるが、これに対しコンピュータでは、操作の手順そのものもメモリに記憶されるのだ。

　データとともに、計算手順もプログラムとしてメモリに格納することによって、コンピュータの世界が大きく前進した。この方式をプログラム内蔵方式と呼ぶ。

## プログラム内蔵方式の発明

　**プログラム内蔵方式**のアイデアを世界で初めて公けにしたのは、フォン・ノイマン（von Neumann）である。そして、これ以降、プログラム内蔵方式を採用したコンピュータをノイマン型コンピュータと呼ぶようになった。

　1946 年に世界初の電子式計算機として **ENIAC** が発表されたが、実は ENIAC はプログラム内蔵方式ではなかった。図 1.5 の写真に示すように、ENIAC では、プログラムの作成に当たる仕事は、パネルに向かって結線を変更したり、スイッチを操作したりすることで行われた。当然、設定に時間がかかるし、変更も面倒だ。プログラム内蔵方式の提案は、このような面倒な手順を何とかしたいという動機の中から生まれたものである。ノイマンの提案に沿って、プログラムを記憶装置に置いた、つまりプログラム内蔵方式を採用した世界初のコンピュータとして生まれたのが **EDSAC** である。

　この単純ではあるが非常に重要な着想が本当にノイマンのものなのか？…これが、実は大きな論争のもとになっている（下記コラム参照）。言い換えれば、基本的で重要であるからこそ、このような論争が起きたと言うべきかもしれない。確実なことは、現在のコンピュータがすべてプログラム内蔵方式だということだ。

　本書では、これ以降、ノイマン型コンピュータではなく、プログラム内蔵方式コンピュータと呼ぶことにする。

ENIACはプログラム内蔵方式ではなかった。右の女性が見ているのが配線の指示書と思われる。左の女性による手動の配線変更により、プログラムの入力にあたることをやっているのがわかる。
(US Army photo, from archives of the ARL Technical library, courtesy of Mike Muuss)

図 1.5　ENIACのプログラム入力

## Column

### コンピュータを発明したのは誰？

　アイデアがフォンノイマンのものではないという主張は、特に世界初の電子計算機であるENIACを研究開発したエッカート（Echert）とモークリ（Mauchly）らによって行われた。フォンノイマンはENIACの研究グループに途中から参加しているが、プログラム内蔵方式のアイデアは、このプロジェクトにおける議論の中から生まれたものであり、ノイマンは単にその成果をまとめて公表したに過ぎないとする批判だ。もちろん、これに対してノイマンを弁護する立場からの主張もある。

　また、一方、ENIACの基本原理を特許として、特許料の支払いを求めた裁判では、ENIAC以前にアタナソフとベリーにより試作された **ABC コンピュータ** との関係が争点の一つとなった。アタナソフ側は、ENIAC開発以前にエッカートがABCコンピュータに興味をもって頻繁にABCコンピュータに関する問合せをしていたことを明らかにして、ABCコンピュータこそ最初のコンピュータであると主張している。裁判自体は、特許権の主張が期限を過ぎてから行われたことを理由にENIAC側の特許権の主張を退けている。つまり、判決は、コンピュータの発明者は誰か？　という難しい問いには実質的な回答をしていない。

　コンピュータの歴史をひも解いてみると、実は多くの人のアイデアの集積の上に、現在のコンピュータの姿が形作られていく過程を勉強することになる。個別の技術を取り上げれば、それが誰によるものかは特定可能ではあっても、「プログラム内蔵方式コンピュータは誰が発明したか？」という大きな問いに対して、ただ一人の名前を挙げて答えることは不可能と言わざるを得ないように思う。

# コンピュータの中を見てみよう

プログラム内蔵方式コンピュータでは、データとともに操作の手順もメモリ（記憶装置）に置く、と説明したが、実際にどのようにデータと操作の手順をメモリに置いて実行するのかを見てみよう。

このためにまず必要となるのが、メモリの**アドレス（番地）**付けである。これによって、メモリ中に置かれたデータあるいは操作の手順を読んだり書いたりする際には、アドレスをもちいて指定することができる。たとえば、図 1.6 に示すように、メモリの 2 番地にあるデータを読み出したり、あるいは 2 番地にデータを書き込むには、アドレスとして「2」を指定して**読み出し**あるいは**書き込み**の指定を行う。

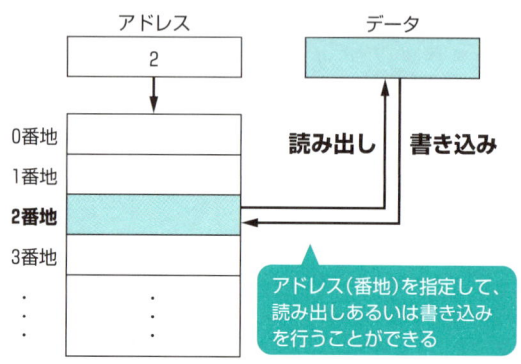

図 1.6　メモリのアドレス付け

図 1.7 は、0 番地[注1]から 6 番地に置いた操作の手順とデータとを示している。操作の手順は、コンピュータに読める形にして表現する必要があることから、機械命令あるいは単に**命令**と呼ぶ。

まず、0 番地から 3 番地までに 4 つの命令がある。また、4 番地と 5 番地に、各命令から参照されるデータとして 1 と 2 がそれぞれ置いてある。また、演算結果を格納するために、6 番地が空けてある。

一方、メモリに置いたこれらの命令列を処理するためには、命令を読み出して、命令の指示する操作を実行するしくみが必要になる。図 1.8 に、このための**演算制御装置**をメモリの上に追加して示す。

---

注1）コンピュータの中では、ゼロが起点になることが多い。その理由は第 2 章で図 2.3 をもちいて具体的に説明する。

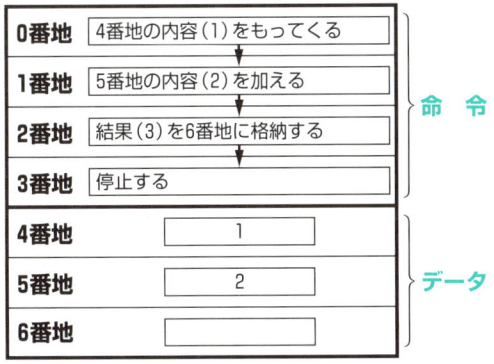

図 1.7　メモリの中はどうなっている？

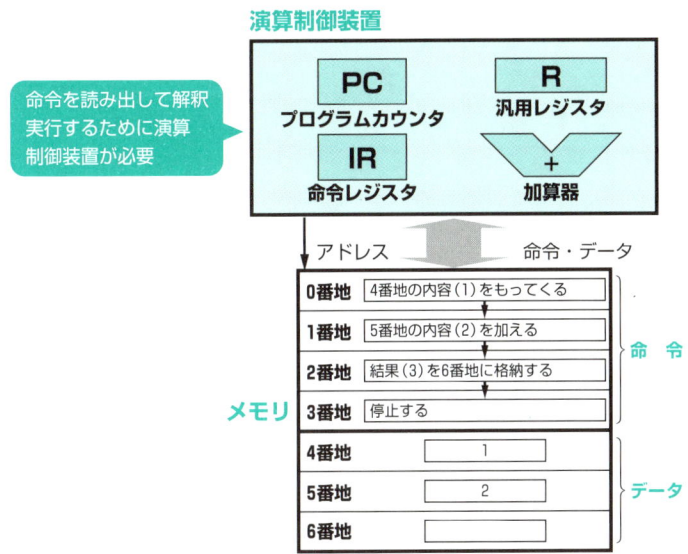

図 1.8　メモリに演算制御装置を加える

まず、実行中の命令のアドレスを保持しておくために、**プログラムカウンタ**（PC）と呼ぶ入れ物を用意する。この入れ物をカウンタと呼ぶのは、次の命令のアドレスを計算する機能をもっているからである。また、メモリから読み出した命令の入れ物として、**命令レジスタ**（IR）が必要となる。また、データを置いておく入れ物として、**汎用レジスタ**（R）が必要となる。レジスタについては後で説明するが、ここでは高速に読み書きが可能な命令やデータの入れ物と思ってもらえばよい。

最後に、たし算を行うための**加算器**が必要となる。

## コンピュータにおける命令サイクル

これで道具がそろったので、命令の実行を 0 番地の命令からスタートしてみよう。実行の進め方は、**図 1.9** に示す流れ図に従う。まず、プログラムカウンタ（PC）の指す命令の読み出しに始まり、読み出した命令の実行、そして次の命令の読み出しのための PC の設定へと進んで、元に戻る。この繰り返しを、**命令サイクル**と呼ぶ。

つまり、プログラム内蔵方式コンピュータは、図 1.8 のように構成したコンピュータ上で、図 1.9 に示した流れ図に沿って処理を進める。この具体的な様子を追いかけてみよう。

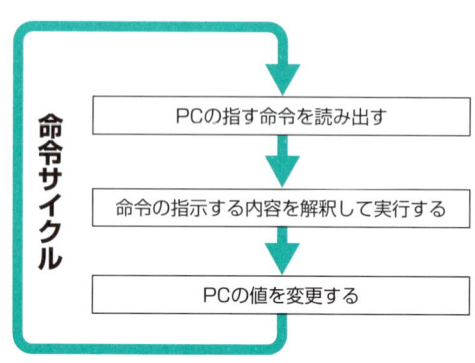

図 1.9　命令の読み出し、解釈、実行サイクル

(1) まず**図 1.10** に示すように、PC を 0 にセットして実行を開始する。
(2) 続いて、**図 1.11** に示すように PC（0）の指す 0 番地の命令、つまり「4 番地の内容をもってくる」という命令を命令レジスタ（IR）に読み出す。
(3) 「4 番地の内容をもってくる」という命令を実行する。この結果、図 1.11 に示すように、値 1 が汎用レジスタ（R）に設定される。

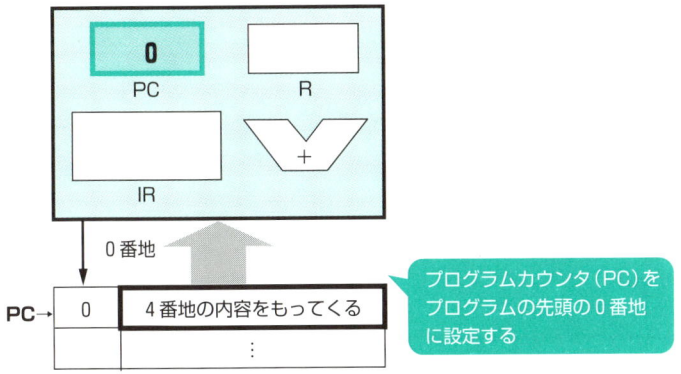

図 1.10　PC を 0 番地としてスタートする

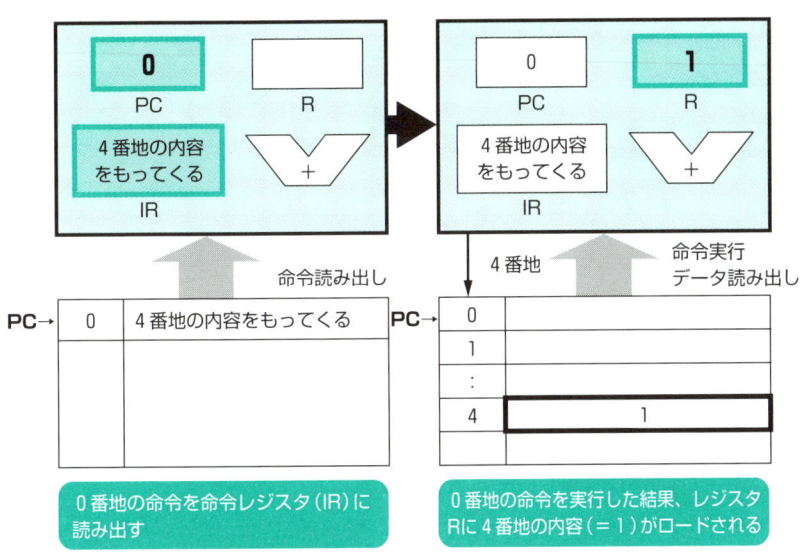

図 1.11　命令サイクル①（0 番地の命令を読み出して実行する）

(4) PC の値を変更して（この場合は 1 を加えて）、次に実行する命令のアドレス（1）とする。

　以下、同様に、次の 1 番地の命令「5 番地の内容を加える」の読み出しと実行を行い（**図 1.12**）、さらに、次の 2 番地の命令「結果を 6 番地に格納する」の読み出しと実行へと進んで（**図 1.13**）、最後に、3 番地の停止命令の読み出しと実行によっ

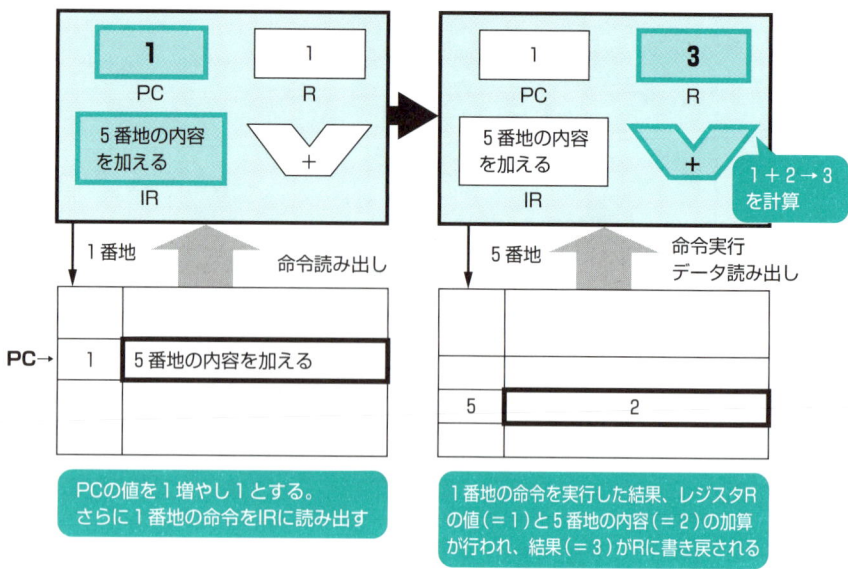

図 1.12　命令サイクル② (1 番地の命令を読み出して実行する)

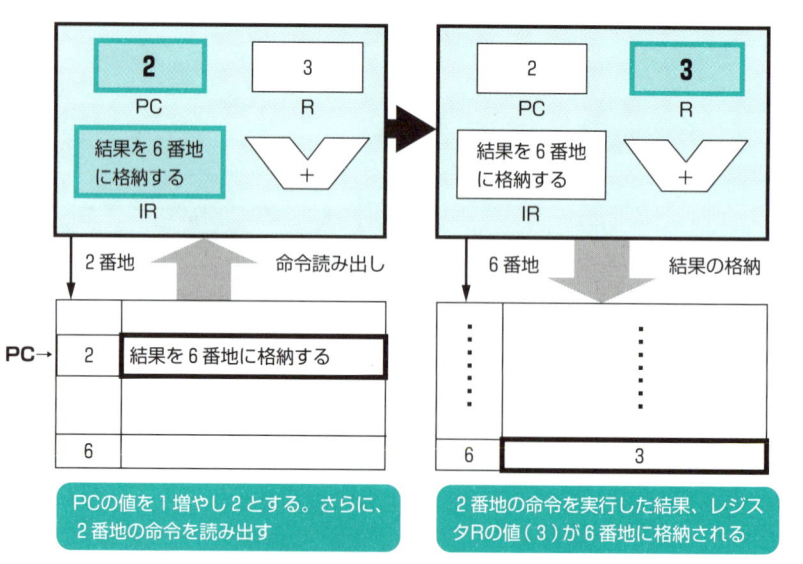

図 1.13　命令サイクル③ (2 番地の命令を読み出して実行する)

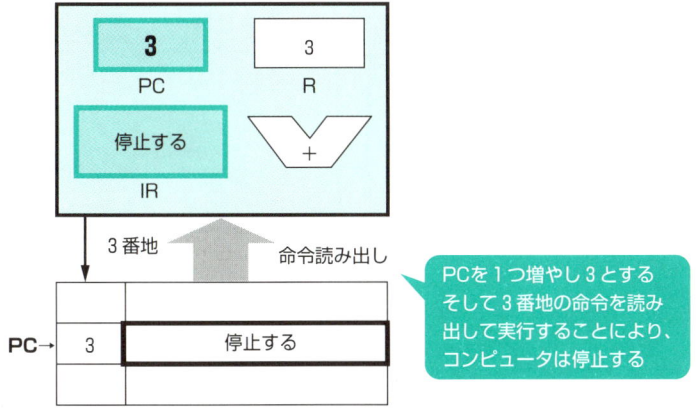

図 1.14　命令サイクル④（3 番地の停止命令を読み出して実行する）

て、コンピュータは停止する（図 1.14）。

　以上の説明からわかるように、プログラム内蔵方式コンピュータでは、プログラムカウンタの指すアドレスにあるものはすべて命令とみなして実行する。

## コンピュータの基本構成

　図 1.8（→ P.21）にはプログラム内蔵方式の肝心な部分を示すために演算制御と記憶を担当する部分だけを示した。実際には、これにプログラムやデータを入力したり、演算結果を出力するための入出力装置が必要となり、コンピュータ全体は図 1.15 に示すような構成となる。

　まず**入力装置**から、プログラムとデータが読み込まれて、**記憶装置**に記憶される。プログラムを構成する命令は、**制御装置**へと読み出され、命令の指示する内容が解読され、制御信号となってコンピュータの各部に送られる。この制御によって、記憶装置からデータが読み出されて**演算装置**に送られ、演算が行われて結果が再び記憶装置に書き戻される。演算結果は、最終的に**出力装置**から出力される。

　このような基本構成のもとに、コンピュータは「自分自身の中に自分を制御するしくみをもつ」というプログラム内蔵方式を実現することにより、さまざまな分野への応用の可能性を飛躍的に向上させることになった。コンピュータのめざましい発展の中で、このような基本構成が、EDSAC の時代から変わっていないことは驚嘆に値する。

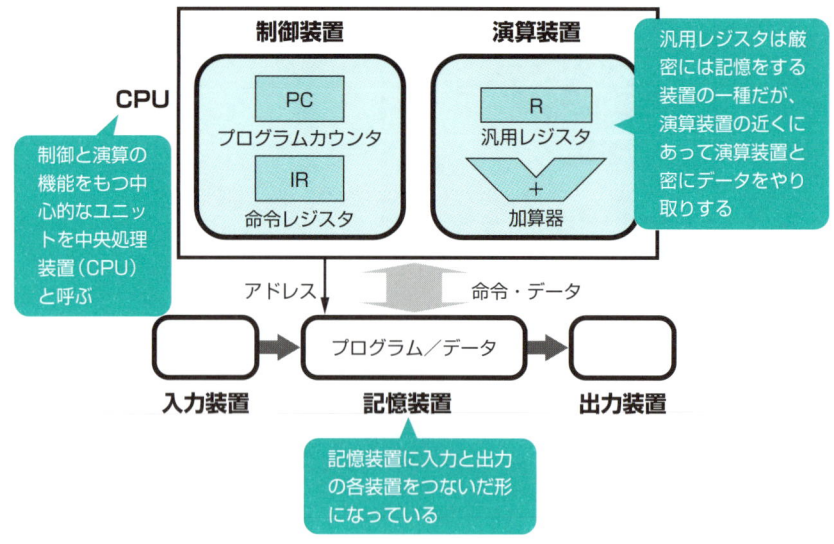

図 1.15　プログラム内蔵方式コンピュータの基本構成

## プログラム内蔵方式コンピュータの特徴のまとめ

　先の命令サイクルの説明から、プログラム内蔵方式コンピュータの基本的な特徴として以下の 3 点があることがわかる。

- **アドレス付け可能なメモリ** … 記憶装置にはアドレスが付けられ、アクセスする命令やデータはこのアドレスによって指定される。
- **プログラムカウンタ**（PC）の指定による逐次的な実行 … 命令は PC の指定に従って逐次的に選ばれ、読み出しと実行が行われる。このため、命令単位で見ると、処理は逐次的である。
- **命令とデータの混在** … メモリ上の命令とデータの本質的な区別はない。PC によって指定され、制御装置に読み出されたものが命令として扱われる。

　このような方式上の特徴から、プログラム内蔵方式コンピュータには次のような能力がある。

- **自分で自分自身を制御する能力** … メモリに記憶したプログラムを読み出して実行することによって、自分自身を制御する能力を持つ。
- **制御内容を変更する能力** … メモリの内容を書き換えることによって、データだけでなく、制御内容をも変更する能力を持つ。この変更は、実行開始前に行

図 1.16　自分で自分の頭の内容を書き換える

えるのはもちろん開始後でもよい。いずれにせよ、自分で自分のやることの内容を変更することになるので、あたかも図 1.16 に示すように、自分で自分自身の頭の中身を書き換えるようなことになる。

その一方、プログラム内蔵方式コンピュータには次のような問題点もある。

- **ノイマンボトルネック** … 命令もデータも記憶装置に置くため、これを制御装置、あるいは演算装置に送るために、記憶装置との間で頻繁に命令やデータの往来が必要になる。つまり、プログラム内蔵方式を採用すると CPU とメモリの間がネック（隘路）になりやすい、という意味で、これをノイマンボトルネックと呼ぶ。
- **命令実行の逐次性** … 命令の実行は基本的に逐次的であるため、これが高速化のネックになる。

前者のノイマンボトルネックを解消し、また後者の命令実行の逐次性の制約を緩めて、高速化を図ることは、古くて新しい問題であり、現在でも大きな研究課題となっている。

ここまでの説明でコンピュータのおおよその姿はわかってもらえただろうか？「まえがき」で説明したように、次の第 2 章では、まずコンピュータを支える物理の世界とのインターフェイスまで下りていく。そして、章を追ってボトムアップに見ていき、最終的にはコンピュータによる処理の手順を考えるところまで到達することを目指す。さあ、階段を上っていこう！

# 第2章 0と1から始まるコンピュータの世界
## ─物理の世界とのインターフェイス─

　第2章は、ボトムアップに学ぶコンピュータの階段の第一歩として、物理の世界との接点について説明する。なぜコンピュータの中では0と1なのか？　0と1を基本とすると、情報はどのように表現されるのか？　ディジタルとアナログの違いは何？　といったことを考えてみよう。

**トピックス** / Topics
- 0と1で情報を表現する
- なぜ0と1だけなのか？
- すべては0と1で表現
- 2進数による数の表現
- ディジタルとアナログ

## ▍0と1で情報を表現する…ビットについて

　我々は普段の生活の中でも、さまざまな形で情報を表現している。たとえば、こうやって書いている文章も情報を伝えるひとつの重要な手段だし、文章中には文字、数字、記号、図などさまざまな形を使って情報が表現されている。

　ところがコンピュータの中では、すべてが0と1を並べて表現されている。このような方法を使う理由は、コンピュータの中での物理的な実現法と深く関わっている。

　**図2.1**に、コンピュータの中で使用されるさまざまな記憶のしかたを示した。磁気を使用する場合には、磁石の向きが1と0を表す。集積回路（IC）の中では、電圧がある一定値を越える（これを高いという意味でハイ（high）と呼ぶ。略称H）と1、ある値以下（これを低いという意味でロー（low）と呼ぶ。略称L）なら0とする。

　今は使用されなくなった紙テープ、紙カードでは、穴のあり、なしが1、0に対応する。**図2.2**は紙カードの例であるが、カードパンチャにより、キー入力に応じた穴があけられている様子がわかる。

　CD-ROMではくぼみのあり、なしが1、0に対応する。ROMはRead-Only Memoryの略で、読み出しはできるが書き込みができないことを表す。書き込みも

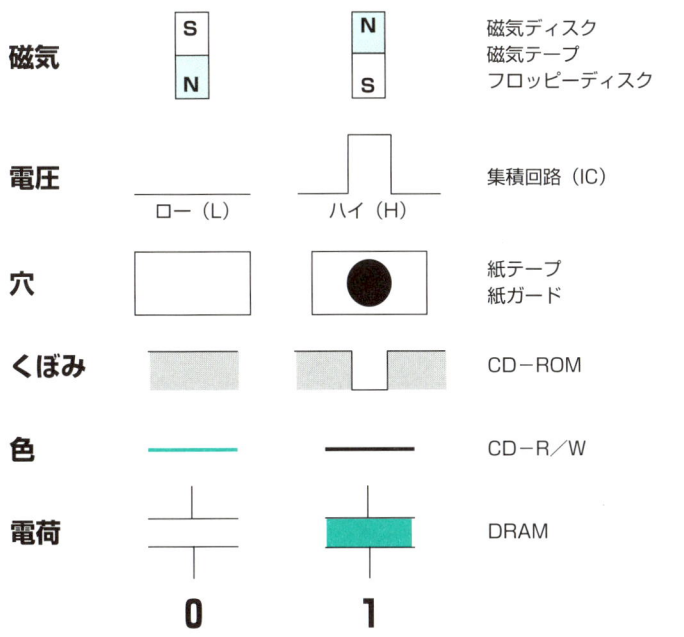

図 2.1　0 と 1 のさまざまな実現例

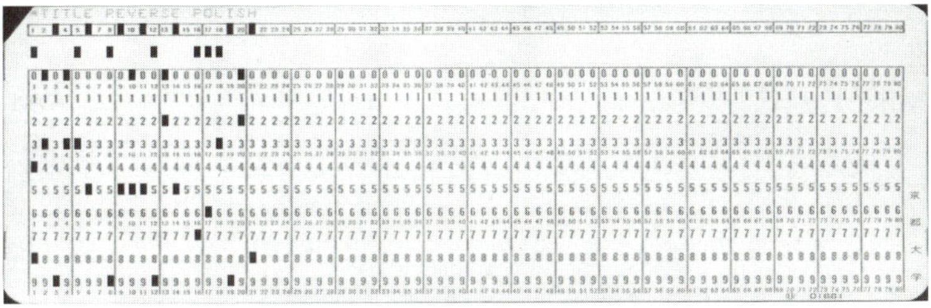

黒く見える四角のところが穴のあいた部分である。
たとえばキーボードから"＊"を入力すると左端の列のような四角い穴があく

図 2.2　紙カードの例

可能な CD-R/W では、化学変化による色の変化を 1 と 0 に対応させている。
　パーソナルコンピュータの記憶装置などに使われる DRAM は、Dynamic Random Access Memory の略で、電荷の有無を、1 と 0 に対応させている。
　このように、さまざまな物理的な現象を 1、0 に対応させる可能性があり、実際に

使用されているが、各物理的な現象には、それぞれの特徴があることも知っておいた方がよい。

たとえば、磁気的な方法では、記憶装置の電源を落としても、記録された内容はそのまま残る。また、記憶媒体を持ち運ぶことも容易である。しかし、磁気による記憶だから、磁石に近づけると内容が変化してしまう。

電圧や電荷は、電源が供給されていることを前提にしている。だから、電源が落とされると内容は消えてしまう。このような性質を**揮発性**と呼ぶ。「揮発」ということばは、記録した情報が消えてなくなる感じをよく表している。

紙テープや紙カードは、かさばるし、変更が面倒（というより、変更するくらいなら打ち直した方が早い）、繰り返しての使用ができない、ということで使用されなくなった。

**CD-ROM** は、記憶密度は大きく、また不揮発性で、持ち運びもしやすい。しかし、書込みができないので、たとえば文書やソフトウェアの配布に適している。これを書込み可能にしたのが、**CD-R/W** であり、これによって適用範囲が広くなったわけである。

このように、さまざまな記憶媒体があるが、ここで大切なことは2つの状態がはっきり決められることであって、そうであれば物理的にどう実現するかにはいろいろな可能性がある。これから先の技術的な進歩は、これまでになかったような新しい素子によって0と1を表現する方法を生みだす可能性がある。また、**2つの状態のどちらを1にして、どちらを0にするかには重要な意味はない**。2つの状態と、1、0との対応づけがはっきりと決まっていればいいのである。

このような形で表現された1か0という情報の最小単位を**ビット**（bit）と呼ぶ。

## なぜ0と1だけなのか？

図 2.1 を見て、物理的な状態と対応づけるのに、1と0以外に、もっと他の可能性があるのではないか、と考える人もいるだろう。たとえば、磁石の向きが斜めの状態を使ったらどうなのだろう？　電圧も中間的な値を使えないだろうか？　などである。こうすると1つの素子で、2状態から3状態あるいは4状態と状態の数を増やすことが可能になる。せっかく同じような機構を使うなら、より多くの情報を記憶できる方が良さそうに見える。しかし、現実にはこのような使い方はされていない。なぜだろうか？

その理由は、物理的な状態の扱いやすさにある。電圧の例で言うと、たとえば0V

を 0 に、5 V を 1 に、といったふうに電圧の値をきっちり決めて対応づけているわけではない。ある値より小さければ 0 とし、また別のある値より大きければ 1 に対応づけるとしている。このようにすることにより、多少の値の変動があっても 0 と 1 に置き換えた世界では正しく動作することが可能となる。

このような幅をもたせて、ある一定限度の物理的な値の変動には影響されない頑丈なシステムが実現するのである。

## すべては 0 と 1 で表現

結果として、コンピュータの中では、情報はすべて 0 と 1 の組み合わせで表現されている。

文書、数値、画像、音声などさまざまなデータがコンピュータの処理対象になるが、コンピュータの内部ではすべて 0 と 1 を組み合わせて表現しなければならない。

もちろん、先に説明した命令も例外ではない。命令も 0 と 1 を組み合わせて表現する。

したがって、メモリを覗き込んでも、0 と 1 が並んでいるだけで、それが命令なのか、データなのか？　データとしたらどんなデータなのか？…ということは、わからない。

これを読み取るには、0 と 1 がどのような規則（約束事）のもとに並んでいるのかをまず知る必要がある。この約束事については、もう少し後の章で詳しく学ぼう。0 と 1 の並びを、約束事を確かめながら読み取る作業は、コンピュータ向きではあるが、人間向きではなく、面倒な作業となる。

0 と 1 の世界では 2 進数が基本だ。その 2 進数による数の表現とはどのようなものだろうか。

## 2 進数による数の表現

我々の日常生活では、10 進数を使う。10 進数の世界では、0 から 9 までの数字が使用される。9 まで数えると、1 つ桁が上がって、10 となり、さらに 11、12、と進む。図 2.3 ではさまざまな表現を並べてみた。4 列目に示した 10 進数は、これを 20 まで数えたものである。

一方、第 1 列に示した **2 進数**の世界には、0 と 1 しかないため、0、1 と数えると、次は桁上がりして 10 となる。ただし、これはあくまでも 2 進数の世界の 10

| 2進数 | 5進数 | 8進数 | 10進数 | 16進数 |
|---|---|---|---|---|
| 0 (0) | 0 (0) | 0 (0) | 0 | 0 (0) |
| 1 (1) | 1 (1) | 1 (1) | 1 | 1 (1) |
| 10 (2) | 2 (2) | 2 (2) | 2 | 2 (2) |
| 11 (3) | 3 (3) | 3 (3) | 3 | 3 (3) |
| 100 (4) | 4 (4) | 4 (4) | 4 | 4 (4) |
| 101 (5) | 10 (5) | 5 (5) | 5 | 5 (5) |
| 110 (6) | 11 (6) | 6 (6) | 6 | 6 (6) |
| 111 (7) | 12 (7) | 7 (7) | 7 | 7 (7) |
| 1000 (8) | 13 (8) | 10 (8) | 8 | 8 (8) |
| 1001 (9) | 14 (9) | 11 (9) | 9 | 9 (9) |
| 1010 (10) | 20 (10) | 12 (10) | 10 | A (10) |
| 1011 (11) | 21 (11) | 13 (11) | 11 | B (11) |
| 1100 (12) | 22 (12) | 14 (12) | 12 | C (12) |
| 1101 (13) | 23 (13) | 15 (13) | 13 | D (13) |
| 1110 (14) | 24 (14) | 16 (14) | 14 | E (14) |
| 1111 (15) | 30 (15) | 17 (15) | 15 | F (15) |
| 10000 (16) | 31 (16) | 20 (16) | 16 | 10 (16) |
| 10001 (17) | 32 (17) | 21 (17) | 17 | 11 (17) |
| 10010 (18) | 33 (18) | 22 (18) | 18 | 12 (18) |
| 10011 (19) | 34 (19) | 23 (19) | 19 | 13 (19) |
| 10100 (20) | 40 (20) | 24 (20) | 20 | 14 (20) |

n進数では、n−1まで数えると桁上がりする

カッコ内は10進数での値の表記を示す

**図 2.3 2 進数から 16 進数まで**

（いちぜろ）であり、10 進数の 10（じゅう）ではない。2 進数では 0（ぜろ）と 1（いち）しかないから、10 は、あくまでも「いちぜろ」である。つまり、同じ数の表現でも何進数かで表す値が変わるので、以下では $n$ 進数であることを、$(xx)_n$ で表す。つまり、2 進数と 10 進数の 10 は、それぞれ $(10)_2$ と $(10)_{10}$ と表す。この結果、$(10)_2 = (2)_{10}$ ということになる。

2 進数は続いて、$(11)_2$、$(100)_2$、$(101)_2$、$(110)_2$、$(111)_2 \cdots$ となり、$(10100)_2$ が 10 進数の 20 を表す 2 進数となる。

同様に、5 進数、8 進数、16 進数を並べて示した。

- **5 進数**… 0、1、2、3、4 まで数えると、次の 5 に相当するところで 1 つ桁上がりする。
- **8 進数**… 0〜7 までを使用するが、実はこれは図 2.3 の第 1 列目の 2 進数で見ると、000〜111 に対応している。つまり、2 進数を 3 ビット単位で区切って、その値を 0〜7 に置き換えると、8 進数としての表現となる。

- **16 進数**··· 0〜15 までを使用する。しかし、10 進数では、0〜9 までしかないため、10〜15 の表現が 1 文字の数字で表現できず、困ってしまう。そこで、16 進数では、図 2.3 の第 5 列に示すように、10〜15 の表現にアルファベットの A〜F を使う。8 進数のときと同様、16 進数の 0〜15 を第 1 列目の 2 進数で見てみると、0000〜1111 に対応していることがわかる。つまり、2 進数を 4 ビット単位で区切ってから、それぞれの値を 0〜F に置き換えると、対応する 16 進数としての表現となる[注1)]。

2 進数の加算は、10 進数の加算と同様の考え方で実現できる。

たとえば、$1+0=1$、$1+1=10$ である。では、$1+1+1$ はどうなるだろうか。この計算は、

$$1+1+1 = (1+1)+1 = 10+1 = 11$$

から、$(11)_2$ が正解である。これが $(3)_{10}$ と対応することは図 2.3 から明らかだろう。同じ考え方で、5 進数、8 進数、16 進数の加算もできるので、試してみてもらいたい。

## Column　　　　　　　　　　　　　　　コーヒーブレイク...

### 10 進数以外の例を身の回りで探してみよう

10 進数の起源は、指が両手合わせて 10 本で数えやすいというのが定説になっている。普通は指を折りながら数えるが、図 2.4 は視覚的にわかりやすいように指を立てながら片手で 5 まで数える様子を示している。立てた指の数で数えていることになる。

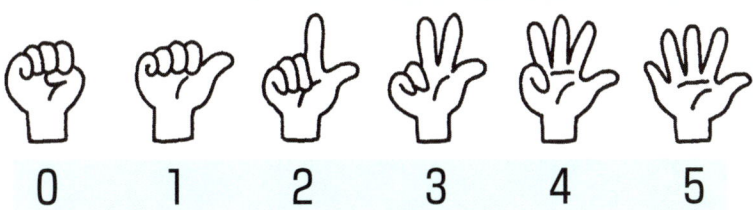

図 2.4　片手で数える

---

注1) このように見てくると、P.20 の図 1.6 でアドレスを 0 番地から始めた理由がよくわかる。アドレスを指定するビットがすべて 0 のとき 0 番地を指すことになり、そこからアドレスを開始するため、0 番地が起点となるのだ。

0 と 1 から始まるコンピュータの世界

ここで見かたを変えて、1本の指を立てた状態を 1、折った状態を 0 に対応づけて考える。すると、片手で数えられる数は、次の**図 2.5** のように全部指を折った状態、つまりグーの状態で 00000（10 進で 0）を表すところから出発して、すべての指を立てた状態 11111（10 進で 31）までを数えることができる。この数え方の意味するところは、図 2.3 の左端の列と対応づけてみればはっきりする。つまり、2 進数の表現に対応づけると片手の 5 ビットだけで 10 進の 31 まで数えることができる。もっとも実際にやってみるとわかるが、このように器用に指を立てていくのは簡単ではない。

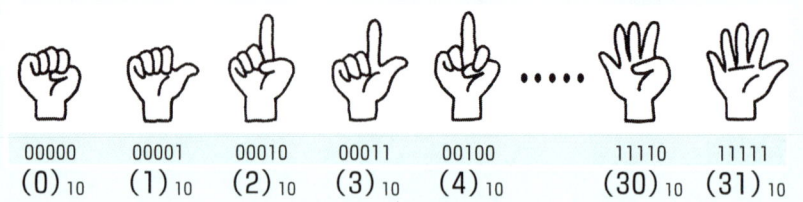

**図 2.5　片手で数える 2 進数**

世の中の数の表現はかならずしも 10 進数だけに限られているわけではない。たとえば、**図 2.6** に示すように、鉛筆は 12 本を単位にして 1 ダースと呼び、12 ダースを 1 グロスと呼ぶ。これは 12 進数を使っていることになる。ボタンを数えるのにも 12 進数を使うようである。12 進数の起源は明確ではないが、1 年は 12 ヶ月、1 日は 24 時間、角度の 360° など 12 進に関連の深い数え方は古くから我々の日常生活の中にある。

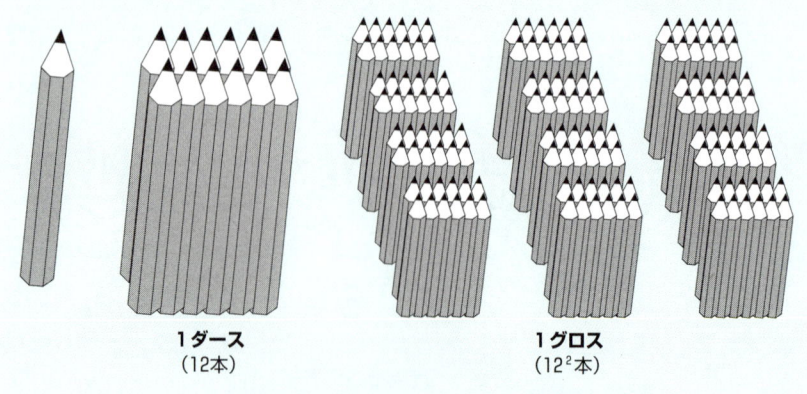

**図 2.6　鉛筆を数えるのは 12 進数**

# ディジタルとアナログ

ここで物理的な事象との関係から、**ディジタル**と**アナログ**との関係を見てみたい。たとえば、図 2.7 の曲線は、典型的なアナログの波形である。横軸方向は時間を表し、縦軸方向は各時間での値を表す。アナログの場合には、この図に示すように、任意の時間について、縦軸方向の値が存在する。

これをディジタルで表現するには、図に示すように、時間軸方向に一定の間隔を取って、各時点 $t_1, t_2, \cdots t_i, \cdots$ での縦軸方向の値 $v_1, v_2, \cdots, v_i, \cdots$ を求める。時間については、間隔を一定の値に決めておけば記録の必要がなくなるので、値 $v_1, v_2, \cdots, v_i, \cdots$ を 2 進数で表現して記録すればよい。

このことから、アナログ量をディジタル化して表現する場合には、一定間隔での値の抽出（これをサンプリングと呼ぶ）を行うために任意の時間での値がすべて記録されるわけではない。また、抽出した値を限られたビット数の 0、1 を使って 2 進数化する際に誤差が生じることも避けられない。

誤差を少なくするには、必要に応じてサンプリングの間隔を狭くし、また 2 進数表現する際のビット数を多くすることで対応する必要がある。

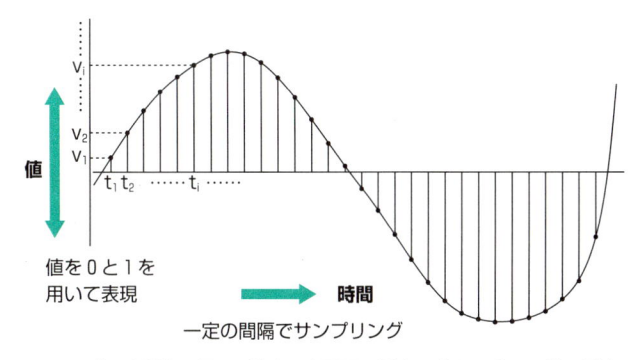

**図 2.7 アナログからディジタルへの変換**

アナログの連続的な信号の値を一定間隔で測定し（サンプリング）、測定した値を 0 と 1 を用いて 2 進表現することによりディジタル化できる

身近にあるものにも、ディジタルとアナログの使い分けを見ることができる。たとえば、図 2.8 は、時計をアナログとディジタルの観点から分けたものである。アナログは、時間という連続する量を直感的に理解するのに便利だ。一方、ディジタルは、数字で表現されるので、読み取る手間が省ける。このような関係は、水銀式

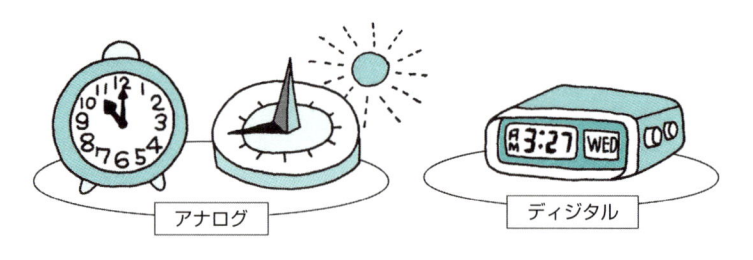

**図 2.8 時計（アナログとディジタル）**

の体温計や血圧計とディジタル式の体温計、血圧計など日常生活の中でもいろいろ見ることができる。

ディジタルとアナログそれぞれに利点があるが、最近は、データを表現するのにディジタルが使われることが多い。その大きな理由は、いったん必要な精度で 0 と 1 をもちいて表現してしまえば、精度を失うことなく、物理的にどのような記憶媒体にでも記憶できる、記憶したデータをコンピュータをはじめとするディジタル情報機器により処理できる、他の場所に通信によって伝えることもできる、などさまざまな利点があるからである。

このような背景から、これまでアナログで扱っていたものをディジタルに変更する方向にあり、コンピュータの役割は大きくなるばかりである。

# 第3章 0と1を組み合わせて処理する
## ―物理の世界から論理の世界へ―

コンピュータの中では、さまざまな物理的な事象を活用して、2つの状態を0と1に対応づけることにより、情報を表現することを勉強した。命令にせよデータにせよ、すべて0と1を組み合わせて表現している。本章では、こうやって表現されたデータを記憶したり、処理したりするための基本的なしくみについて学ぼう。

### トピックス　　　　　　　　　　　　　　Topics
- スイッチのオンとオフ
- 半導体‐導体でも不導体でもない
- ブール代数を使って0と1を処理する
- 2変数の論理関数
- 論理回路を設計する
- 組み合わせ回路とはどんな回路？
- 順序回路とはどんな回路？
- 記憶するとは？
- 時間の概念を導入する

## スイッチのオンとオフ

コンピュータにおける基本的な機能の出発点はスイッチのオン (**ON**) とオフ (**OFF**) にある。図 3.1 (a) を見てほしい。図のようにスイッチを押して閉じた状態を $A$ と名付け、離して開いた状態を $\overline{A}$ ($A$ バーと読む) と名付ける。スイッチは、閉じているか開いているかである。

このスイッチに、ランプと電池を組み合わせて、図 3.1 (b) のような回路を構成する。図の回路ではスイッチが閉じている（スイッチの状態 $A$）ので、ランプはついているが、スイッチを開く（スイッチの状態 $\overline{A}$）と電流は流れずランプは消える。いま、ランプが点くことを $L$ で表し、消えていることを $\overline{L}$ で表すことにする。すると、図に示すように、

$$L = A \qquad \cdots\cdots(3\cdot1)$$

という関係が成り立つ。つまり、この式は、スイッチを押すことにより、ランプがつく、ということを表している。

一方、「スイッチを離すと、ランプは消える」ということは、次のように表せる。

$$\overline{L} = \overline{A} \quad \cdots\cdots(3\cdot2)$$

実は、式 (3・1) と (3・2) は、「論理的には」同じことを表している。このことは後でもう少し詳しく説明するが、要するにスイッチは閉じるか開くかしかないので、「ランプを点けるためにスイッチを押す」ことと「ランプを消すためにスイッチを離す」ことは論理的には同じ意味を持つということである。

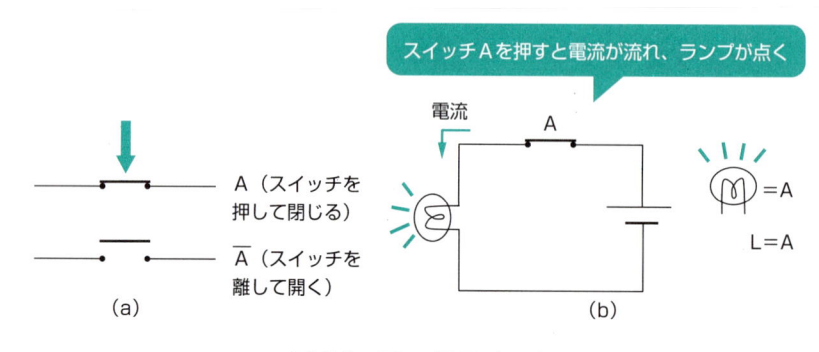

図 3.1 ランプとスイッチ

さて、次にスイッチを、図 3.2 (a) のように変更する。このスイッチでは、先ほどとは逆に、スイッチを押した状態で開いてランプが消え、スイッチを放した状態でスイッチが閉じて電流が流れてランプが点く。この場合、スイッチを押すとランプが消えるという図 3.2 (b) の関係は、次のように表される。

$$\overline{L} = A \quad \cdots\cdots(3\cdot3)$$

同様にスイッチを放すとランプが点くという関係は次のように表される。

$$L = \overline{A} \quad \cdots\cdots(3\cdot4)$$

図 3.1 と図 3.2 の関係は、ちょうどランプを点けるためのスイッチの条件が $A$ と $\overline{A}$ と逆になっている。

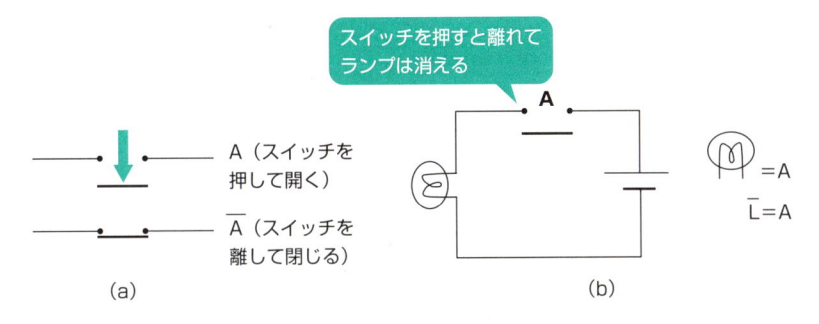

図 3.2　論理否定　NOT

以上の説明において、$A$ でない状態が $\overline{A}$ であり、また $L$ でない状態が $\overline{L}$ である。このように「$A$ でない」という関係を「**NOT** $A$」と呼び、ここに示すように上に横棒を付けることによって表す。また $\overline{A}$ を $A$ の**論理否定**と呼ぶ。

当然、「$\overline{A}$ でない」は、$A$ である。つまり、

$$A = \overline{\overline{A}} \qquad \cdots\cdots(3\cdot 5)$$

である。

次に、スイッチを2つにして考えてみよう。

まず、**図 3.3(a)** のようにスイッチ $A$ と $B$ を直列につないだ場合を考えてみる。

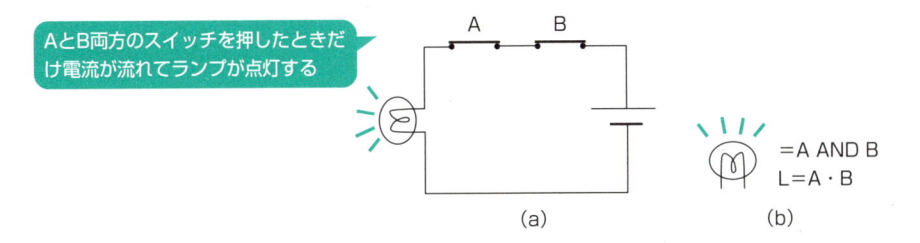

図 3.3　論理積　AND

このとき、ランプを点けるためには両方のスイッチを閉じる必要がある。つまり、同時に $A$ でありまた $B$ でなければならないので、これを **AND** の関係にあると呼び、記号・をもちいて、次のように表現する。

$$L = A \cdot B \qquad \cdots\cdots(3\cdot 6)$$

これを $A$ と $B$ の**論理積**と呼ぶ。

AとBいずれかのスイッチを押すと
ランプに電流が流れて点灯する

=A OR B
L=A+B

(a)　　　　　(b)

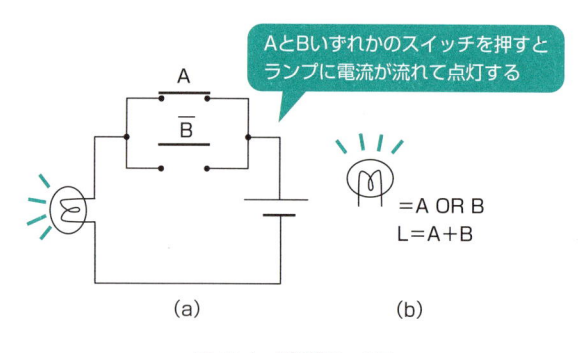

図 3.4　論理和　OR

次に図 3.4 (a) のようにスイッチ $A$ と $B$ を並列につないだ場合を考えてみよう。

このとき、ランプを点けるためにはどちらかのスイッチを閉じればよい。つまり、$A$ であるか $B$ であればよいので、これを OR の関係にあると呼び、記号 $+$ をもちいて、次のように表現する。

$$L = A + B \quad \cdots\cdots(3・7)$$

これを $A$ と $B$ の**論理和**と呼ぶ。

## 半導体でスイッチのオン・オフを表す

スイッチを使うことで、NOT、AND、OR という基本的な機能が実現できることは理解してもらえたと思う。しかし、これをスイッチを押す、離すという機械的な操作で行っていたのでは、時間がかかってしまう。これを高速に行うには、やはり電気の助けを借りる必要がある。そこで登場するのが、**半導体**という物質だ。半導体は、その名前の表すとおり、導体でもなく、不導体でもない。導体は、銅線などでできた普通の電線のように良く電気を通すものであり、不導体は、逆にゴムのようにまったく電気を通さない。半導体は、導体と不導体の中間にあり、どの程度電気を通すかを制御できるところに特徴がある。

図 3.5 に、初期のコンピュータの基本素子として使われた**真空管**、真空管に続いて使われた**トランジスタ**、そして最近の集積回路上で使用されている **MOS トランジスタ**のイラストと回路図をそれぞれ示した。真空管とトランジスタは肉眼でこのイラストのように実物を見ることができるが、MOS トランジスタは非常に微細なものであり、イラストは電子顕微鏡による拡大図である。

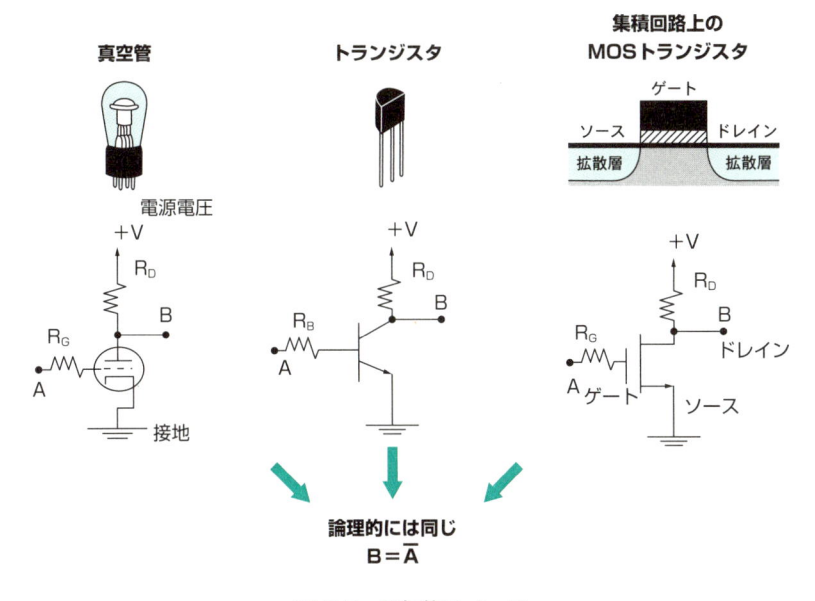

図 3.5 電気的スイッチ

　これらは見かけはまったく違うが、実は論理的には同じ機能を実現している。つまり、入力 A と出力 B の関係は、いずれも

$$B = \overline{A}$$

で表される。つまり、入力 A を否定したもの（あるいは反転したものとも言う）が B となっており、論理否定を実現していることがわかる。
　このようになることは、図 3.5 中の真空管あるいはトランジスタに相当する部分を、図 3.6 に示すようにスイッチによってモデル化することで説明できる。
　まず、入力 A に加える電圧を上げていくと、スイッチを押した状態になる（これを $A = 1$ とする）ので、B は接地と同じ電圧になる（これを $B = 0$ とする）。
　逆に、A の電圧が低いとき（$A = 0$ に相当）には、スイッチが開いた状態と同等になり、電流が流れないため、B の電位は電源電圧（+V）と同じとなる（$B = 1$ に相当）。
　これらをまとめると、出力 B には、入力 A を反転したものが出てくることになり、両者の関係は次式のように表現することができる。

$$B = \overline{A}$$

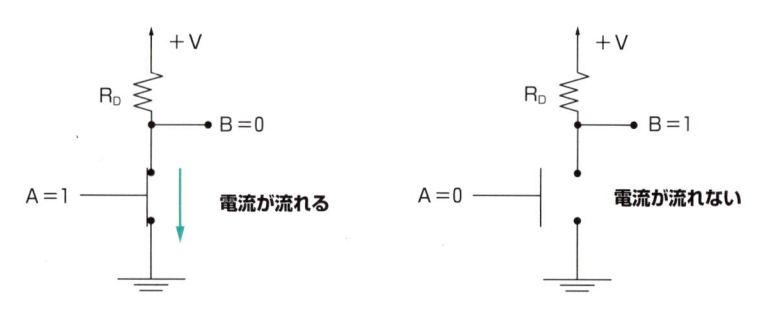

[図 3.6 上部: 2つの回路図]

入力Aが1のときスイッチを押した状態となり、電源と接点地との間に電流が流れる。この結果、抵抗$R_D$の両端に電位差を生じて、出力Bは0となる。

入力Aが0のときスイッチを離した状態となり、電源と接点地との間に電流が流れない。この結果、抵抗$R_D$の両端の電圧が等しくなり、出力Bは1となる。

図 3.6　トランジスタをスイッチとして使用する

さて、ここで先ほどのスイッチの話と同じように、入力を2つにすると、どうなるだろうか。図 3.7 は、MOSトランジスタを例にとって、2つの入力A、Bを直列あるいは並列に並べたものである。

直列に並べた場合には、スイッチがともに閉じた場合だけ電流が流れる。つまり、$A = B = 1$ の場合に、電流が流れ、このとき出力Cは0となる。この関係は、

**NAND**　　　　　　　　　　　　**NOR**

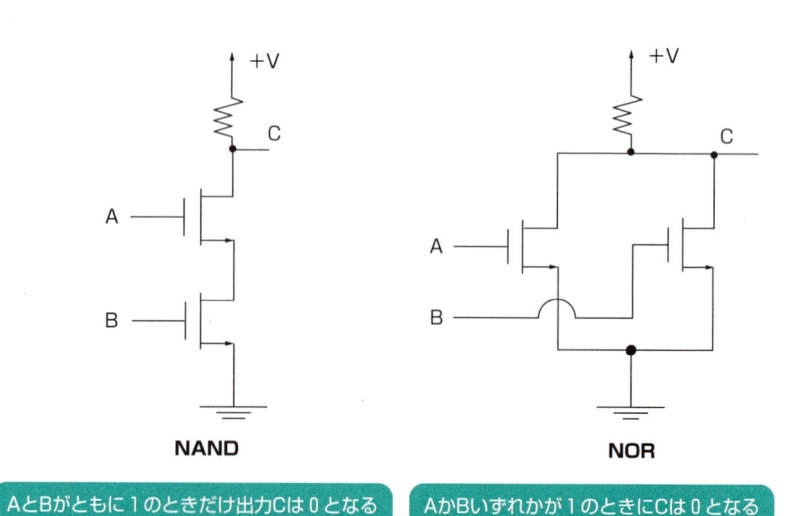

AとBがともに1のときだけ出力Cは0となる　　AかBいずれかが1のときにCは0となる

図 3.7　NAND と NOR

$$\overline{C} = A \cdot B$$

と表すことができる。この両辺の否定をとって、P.39 の式 (3・5) を使って $\overline{\overline{C}} = C$ と置き換えれば、

$$\overline{\overline{C}} = C = \overline{A \cdot B}$$

となる。つまり、$C$ は、$A$ と $B$ の論理積の否定をとったものとなり、これを **NAND** (NOT − AND の意味) と呼ぶ。

同様に、並列に並べた場合の出力 $C$ は、$A$ と $B$ の論理和の否定となる。つまり、

$$C = \overline{A + B}$$

である。これを **NOR** (NOT − OR の意味) と呼ぶ。

先に図 3.3 や 3.4 ではランプとスイッチを使って論理積 AND と論理和 OR について説明したが、実はトランジスタ等の回路素子では、これらの論理否定を取った NAND と NOR が基本となることがわかる。

## ブール代数を使って0と1を処理する

ここまで見てきたようなスイッチの話を整理したものを**ブール代数**と呼ぶ。

ブール代数の話をする前に、まずその基本となることを説明しておきたい。

P.39 の式 (3・6) $L = A \cdot B$ の中で使われている $L$、$A$、$B$ を**論理変数**と呼ぶ。また、先に示した通り、$\overline{A}$ のように $A$ を否定する演算を**論理否定**と呼ぶ。また、・ や + で表された演算を、**論理積**、**論理和**と呼ぶ。

論理変数と論理演算を組み合わせて表現された式を**論理式**と呼ぶ。

論理式に使われる論理変数の値と、論理式との関係は表を使って表すことができる。たとえば、論理式 $L = \overline{A}$ では、論理変数 $A$ が 0 と 1 の値を取ったときの $L$ の値は、図 3.8 の表のように表すことができる。これを**真理値表**と呼ぶ。また、回路図上では、論理否定の関係にある入力と出力間は、**論理記号**という記号でつないで表現する。

論理式 $L = A \cdot B$ あるいは $L = A + B$ の場合には、論理変数は $A$ と $B$ の 2 つだから、$A$、$B$ それぞれが 0 と 1 の値を取ったときの $L$ の値は、図 3.9 のように表すことができる。

先ほど示した NAND と NOR に対する真理値表と回路図記号は、図 3.10 のようになる。真理値表から、NAND と NOR の出力の 1 と 0 が、AND と OR の出

L=$\overline{A}$　論理否定
NOT

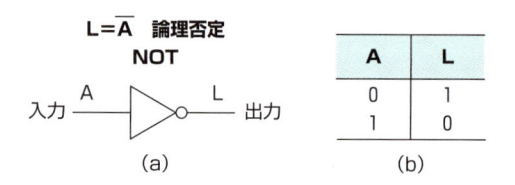

入力 —A—▷○— L—出力

(a)

| A | L |
|---|---|
| 0 | 1 |
| 1 | 0 |

(b)

図 3.8　NOT の真理値表と論理記号

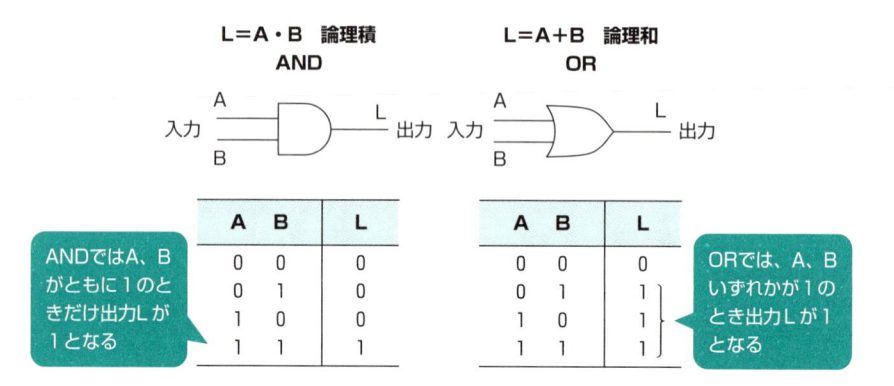

L=A・B　論理積
AND

L=A+B　論理和
OR

| A | B | L |
|---|---|---|
| 0 | 0 | 0 |
| 0 | 1 | 0 |
| 1 | 0 | 0 |
| 1 | 1 | 1 |

| A | B | L |
|---|---|---|
| 0 | 0 | 0 |
| 0 | 1 | 1 |
| 1 | 0 | 1 |
| 1 | 1 | 1 |

ANDではA、Bがともに1のときだけ出力Lが1となる

ORでは、A、Bいずれかが1のとき出力Lが1となる

図 3.9　AND、OR の真理値表と論理記号

L=$\overline{A・B}$　ANDの反転
NAND

L=$\overline{A+B}$　ORの反転
NOR

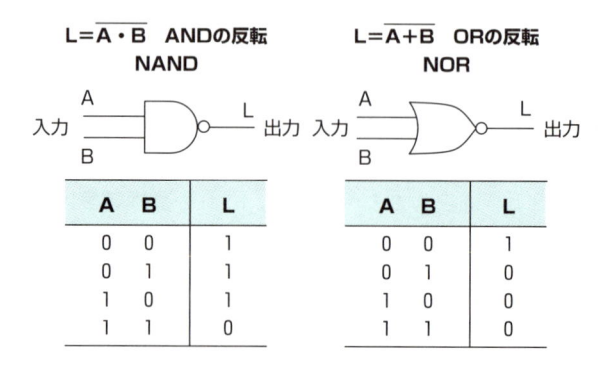

| A | B | L |
|---|---|---|
| 0 | 0 | 1 |
| 0 | 1 | 1 |
| 1 | 0 | 1 |
| 1 | 1 | 0 |

| A | B | L |
|---|---|---|
| 0 | 0 | 1 |
| 0 | 1 | 0 |
| 1 | 0 | 0 |
| 1 | 1 | 0 |

図 3.10　NAND、NOR の真理値表

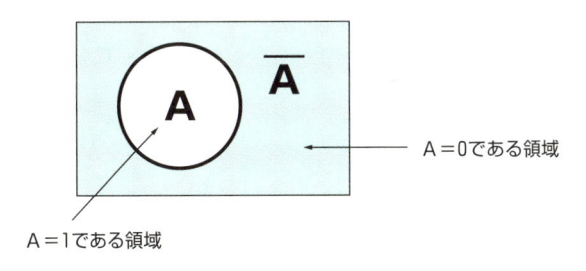

図 3.11　ベン図による NOT の表現

力を反転したものであることがわかるだろう。回路記号の上では、否定の印として出力に○を付ける。

また、このような論理的な関係を**図 3.11** のように、図をもちいて表すこともできる。図では、まず対象とする $A$ や $B$ をすべて包含する領域を四角で表し、この中にたとえば $A$ が 1 である領域を 1 つのマルで囲まれた領域として表す。マルの外側は、$A$ が 1 で「ない」、つまり 0 である領域を表す。それぞれの表すことを反映して、マルの内側を $A$、外側を $\overline{A}$ とする。このような図を**ベン図**と呼ぶ。

変数が 2 つあるときは、**図 3.12** のように、マルを 2 つ描けばよい。もう 1 つ付け加えたマルで囲まれた領域は、$B$ が 1 である領域を表している。一般に、2 つのマルは重なる部分をもつ。2 つのマルによって全体の領域を表す四角は、4 つの領域に区切られ、それぞれの領域は、$(A=0, B=0)$、$(A=0, B=1)$、$(A=1, B=0)$、$(A=1, B=1)$ であることを表す。この 4 つの組み合わせは、図 3.9 や図 3.10 の 4 つの行に対応している。AND、OR の真理値表で出力 $L=1$ となっているところを塗りつぶすと、図 3.12 のように AND と OR の各演算によって得られる領域がわかる。

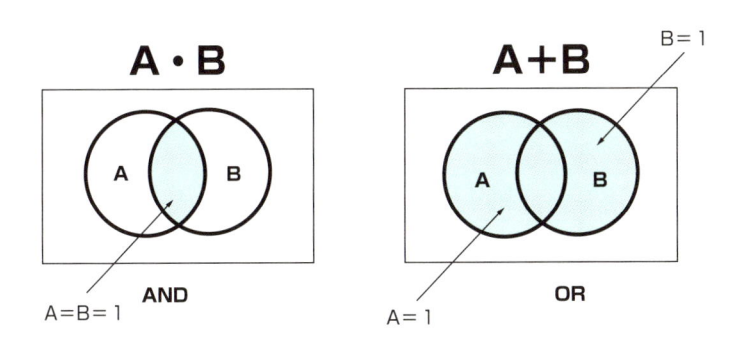

図 3.12　ベン図による AND と OR の表現

0 と 1 を組み合わせて処理する

$\overline{A \cdot B}$　　　　　$\overline{A+B}$

NAND　　　　　NOR

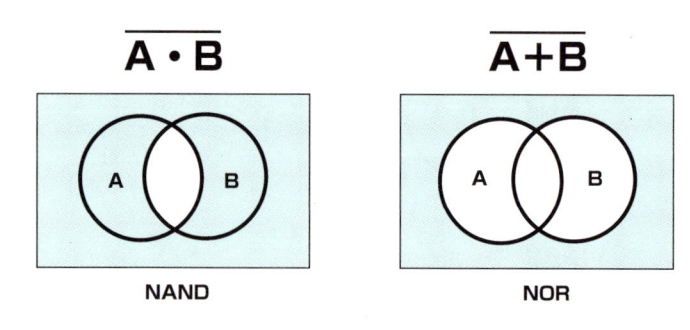

図 3.13　ベン図による NAND と NOR の表現

　以上のことから、真理値表とベン図による表現は、まったく同じことを表していることがわかる。
　同様に、NAND と NOR に対応する領域を図 3.13 に示す。図 3.12 に示した AND、OR の領域と比べ、完全に反転していることがわかる。

　次に、このように論理変数の間の関係を式や図をもちいて表すことを基本として、ブール代数について説明しよう。
　図 3.14 は、ブール代数の世界で基本的に成り立つ公理の一覧を示している。

| | | | |
|---|---|---|---|
| (1) | べき等則 | $A+A=A$ | $A \cdot A=A$ |
| (2) | 交換則 | $A+B=B+A$ | $A \cdot B=B \cdot A$ |
| (3) | 結合則 | $A+(B+C)=(A+B)+C$ | $A \cdot (B \cdot C)=(A \cdot B) \cdot C$ |
| (4) | 吸収則 | $A+(A \cdot B)=A$ | $A \cdot (A+B)=A$ |
| (5) | 分配則 | $A \cdot (B+C)=(A \cdot B)+(A \cdot C)$ | $A+(B \cdot C)=(A+B) \cdot (A+C)$ |
| (6) | 二重否定 | $\overline{(\overline{A})}=A$ | |
| (7) | ド・モルガン則 | $\overline{(A+B)}=\overline{A} \cdot \overline{B}$ | $\overline{A \cdot B}=\overline{A}+\overline{B}$ |
| (8) | 単位元 | $A+1=1$ | $A \cdot 1=A$ |
| (9) | 零元 | $A+0=A$ | $A \cdot 0=0$ |
| (10) | 補元 | $A+\overline{A}=1$ | $A \cdot \overline{A}=0$ |

図 3.14　ブール代数の公理

　これらの公理が意味することは、ベン図を描くことにより、納得してもらえるものと思う。たとえば (1) のべき等則は、$A$ に同じ $A$ の領域を加えても、あるいは共通部分を取ってもやはり領域は $A$ のまま変わらないことから明らかだろう。(2)

の交換則、(3) の結合則も、領域を重ねる順番は結果に影響しないことから成り立つ。(4)〜(7) については、各図を参照してシミュレーションしてみてほしい。

(8) は、1 が四角の領域全体を表すことから、(9) は、0 が空な領域を表すことから成り立つことがわかる。(10) の補元については、図 3.11 に示す $A$ と $\overline{A}$ の 2 つの領域の関係を考えれば妥当な公理であることがわかる。

あるいは、$A$、$B$ ともに取り得る値が $0$ か $1$ だけなので、$(A, B) = (0,0), (0,1), (1,0), (1,1)$ のすべての組み合わせを代入してみて、それぞれの式が成り立つことを確かめてもよい。$A + \overline{A} = 1$ が成り立つことは、$A = 0$ のとき $0 + \overline{0} = 0 + 1 = 1$（OR の規則）、$A = 1$ のとき $1 + \overline{1} = 1 + 0 = 1$（同様に OR の規則）となることから確かめられる。

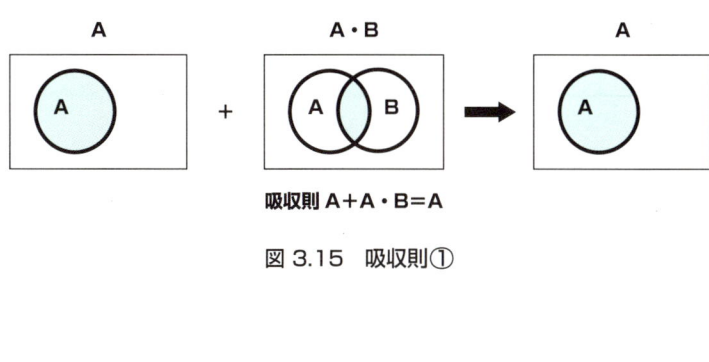

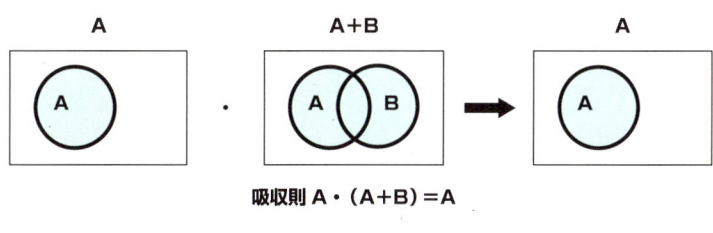

図 3.15　吸収則①

図 3.16　吸収則②

0 と 1 を組み合わせて処理する

分配則 A・(B+C) = (A・B) + (A・C)

図 3.17　分配則①

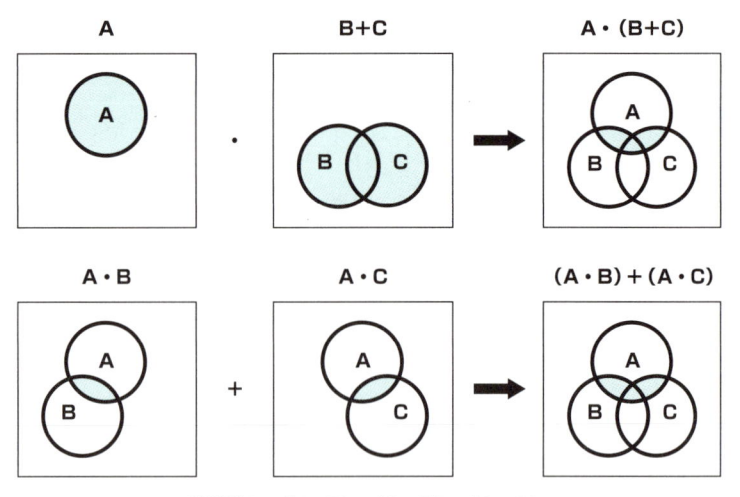

分配則 A+(B・C) = (A+B)・(A+C)

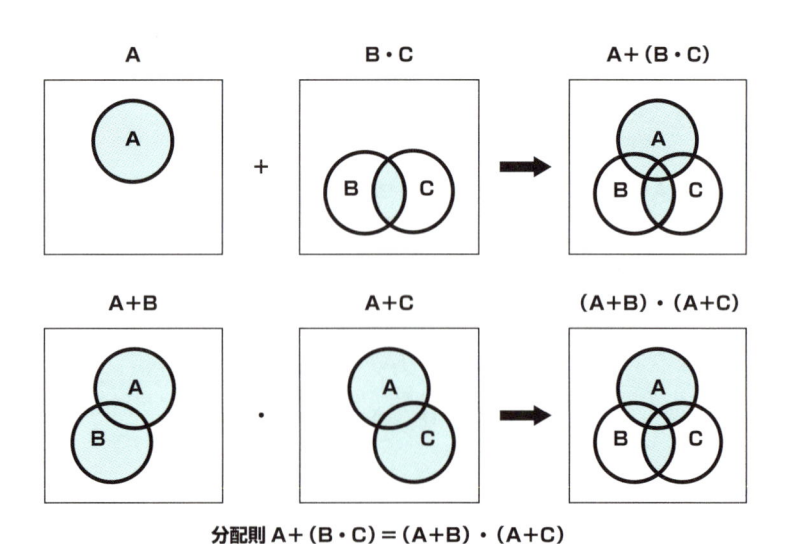

図 3.18　分配則②

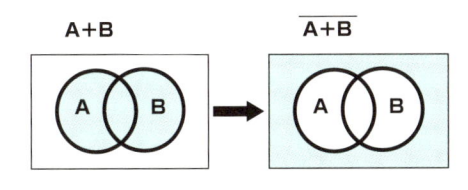

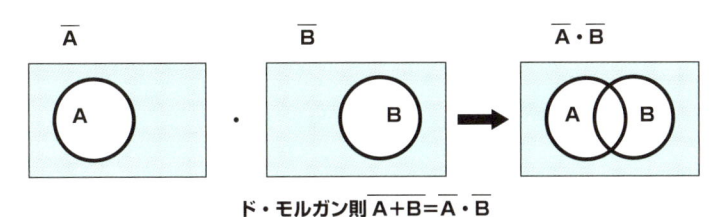

図 3.19　ド・モルガン則①

ド・モルガン則 $\overline{A+B} = \overline{A} \cdot \overline{B}$

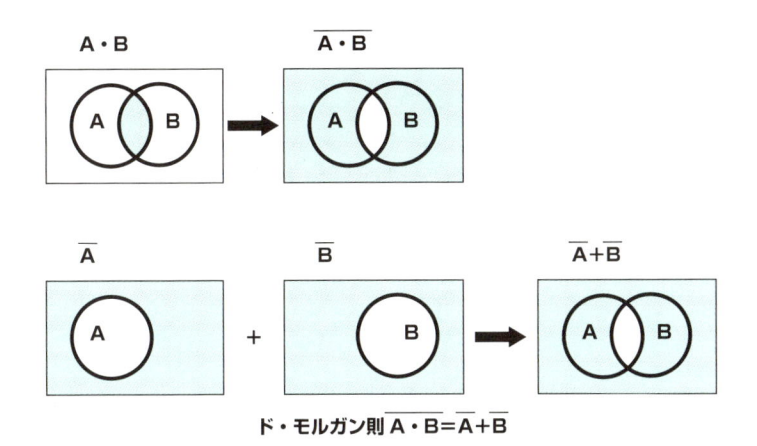

図 3.20　ド・モルガン則②

ド・モルガン則 $\overline{A \cdot B} = \overline{A} + \overline{B}$

## Column　　　　　　　　　　コーヒーブレイク...

### 日常生活との関係…ド・モルガン則を一般化する

公理の中にある**ド・モルガン則**に注目してみよう。
前に説明した次の式について、このことを当てはめてみよう。

$$L = A \cdot B$$

この式は、スイッチ A、B をともに押すことにより、ランプ L が点くことを表して

0 と 1 を組み合わせて処理する

いた。では、この両辺の否定を取るとどうなるだろうか。左辺は、$L$ が $\overline{L}$ となるだけだが、右辺はド・モルガン則を当てはめることにより、次式のようになる（右辺が否定の和になっていることに注意）。

$$\overline{L} = \overline{A \cdot B} = \overline{A} + \overline{B}$$

この式は、$\overline{L}$ だから、実はランプを消すための条件を表している。つまり、ランプを消すためには、A か B いずれかのスイッチが離れていればよい。

つまり、「ランプを点けるためには A、B 両方が ON になっている必要がある」ということと「ランプを消すためには、A か B どちらかが OFF になっている必要がある」ということは、同じことを表しているとわかる。

同様に、

$$L = A + B$$

にド・モルガン則を応用すると、

$$\overline{L} = \overline{A + B} = \overline{A} \cdot \overline{B}$$

となる。これも、ランプを消すための条件式として見てやれば、「論理的には」同じことを表していることがわかる。

さらに変数の数を増やしても、同じことが言える。**図 3.21** のような橋に例えてド・モルガン則の意味を考えてみよう。今、四国と本州を結ぶルートとしてしまなみ海道（A）、瀬戸中央自動車道（B）、神戸淡路鳴門自動車道（C）の 3 つがある。車を運転して本州から四国に渡る（$L = 1$ で表す）ためには、この 3 つのルートのどれかを通れればよい。このことは、$L = A + B + C$ で表される。ここでド・モルガン則を適用すると、$\overline{L} = \overline{A} \cdot \overline{B} \cdot \overline{C}$ を得る。この式の意味を考えると、四国に渡れないのは、3 つのルートすべてが通れない場合であることがわかる。

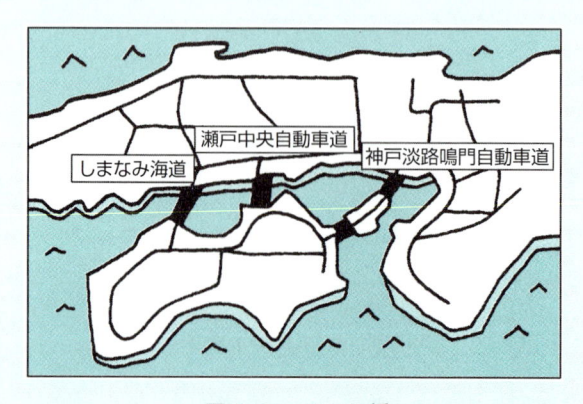

**図 3.21　3 つの橋**

## 2 変数の論理式表現

ここで基本となる 2 変数の論理式には、どのようなものがあるかを整理してみよう。3 変数以上については、2 変数の関係を、繰り返し適用すれば求められる。

2 変数として、例によって A、B を使用する。A、B の取ることのできる値は、0 か 1 であるから、その組み合わせは（00,01,10,11）の 4 通りある。このとき、出力としては、図 3.22 のように、0000 から 1111 までの 16 通りが考えられる。表の下に、それぞれの結果が A、B にどのような演算を施すことによって得られるかを表してみた。

| A | B | f(A, B) | | | | | | | | | | | | | | | |
|---|---|---|---|---|---|---|---|---|---|---|---|---|---|---|---|---|---|
| 0 | 0 | 0 | 0 | 0 | 0 | 0 | 0 | 0 | 0 | 1 | 1 | 1 | 1 | 1 | 1 | 1 | 1 |
| 0 | 1 | 0 | 0 | 0 | 0 | 1 | 1 | 1 | 1 | 0 | 0 | 0 | 0 | 1 | 1 | 1 | 1 |
| 1 | 0 | 0 | 0 | 1 | 1 | 0 | 0 | 1 | 1 | 0 | 0 | 1 | 1 | 0 | 0 | 1 | 1 |
| 1 | 1 | 0 | 1 | 0 | 1 | 0 | 1 | 0 | 1 | 0 | 1 | 0 | 1 | 0 | 1 | 0 | 1 |

論理式：常に0／A·B／A·$\bar{B}$／A／$\bar{A}$·B／B／A⊕B／A+B／$\overline{A+B}$／$\overline{A⊕B}$／$\bar{B}$／A+$\bar{B}$／$\bar{A}$／$\bar{A}$+B／$\overline{A·B}$／常に1

演算の名称（論理ゲートの名称）：論理積 (AND)／論理和 (OR)／排他的論理和 (EXOR)／論理和の否定 (NOR)／否定 (NOT)／否定 (NOT)／論理積の否定 (NAND)

図 3.22 2 つの入力 A、B に対して可能な出力のすべてとその論理式表現

---

### Column コーヒーブレイク…

### 2点スイッチはどうできている？

ここまでの話を基本に、2 点スイッチの問題を考えてみよう。2 点スイッチとは、よく階段などに使われるしくみである。図 3.23 (a) に示すように、1 階と 2 階の間の階段に点灯したランプを 1 階でも 2 階でも点けたり、消したりできるようになっている。

実は 2 点スイッチの正体は、図 3.23 (b) のようにできていて、階段の下と上にあるスイッチ A と B が図のように接続されている。図の状態では、スイッチの状態が A と $\bar{B}$ で電流が流れる状態にあり、点灯している。ここで階段を上がってスイッチ B を倒し状態 B とすると、接続が切れてランプは消える。以上から、点灯するための条件は、次の論理式で表すことができる。

0 と 1 を組み合わせて処理する

$$L = A \cdot \overline{B} + \overline{A} \cdot B$$

この関係式は、$A$ と $B$ の**排他的論理和**（exclusive OR、EXOR）と呼ばれ、図 3.22 中にもあるように、演算記号 $\oplus$ により表される。

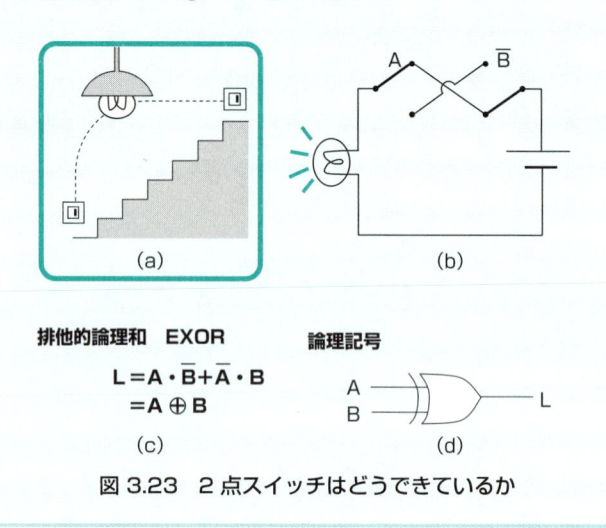

**図 3.23　2 点スイッチはどうできているか**

## 論理関数で事象を表すには

以上見てきたような手順で、論理関数（論理式）から真理値表を作ることはできる。では、逆に、真理値表で表現したものを論理関数の形に表すにはどうすればよいのだろう。このための手順を次に示す。

(1)　まず出力が 1 となる行を順番に選ぶ。
(2)　行を横に見たときに、0 となっている入力変数 $X$ に対しては $\overline{X}$、1 となっている変数 $X$ に対してはそのまま $X$ として、行ごとの論理積を取る。
(3)　出力が 1 となっているすべての行に対する論理積の和を取る。
(4)　図 3.14 に示したブール代数の公理を使って、簡単化する。

**【例】** 図 3.22 中で、右から 3 列目の関係を取り出すと、次の**図 3.24** のようになる。まず、上記ルール (1) から、1、2、4 番目の行の出力が 1 となっていることに注目する。(2) (3) から、$f(a,b)$ は次のように表すことができる。

$$f(a,b) = \overline{a} \cdot \overline{b} + \overline{a} \cdot b + a \cdot b \qquad \cdots\cdots(3 \cdot 8)$$

| a | b | f(a, b) |
|---|---|---|
| 0 | 0 | 1 |
| 0 | 1 | 1 |
| 1 | 0 | 0 |
| 1 | 1 | 1 |

入力a、bの組み合わせに対して、任意の出力が真理値表でこのように与えられたとき、この出力を作るための論理回路を考えてみよう

**図 3.24　入力 a, b と出力 f(a, b) 間の真理値表の例**

　基本的にはここまでで設計はできているわけだが、さらに、(4) の規則に沿って、ブール代数の公理を適用してより少ない素子で実現することができる。まず、P.46 の図 3.14 (1) のべき等則より $A+A=A$、つまり同じものを加えても元のままだから、$\bar{a}\cdot b$ を加えて、

$$f(a,b) = \bar{a}\cdot\bar{b} + \bar{a}\cdot b + \bar{a}\cdot b + a\cdot b$$

となる。ここで、分配則 $A\cdot(B+C) = A\cdot B + A\cdot C$ を使って、カッコでくくると、

$$f(a,b) = \bar{a}\cdot(\bar{b}+b) + (\bar{a}+a)\cdot b$$

となる。次に、$A+\bar{A}=1$ をもちいると、

$$f(a,b) = \bar{a}\cdot 1 + 1\cdot b$$

となり、$A\cdot 1 = A$ より次の式を得る。

$$f(a,b) = \bar{a} + b \qquad \cdots\cdots(3\cdot 9)$$

　このような簡単化は、**図 3.25** のようにベン図を使って表すと直感的にもわかりやすい。つまり、もともとの式は白抜きの $a=1, b=0$ に対応した領域を除く領域なので、それを表す簡単な式は？　と考えると、$\bar{a}+b$ を導くことができる。

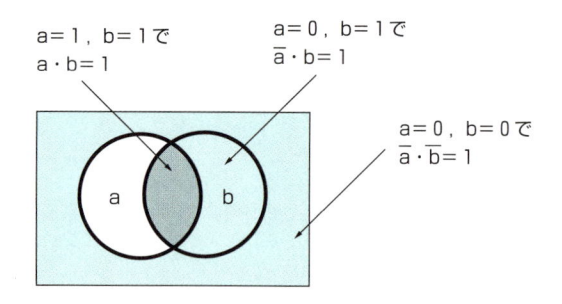

図 3.25　ベン図を使った簡単化の結果

## 論理関数を論理回路で実現する

（1）から（4）の手順によって明らかなように、この中で使われている論理演算は、（2）の中の論理否定と論理積、（3）の論理和の3種類である。つまり、これら3種類の論理演算を組み合わせれば、任意の論理関数を実現することができる。論理否定、論理積、論理和は、図 3.8 と 図 3.9 による論理記号で表現できる。つまり、この3種類の論理記号で、どんな論理関数も論理回路で表せるわけだ。

式 (3・9) の例で考えると、**図 3.26** となる。論理否定で $\bar{a}$ を作り、これと $b$ との論理和で $\bar{a}+b$ を出力する。

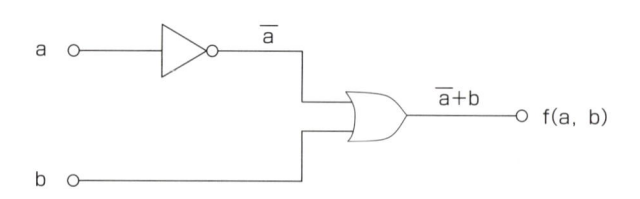

図 3.26　$f(a,b) = \bar{a} + b$ を論理回路で実現する

同様に、簡単化する前の式 (3・8) を論理回路にすると、**図 3.27** となる。論理否定で $\bar{a}$ と $\bar{b}$ を作り、これと $a$, $b$ との論理積で $\bar{a}\cdot\bar{b}$, $\bar{a}\cdot b$, $a\cdot b$ を作った上で、その論理和によって $f(a,b)$ を実現している。

図 3.26 と図 3.27 を比べると、同一の真理値表から出発しながら論理関数の簡単化に対応し、図 3.26 は極めて簡単な回路で実現できていることがわかる。

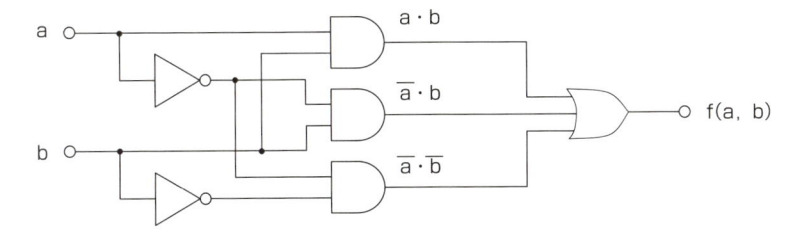

図 3.27　$f(a,b) = \overline{a}\cdot\overline{b} + \overline{a}\cdot b + a\cdot b$ を論理回路で実現する

> **Column** コーヒーブレイク…
>
> ## NOT、AND、OR は NAND か NOR だけで実現できる
>
> 　NOT、AND、OR の 3 つの論理演算は最低限必要なのだろうか？　答えはノーである。任意の論理関数は、(AND, NOT) あるいは (OR, NOT) いずれか 2 つの組み合わせで表現できる。このことを示すには、(AND, NOT) の組み合わせにより、OR を表現できることを示せばよい。たとえば、$A + B$ に対して、ド・モルガン則を適用することを考えると、
>
> $$\overline{A+B} = \overline{A}\cdot\overline{B}$$
>
> であるから、さらに両辺の否定を取ると、
>
> $$A + B = \overline{\overline{A}\cdot\overline{B}}$$
>
> となって、+ が否定と論理積で表せることを示すことができる。同様に、(OR, NOT) の組み合わせによって、AND を表すこともできる。
> 　さらにこのことから、実はすべての論理式は、NAND か NOR の一種類の論理演算で表せることがわかる。NAND あるいは NOR とは、先に P.42 の図 3.7 で説明したように、トランジスタ回路により直接的に実現される機能であり、AND や OR を得るためには、この出力をわざわざ反転しないといけない。だから、むしろ NAND や NOR で表せた方が、都合がよい。
> 　たとえば、NAND を使うと、NOT は、**図 3.28 (a)** のように実現することができる。(b) の真理値表から明らかなように、NAND の 2 つの入力を共通とした場合には、入力 0 のとき出力 1 に、入力 1 のとき出力 0 となって、論理否定となる。

(a)

|  A  |  B  |  L  |
| :-: | :-: | :-: |
|  0  |  0  |  1  |
|  0  |  1  |  1  |
|  1  |  0  |  1  |
|  1  |  1  |  0  |

AとBを共通にするとNOTになる

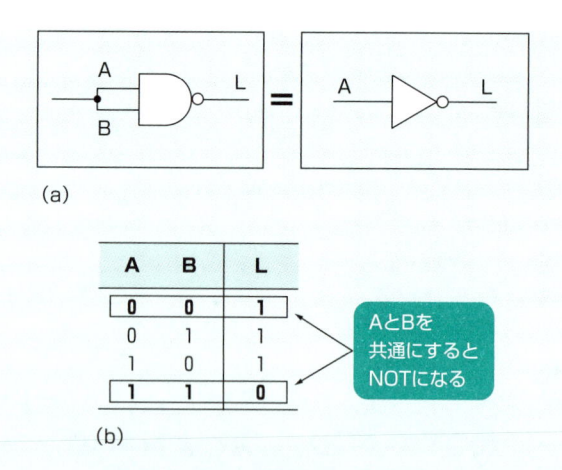

(b)

**図 3.28　NAND で入力 A と B を共通にすると NOT になる**

また、NAND を使って AND を実現するには、図 3.29 のように接続すればよい。このときは (b) の真理値表に示すように、NAND の出力 C からさらに反転して出力 L が得られるが、その値は、A と B の AND となっている。

(a)

| A | B | C | L |
| :-: | :-: | :-: | :-: |
| 0 | 0 | 1 | 0 |
| 0 | 1 | 1 | 0 |
| 1 | 0 | 1 | 0 |
| 1 | 1 | 0 | 1 |

(b)

出力を反転するとANDになる

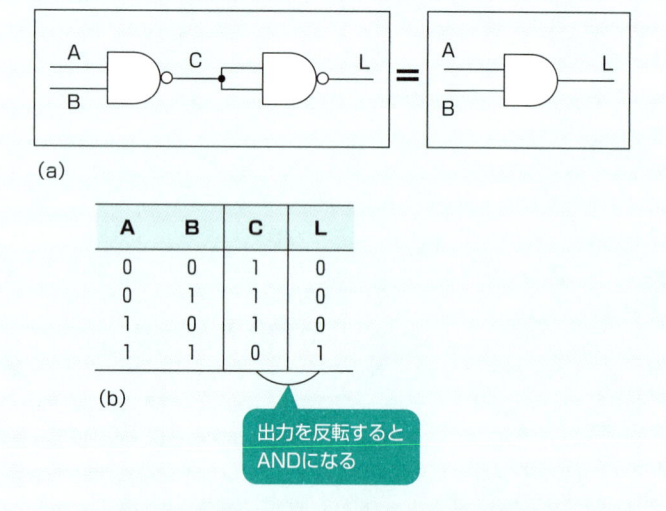

**図 3.29　NAND を 2 つ使って AND を表す**

同様に、OR と NOT は、一種類の NOR を使って表すことができる。

# 組み合わせ回路のしくみ

組み合わせ回路とは、状態をもたない論理回路である。言い換えると、何も記憶しない回路のことである。どんな回路が組み合わせ回路になるのか、以下に3つの例を示す。

## ■「じゃんけん」の判定回路

たとえば、図 3.30 に示すように、A、B の 2 人がじゃんけんをすることを想定して、それぞれがグー、チョキ、パーを出したときに、どちらが勝ちか、あるいはあいこかを判定する回路を考える。この回路は、入力だけで出力が決まる。つまり、過去の判定結果や入力をいっさい記憶することなく判定するので、組み合わせ回路である。

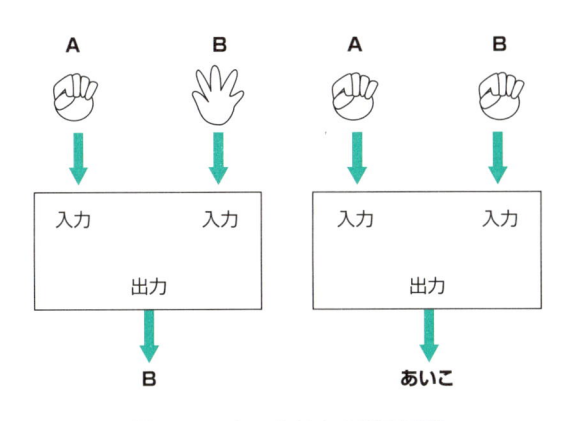

図 3.30　じゃんけんの判定回路

この回路の入出力の関係を図 3.31 に示す。ここでそれぞれの入出力を表す 2 進数を割り付けてやれば、真理値表ができて論理回路が設計できる。

次にその手順を具体的に考えてみよう。まず、図 3.32 に示すように、A、B の 2 人が出す手のグー、チョキ、パーに 00 から 10 までの値を割り付ける。また、出力となる A 勝ち、B 勝ち、あいこのそれぞれにも同様に値を割り付ける。その結果、入出力の関係は、(b) に示す真理値表になる。

この真理値表から、先の論理関数の標準形の項で示した手順に従って $Z_0$ と $Z_1$ を表す論理式を求めたのが、(c) である。たとえば、$Z_0 = 1$ となる箇所を縦に見ていくと全部で 3 つある。そのうち先頭の行では、$A_0$、$A_1$、$B_0$、$B_1$ がすべて 0 となっ

| 入力 | | 出力 |
| --- | --- | --- |
| A | B | |
| グー | グー | あいこ |
| チョキ | グー | B |
| パー | グー | A |
| グー | チョキ | A |
| チョキ | チョキ | あいこ |
| パー | チョキ | B |
| グー | パー | B |
| チョキ | パー | A |
| パー | パー | あいこ |

図 3.31 じゃんけんの判定

グー、チョキ、パーとA勝ち、B勝ち、あいこにそれぞれ00〜10の値を割り付けるところから出発する

グー：00　　A勝ち：00
チョキ：01　B勝ち：01
パー：10　　あいこ：10

(a)

| 入力 | | | | 出力 | |
| --- | --- | --- | --- | --- | --- |
| $A_0$ | $A_1$ | $B_0$ | $B_1$ | $Z_0$ | $Z_1$ |
| 0 | 0 | 0 | 0 | 1 | 0 |
| 0 | 1 | 0 | 0 | 0 | 1 |
| 1 | 0 | 0 | 0 | 0 | 0 |
| 0 | 0 | 0 | 1 | 0 | 0 |
| 0 | 1 | 0 | 1 | 1 | 0 |
| 1 | 0 | 0 | 1 | 0 | 1 |
| 0 | 0 | 1 | 0 | 0 | 1 |
| 0 | 1 | 1 | 0 | 0 | 0 |
| 1 | 0 | 1 | 0 | 1 | 0 |

(b) 真理値表　$Z_0=1$

$Z_0 = \overline{A_0}\ \overline{A_1}\ \overline{B_0}\ \overline{B_1} + \overline{A_0}\ A_1\ \overline{B_0}\ B_1 + A_0\ \overline{A_1}\ B_0\ \overline{B_1}$

$Z_1 = \overline{A_0}\ A_1\ \overline{B_0}\ \overline{B_1} + A_0\ \overline{A_1}\ \overline{B_0}\ B_1 + \overline{A_0}\ \overline{A_1}\ B_0\ \overline{B_1}$

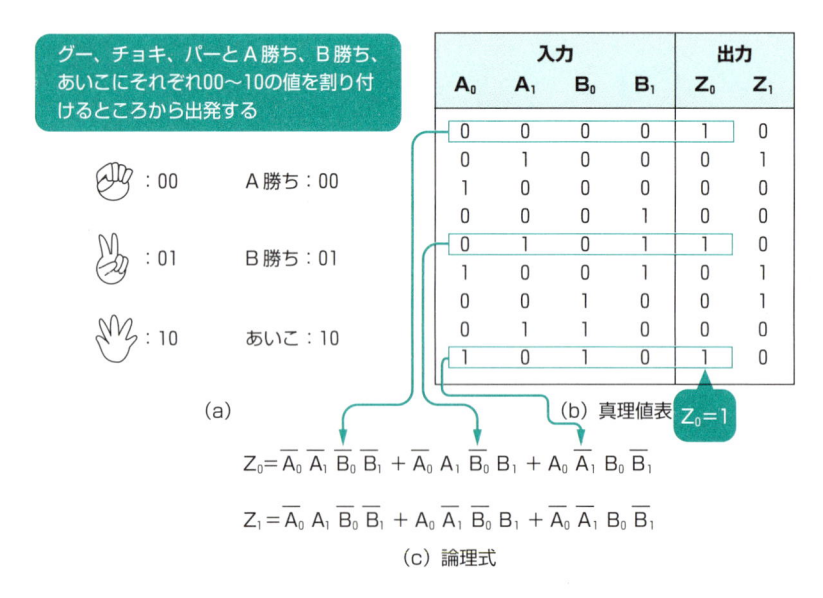

(c) 論理式

図 3.32 じゃんけんの判定を 0 と 1 で表し論理式を求める

ているので、各変数を反転したものの積の項 $\overline{A_0} \cdot \overline{A_1} \cdot \overline{B_0} \cdot \overline{B_1}$ が、$Z_0$ の論理式の第 1 項となって現われる。

図 3.32(c) の論理式をそのまま論理回路に表すと**図 3.33** のようになる。この回

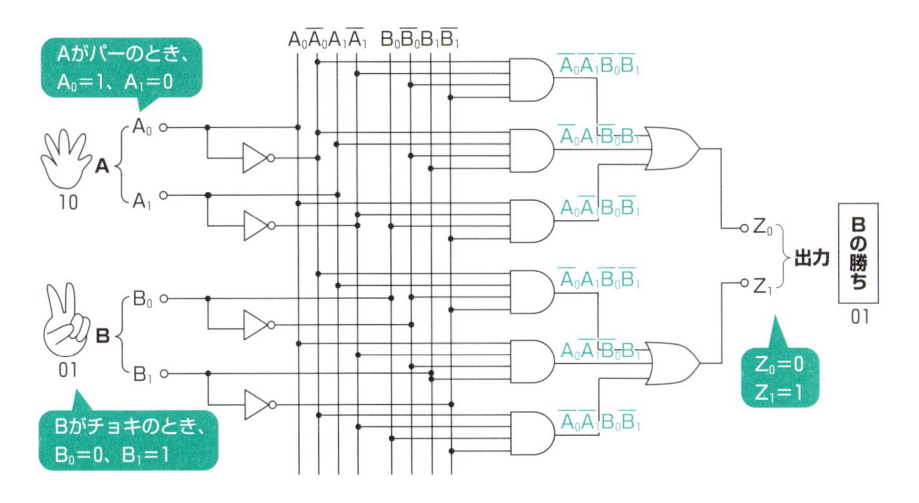

図3.33 じゃんけんの判定のための論理回路

路を使えば、A、Bの出した手を、2ビットの信号に変換して入力することで$Z_0$と$Z_1$に結果が得られるから、これを表示してやればよい。具体的な入力は、たとえば、グー、チョキ、パーの絵のついたボタンを押すと、図に定義したような2ビットの信号を発生し、また出力は、2ビットの出力に応じてA、B、あいこの表示をするといった方法が考えられる。

図3.33の例では、Aがパーを出して10が入力され、Bがチョキを出して01が入力されている。この結果、6つタテに並んだ4入力の論理積回路の出力において、$A_0 \cdot \overline{A_1} \cdot \overline{B_0} \cdot B_1$のみが1となり、他は0となる。これらを3入力の論理和回路の入力とすることにより、$Z_0 = 0$、$Z_1 = 1$となる。この結果は、Bの勝ちを表している。

## ■ デコードをする回路

2進数が与えられたとき、その数の表すビット位置に1を出力する回路を考えてみよう。たとえば、**図3.34**において、2進数10を入力すると、対応するビット位置2にだけ1を出力し、他は0を出力するような回路である。このように2進数を入力として、入力に応じて選択された出力信号を出す回路を一般に**デコーダ**と呼ぶ。

入力が2ビットの場合、その真理値表は、図3.34に示すようになる。この真理値表からまず**図3.35 (a)** の論理式を導く。さらにこの論理式から論理回路を構成すると**図3.35 (b)** となる。

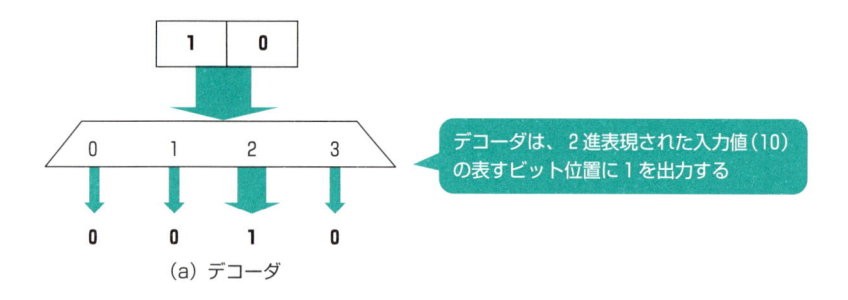

(a) デコーダ

デコーダは、2進表現された入力値（10）の表すビット位置に1を出力する

| 入力 | | 出力 | | | |
|---|---|---|---|---|---|
| $a_0$ | $a_1$ | $Z_0$ | $Z_1$ | $Z_2$ | $Z_3$ |
| 0 | 0 | 1 | 0 | 0 | 0 |
| 0 | 1 | 0 | 1 | 0 | 0 |
| 1 | 0 | 0 | 0 | 1 | 0 |
| 1 | 1 | 0 | 0 | 0 | 1 |

(b) 真理値表

この真理値表の出力と入力を逆にしたのがエンコーダとなる

図 3.34　デコーダとその真理値表

$Z_0 = \overline{a_0}\ \overline{a_1}$
$Z_1 = \overline{a_0}\ a_1$
$Z_2 = a_0\ \overline{a_1}$
$Z_3 = a_0\ a_1$

(a) 論理式　　(b) 論理回路

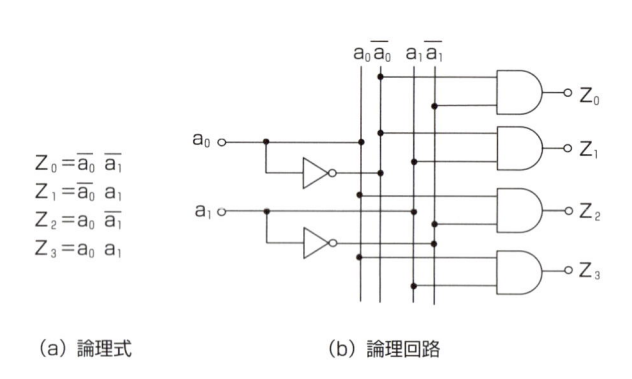

たとえば$a_0=1$、$a_1=0$のときは$Z_2=1$となる

図 3.35　デコーダの論理式と論理回路

## ■ たし算をする回路

2つの1ビット2進数 A、B を加えることを考えてみよう。そうすると、A、B の組み合わせによって、図 3.36 のような 4 通りの場合があることがわかる。たとえば、2 番目の 0＋1 を例に取ると、加算の結果は 1 となり、上位のビットへの桁上げ（これを**キャリ**と呼ぶ）は 0 となる。これに対して、1＋1 の場合は、そのビッ

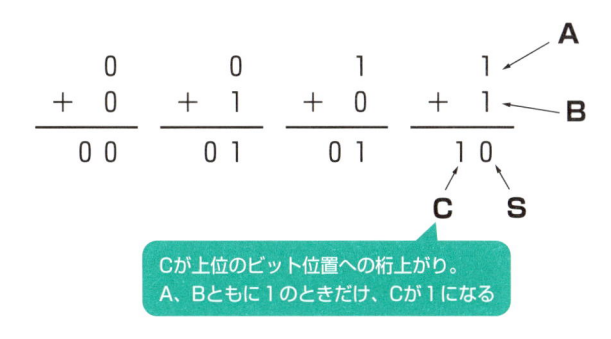

```
  0     0     1     1  ← A
+ 0   + 1   + 0   + 1  ← B
─────  ────  ────  ────
  00    01    01    10
                    ↑↑
                    C S
```

> Cが上位のビット位置への桁上がり。
> A、Bともに1のときだけ、Cが1になる

**図 3.36　半加算の4つのケース**

トの値は 0 だが、同時に上位のビットへの桁上げ 1 を生じることがわかる。

つまり、入力の $A$、$B$ はそれぞれ 0 か 1 だが、出力は、そのビット位置に残る値 $S$ と、上位ビットへの桁上がり $C$ の 2 ビットとなる。

これらの入出力の関係を表したのが、**図 3.37** (a) であり、その入出力の関係は、図 3.36 の 4 つの場合に応じて、(b) の真理値表で表すことができる。この真理値表から先の手順に従って導かれる論理式と論理回路を同時に (c) に示す。$S$ は $A$ と $B$ の排他的論理和（P.52、図 3.23 参照）によって表わされる。

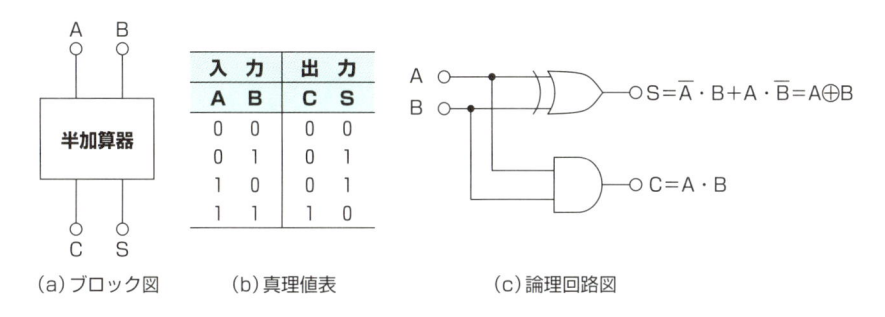

| 入力 | | 出力 | |
|---|---|---|---|
| A | B | C | S |
| 0 | 0 | 0 | 0 |
| 0 | 1 | 0 | 1 |
| 1 | 0 | 0 | 1 |
| 1 | 1 | 1 | 0 |

(a) ブロック図　　(b) 真理値表　　(c) 論理回路図

$S = \overline{A} \cdot B + A \cdot \overline{B} = A \oplus B$

$C = A \cdot B$

ハードウェアを設計するときには、このようにブロック図・真理値表・論理式・論理回路図が必要になる

**図 3.37　半加算器の論理設計**

このような回路を**半加算器**と呼ぶ。なぜ「半分」かというと、上位のビットへの桁上がりは考慮しているが、下位のビットからの桁上がりを考慮していないからである。

では、任意のビット長のデータを加算するにはどうしたらいいだろうか？ それを考えるために、まず、具体的に 4 ビットの加算をやってみよう。図 3.38 は 4 ビットで $3+3$ をやって、結果の 6 を得る様子を示している。

$$\begin{array}{r} 0\ 0\ 1\ 1\ (3)_{10} \\ +\ 0\ 0\ 1\ 1\ (3)_{10} \\ \hline 0\ 1\ 1\ 0\ (6)_{10} \end{array}$$

任意のビット長の加算を行えるようにするためには、
下位のビットからの桁上げを考えなければいけない

**図 3.38　4 ビットの加算**

この図からわかることは、たとえば、最下位ビットで、$1+1$ を行って、そのビットの値 0 を決め、同時に上位ビットへの桁上げ 1 を出力するが、次のビットでは、この桁上げ 1 を加えて、$1+1+1$ を行い、そのビットの値を 1 とするとともに、さらに上位ビットへの桁上げ 1 を生じることである。

つまり、それぞれの 1 ビット加算器は、下位の桁からの桁上がりを含めて 3 つの 1 ビット数の加算を計算できなければならない。このような加算器を**全加算器**（Full Adder の意味で以後 FA と略す）と呼び、全加算器を必要なビット数だけ並べることで、任意のビット長のデータを加算することができる。

たとえば図 3.39 には、1 ビット全加算器を 4 つ連結したものを示す。最下位ビット（これを LSB、Least Significant Bit と呼ぶ）への桁上がり $C_{-1}$ が 0 としてあることに注意してほしい。

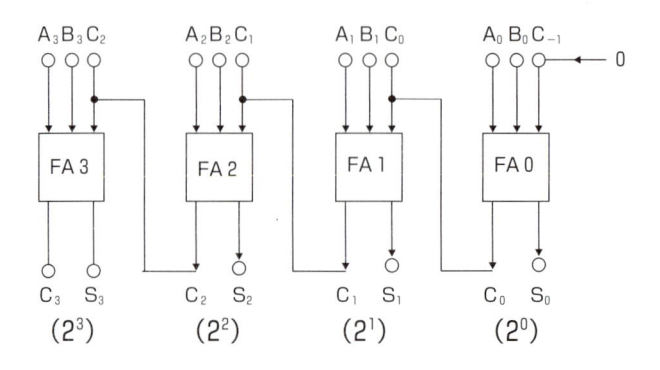

**図 3.39　4 ビットの加算器**

図 3.40 (a) に示すように、全加算器の任意のビット位置 n での入力を $A_n$、$B_n$、$C_{n-1}$ とする。ここで、$A_n$、$B_n$ はそのビットで加算する 2 つの数を表し、$C_{n-1}$ は、1 つ下位のビットからの桁上がりを表す。また、3 つの数を足して得られるそのビット位置の値を $S_n$、上位ビットへの桁上がりを $C_n$ とする。入力 $A_n$、$B_n$、$C_{n-1}$ が決まれば、出力 $S_n$ と $C_n$ は決まることから、これも組み合わせ回路である。その真理値表は、図 3.40 のようになり、これから導かれる論理式は図 3.41 (a) のようになる。

| 行 | 入力 | | | 出力 | |
|---|---|---|---|---|---|
| | $A_n$ | $B_n$ | $C_{n-1}$ | $C_n$ | $S_n$ |
| 0 | 0 | 0 | 0 | 0 | 0 |
| 1 | 0 | 0 | 1 | 0 | 1 |
| 2 | 0 | 1 | 0 | 0 | 1 |
| 3 | 0 | 1 | 1 | 1 | 0 |
| 4 | 1 | 0 | 0 | 0 | 1 |
| 5 | 1 | 0 | 1 | 1 | 0 |
| 6 | 1 | 1 | 0 | 1 | 0 |
| 7 | 1 | 1 | 1 | 1 | 1 |

(a) ブロック図　　(b) 真理値表

図 3.40　全加算器のブロック図と真理値表

(a) $S_n = \overline{A}_n \overline{B}_n C_{n-1} + \overline{A}_n B_n \overline{C}_{n-1} + A_n \overline{B}_n \overline{C}_{n-1} + A_n B_n C_{n-1}$
　　$C_n = \overline{A}_n B_n C_{n-1} + A_n \overline{B}_n C_{n-1} + A_n B_n \overline{C}_{n-1} + A_n B_n C_{n-1}$

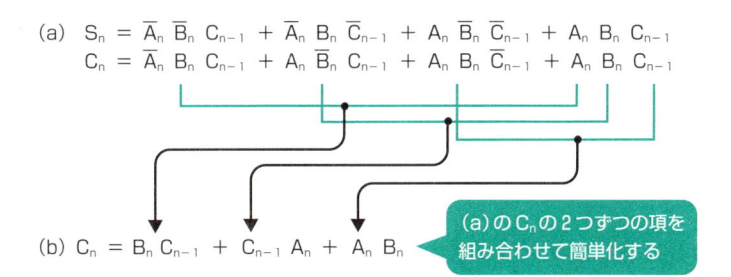

(b) $C_n = B_n C_{n-1} + C_{n-1} A_n + A_n B_n$

(a) の $C_n$ の 2 つずつの項を組み合わせて簡単化する

図 3.41　全加算器の論理式

これをそのまま論理回路として実現してもよいが、$C_n$ については、わかりやすい簡単化の方法がある。それは、$C_n$ の 2 つの項を組み合わせて加算することで、図 3.41 (b) に示す論理式に簡単化できる（次コラム参照）。この結果を論理回路に表すと、図 3.42 に示す回路が得られる。

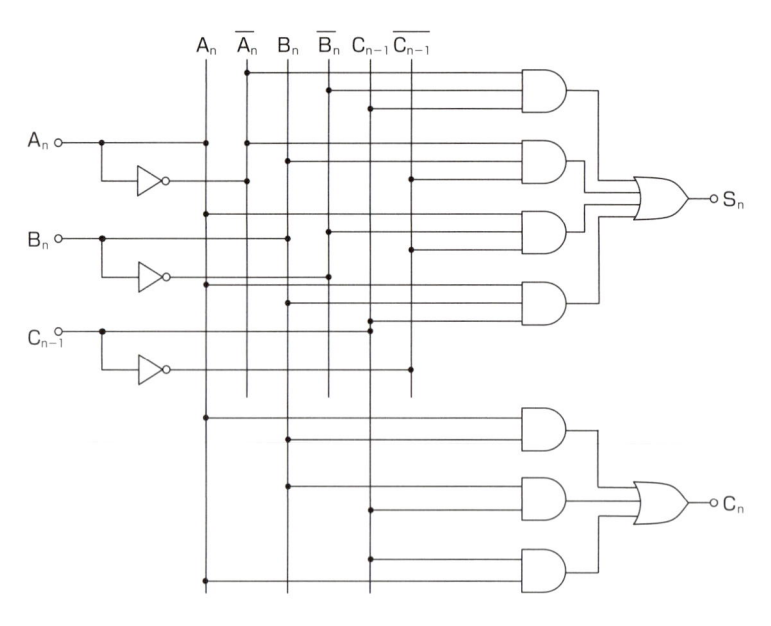

図 3.42　全加算器の論理回路

> **Column**　　　　　　　　　　　　　　　　　　　コーヒーブレイク...
>
> ## 論理回路の簡単化
>
> 　図 3.41 に示すように、一般に論理式は簡単な形にすることができる。簡単な形にできれば、同じ機能がより簡単な論理回路で実現できることになる。
> 　このため、できるだけ簡単な形にしておいた方がいいが、それには種々の方法がある。まず 1 つの方法は、先に示したブール代数の公式を使う方法である。その基本は、
>
> $$X \cdot \overline{Y} + X \cdot Y = X \qquad \cdots\cdots(ア)$$
>
> という関係を可能な限り繰り返し使って、2 つの項を 1 つにまとめる。たとえば、図の $C_n$ の例における適用例を示すと、式（ア）の $X = A_n \cdot B_n$、$Y = C_n$ と見立てて、
>
> $$A_n \cdot B_n \cdot \overline{C}_n + A_n \cdot B_n \cdot C_n = A_n \cdot B_n \qquad \cdots\cdots(イ)$$
>
> となることから容易に導くことができる。
> 　この方法では、式の上で簡単化できそうな 2 つの項を見つけるのが大変なので、このような項を組織的に見つけ出すやり方がいろいろ考えられているが、詳しくは参考文献に譲りたい。

## 順序回路

次に、順序回路について紹介しよう。今まで述べてきた組み合わせ回路と異なるのは、状態を記憶していて、その状態が次の状態を決めるための入力として使われる点である。

組み合わせ回路の例として P.57 の図 3.30 にじゃんけんの判定回路を示した。もし、「出力があいことなった場合は、A、B が、あいこの手に勝つ手を出すとか、あいこの手をそのまま出すように」というように変更すると、あいこの手を覚えておく必要があるので順序回路になる。

## 順序回路の例

図 3.43 に、順序回路の概念を自動販売機で考えてみよう。この自動販売機は、60 円で缶コーヒーが出てくるというとても簡単な販売機だ。最初は 0 円の状態から出発し、客が 50 円を入れると 50 円の状態に移る。この状態で 10 円を入れれば 60 円となってめでたく缶コーヒーが出てくる。

お金の入れ方は一通りではない。最初に、10 円を入れて 10 円の状態になってから、50 円を入れてもよいし、6 回 10 円を入れてもよい。

缶コーヒーが出てくるまでの道は図に示すようにいくつかあるが、それぞれいくら投入されたかを状態として覚えていて、次の入力によってさらに次の状態が決まるという関係は共通である。言わばすごろくのようなもので、それぞれの時点で出たサイコロの目で、次にどの道に進むかが決まり、最後にはアガリとなる。

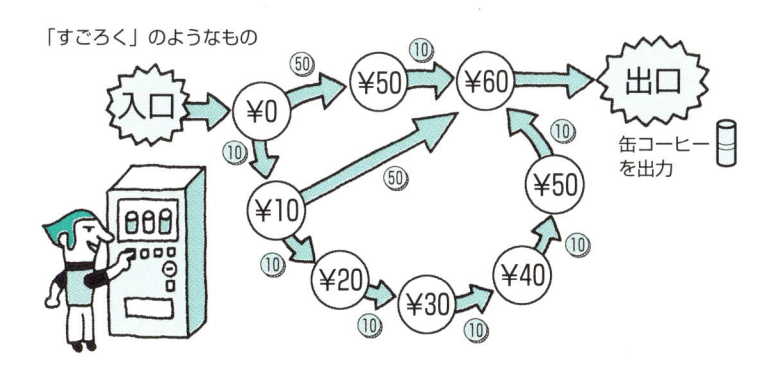

図 3.43　順序回路－自動販売機

## ■ 順序回路のモデル

　この自動販売機のしくみを順序回路でモデル化すると図 3.44 のようになる。状態を記憶しておいて、これと入力から次の状態を決める。

　0 円の状態の機械に 50 円を入れれば状態が 50 円になり、表示も 50 円になる。ここにさらに 10 円を入力すれば状態は 60 円となり、缶コーヒーが出力される。

　順序回路は、このように状態の遷移を実現する。順序回路を設計するには、各状態を 2 進符号化して、2 進符号の変化を回路として実現してやればよい。

　図 3.43 をよく見ると、50 円の状態が 2 つあることがわかる。つまり、まったく同じ状態を表しているので 1 つにまとめることができる。こうして順序回路の簡単化ができる。

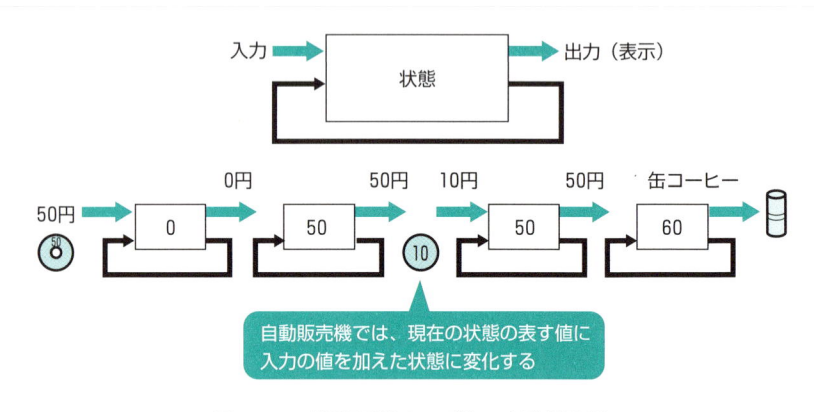

図 3.44　順序回路のモデル－自動販売機

## ■ 記憶するということは？

　順序回路を構成するには、状態を記憶する必要がある。ここで記憶するということについて改めて考えてみよう。先に P.29 の図 2.1 で示したように、記憶のための素子にはいろいろなものがある。紙テープにパンチした結果は、穴の有無で 1、0 を記憶し続けることができる。しかし、このような記憶のしかたでは、内容の書き換えには時間がかかりすぎる。電気的な速度で読み書きができるためには、もっと別の記憶のしかたが必要である。

　図 3.45 は、第 1 章で説明した EDSAC などの初期のコンピュータで使用された水銀槽による記憶の原理である。入力を波形成形して超音波として水銀槽を通し、この結果を再び波形成形して出力側に取り出す。この基本的な考え方は、「入力した

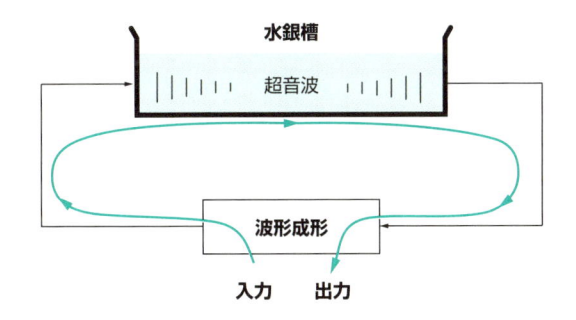

入力したデータが水銀槽の中を通り、一定時間後に再び出力側に取り出される事象は、その間データが記憶されているということと同じ。

**図 3.45　記憶の一例 - 水銀槽遅延線メモリの原理**

データが一定時間後に出力側に取り出せること」をもって"記憶"としている。

この考え方を進めると、図 3.46 のような記憶のしかたが考えられる。ここでは 2 つの NOT 回路を接続している。

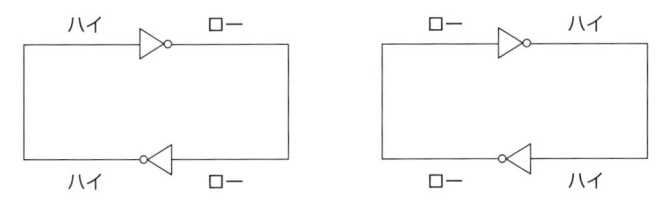

論理否定の回路を 2 つこのように結合すると、2 つの安定な状態が生まれる

**図 3.46　2 つの安定な状態**

入力と出力の関係を考えてみよう。NOT 回路は入力を反転するので、そのハイとローの関係、つまり電圧の高い低いを立体的に表現すると図 3.47 のようになる。つまり、1 つの NOT 回路で反転された値が、もう一つの NOT 回路で反転されるので、この値は矛盾なく循環する。このような入出力の関係であれば、ハイとローの値を記憶をすることができる。これは水銀槽で値が循環して記憶するのと本質的に同じである。この回路には 2 つの安定な状態があるので **2 安定回路** と呼ばれる。

0 と 1 を組み合わせて処理する

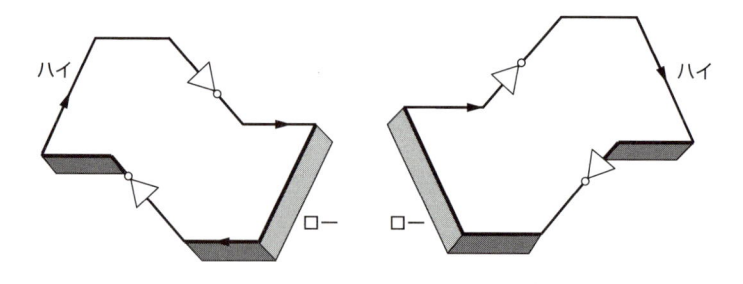

図 3.47　安定な状態のハイとローの関係を立体で見る

## ■ 設定された値を記憶する回路

記憶の基本原理は、図 3.46、図 3.47 に示すとおりであるが、これだけでは記憶する値を外から設定できない。そこで図 3.46 をいったん **図 3.48 (a)** のように NAND を使って書き直す。NOT を NAND で置き換えられることは、P.56 の図 3.28 に示した通りである。さらに、下側の NAND をひねって (b) のようにする。

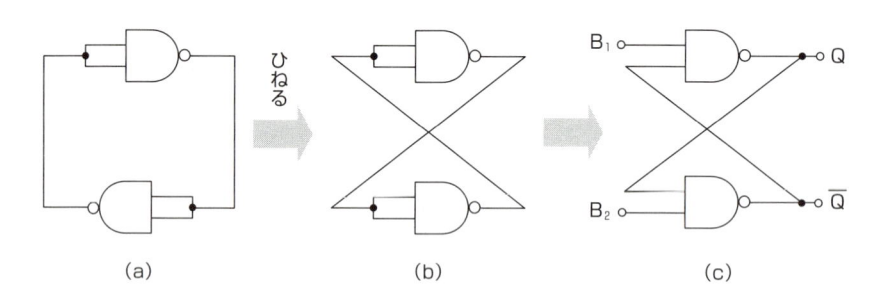

論理否定をNANDで置き換えると、外から値を設定可能な 2 安定回路が得られる

図 3.48　NAND を使って書き直す

この (a)、(b) の 2 つの図が図 3.46 と本質的にまったく同じであることは容易にわかるはずだ。ここで NAND の 2 つの入力を **図 3.48 (c)** のように変更し、一方は外部から入力できるようにする。

このように構成すると、たとえば、$B_1 = 1$ で $B_2 = 0$ のときには、次の **図 3.49 (a)** に示すとおり、$Q = 0$、$\overline{Q} = 1$ で安定な状態になる。(b) のように $B_1 = 0$、$B_2 = 1$ と入力が反転すると、$Q = 1$、$\overline{Q} = 0$ と設定できる。

(a) $B_1=1, B_2=0$

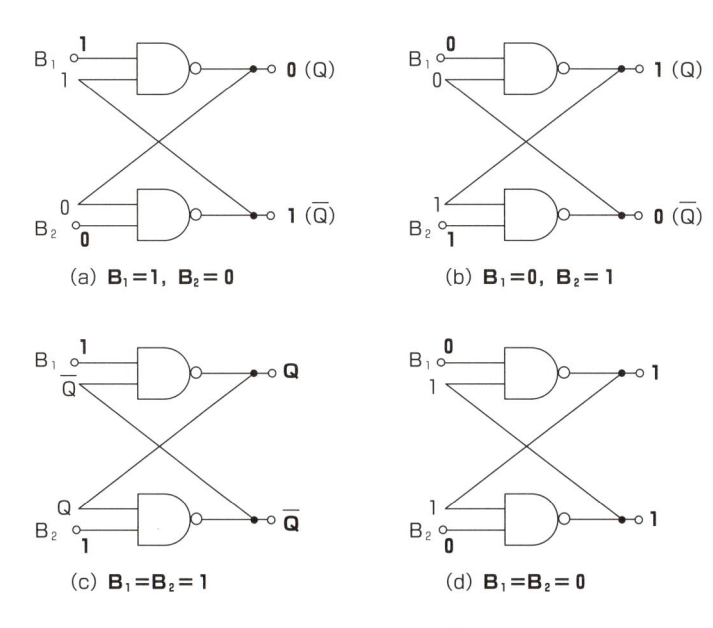

(b) $B_1=0, B_2=1$

(c) $B_1=B_2=1$

(d) $B_1=B_2=0$

図 3.49　値の設定

　では、(c) のように $B_1=1$ で $B_2=1$ の組み合わせではどうなるだろうか？　ここで $\overline{1\cdot x}=\overline{x}$ であることに注意が必要である。つまり、NAND 回路の一方の入力に 1 を加えると、他方の入力を反転したものが出力となる。図をたどるとわかるように、このときは前の状態がそのまま残ることになる。

　最後に残った入力の組み合わせは、(d) の $B_1=0$、$B_2=0$ の組み合わせである。NAND 回路の一方の入力に 0 を加えると、$\overline{0\cdot x}=\overline{0}=1$ であるから、NAND の出力は常に 1 となる。この結果、両方の出力は 1 となり、2 つの安定な状態のどちらにも対応しない。つまり、この入力は、使い道のない入力の組み合わせとなる。

　以上の結果を、図 3.50 の表にまとめてみた。

| $B_1$ | $B_2$ | $Q$ | $\overline{Q}$ | 注　釈 |
|---|---|---|---|---|
| 1 | 1 | $Q$ | $\overline{Q}$ | 値を保持する |
| 1 | 0 | 0 | 1 | 0 にリセットする |
| 0 | 1 | 1 | 0 | 1 にセットする |
| 0 | 0 | 1 | 1 | 使用しない |

$B_1$, $B_2$ がともに 0 の場合は、$Q$, $\overline{Q}$ がともに 1 になるので使用しない

図 3.50　値の設定一覧

0 と 1 を組み合わせて処理する

このような記憶する機能をもった回路を**フリップフロップ**と呼ぶ。図に示した回路は、そのもっとも基本的なもので、SRフリップフロップと呼ぶ。ここでSRと呼ぶのは、値を1にするセット（Set）と、0にするリセット（Reset）ができることによる。

　SRフリップフロップは値が記憶できるから順序回路を構成でき、したがって状態遷移図が描ける。これを**図3.51**に示す。$Q=0$の状態は同時に$\overline{Q}=1$を表す。ここに、$(B_1, B_2) = (0, 1)$の1組を入力すれば$Q=1$に遷移し、セットしたことになる。$(B_1, B_2) = (0, 1)$または$(1, 1)$を入力すれば、$Q=1$に留まる。

　自動販売機の例のように「状態遷移図が与えられれば、それを実現する順序回路が設計できること」、また逆に図3.51に示すように、「順序回路が与えられれば、それは何らかの状態遷移を制御する回路となっていること」を理解しておこう。

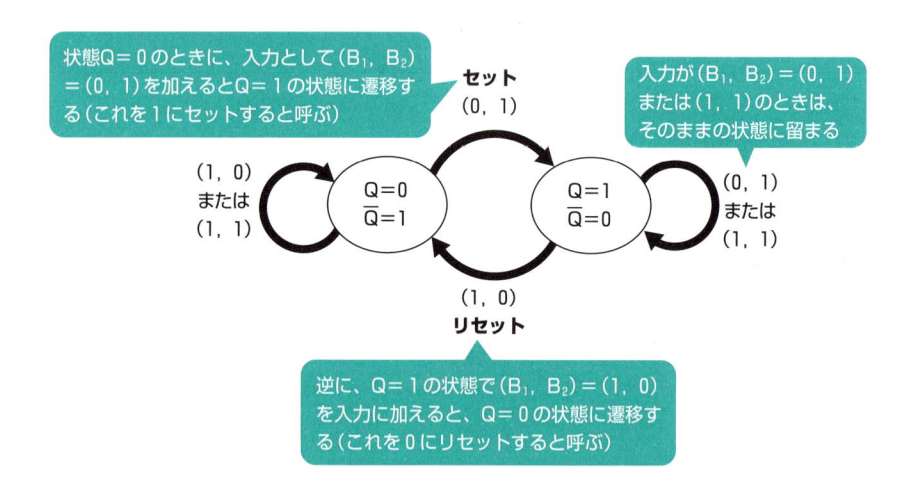

図3.51　SRフリップフロップの状態遷移

## 時間の概念を導入する

順序回路について、記憶とともにもうひとつ大切なのは、時間の概念である。「どのように状態が変化するか」と同時に「いつ変化するか」は、しっかりと決めておく必要がある。

コンピュータの中では、この制御を**クロック**と呼ぶ信号によって行う。クロックを作り出すには、水晶発振器を使う。水晶発振器は、ある決まった電圧を加えてやると、図 3.52 に示すような信号を出力する。

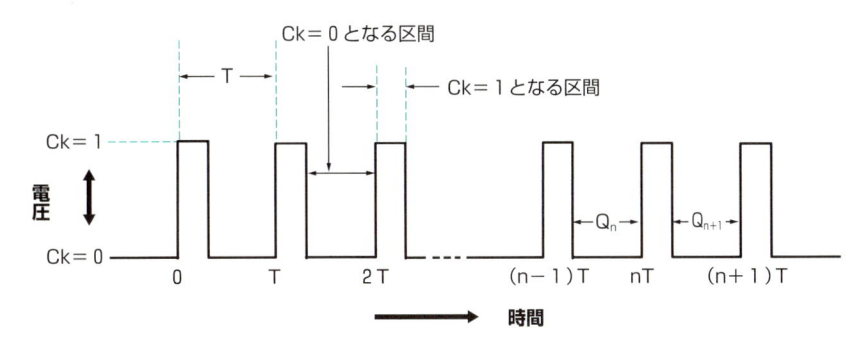

クロック信号は、コンピュータの時間的な動作を制御する

図 3.52 クロック信号

この波形から明らかだが、クロック信号は一定の間隔 T で同じ波形を繰り返す。T と比べて、非常に短い区間で 1（ハイ）となり、残りの区間では 0（ロー）となっている。

このクロック信号を使えば、先ほどの SR フリップフロップの動作する時間を制御することができる。そのような回路を図 3.53 (a) に示す。クロック信号は図中の Ck に入力する。

この回路の動作は、クロック信号の働きによって変化する。図 3.52 中に示すように、$(n-1)T$ 時間経過後の出力を $Q_n$ としたとき、次の $nT$ での入力 $S_n$ と $R_n$ の値によって、出力 $Q_{n+1}$ がどのように変化するかを図 3.53 (b) に示す。

なぜこのような状態の変化をするのか、次にその理由を説明しよう。

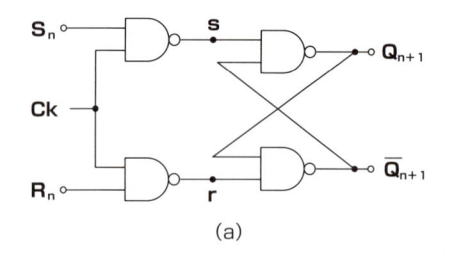

**図 3.53　クロックにより時間的に制御可能なフリップフロップ**

まず、$Ck = 1$ の区間で、入力 $S_n$ と $R_n$ からどのように出力が決まるかを、**図 3.54** を使って説明する。まず、$Ck = 1$ だから $S_n$、$R_n$ の値を反転した $\overline{S_n}$、$\overline{R_n}$ が $s$、$r$ に出力される。したがって、$S_n$ と $R_n$ の値の組み合わせに応じて以下のような値が設定される。

- $S_n = 0$、$R_n = 0$ のときには、$s = 1$、$r = 1$ となって、図 3.50 の $B_1 = B_2 = 1$ に相当し、それまでの $Q$ の値 $Q_n$ を保持する。
- $S_n = 0$、$R_n = 1$ のとき $Q_{n+1} = 0$、$\overline{Q}_{n+1} = 1$ となって値 0 をセット、つまりリセットとなる。
- $S_n = 1$、$R_n = 0$ のとき $Q_{n+1} = 1$、$\overline{Q}_{n+1} = 0$ となって値 1 をセットする。
- $S_n = 1$、$R_n = 1$ の組み合わせは、$s = 0$、$r = 0$ となり、$Q_{n+1}$ と $\overline{Q}_{n+1}$ をともに 1 にするため、前述のように意味のある出力にならない。

Ck＝1のときs点での値は$\overline{S_n}$、r点での値は$\overline{R_n}$となる

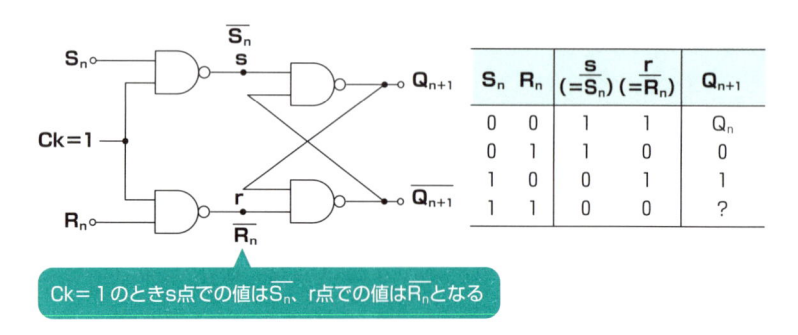

**図 3.54　Ck ＝ 1 のとき**

$Ck = 0$ の区間では、**図 3.55** に示すように、$S_n$、$R_n$ の値が何であっても、$s$、$r$ の値は 1 となる。この結果、SR フリップフロップはその直前の $Ck = 1$ の区間で設定された値を保持するわけである。

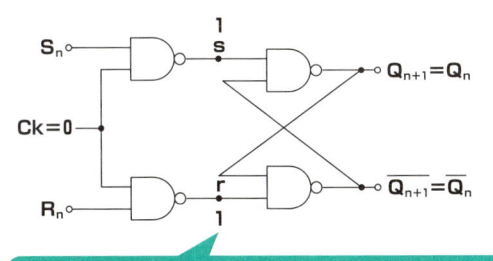

**図 3.55　Ck ＝ 0 のとき**

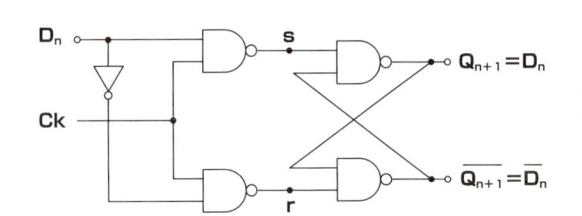

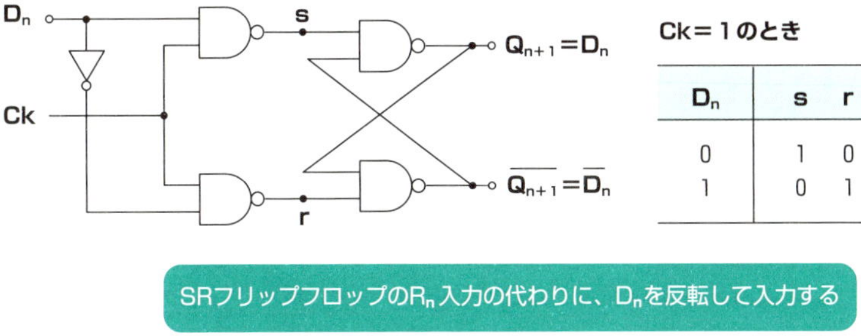

Ck＝0のとき、入力$S_n$と$R_n$の値に関係なく、s点での値、r点での値はともに1となる。
この結果、前の状態$Q_n$, $\overline{Q_n}$をそのまま保持する

SRフリップフロップの$R_n$入力の代わりに、$D_n$を反転して入力する

**図 3.56　2 つの入力を 1 つにまとめる**

Ck＝1のとき

| $D_n$ | s | r | $Q_{n+1}$ |
|---|---|---|---|
| 0 | 1 | 0 | 0 |
| 1 | 0 | 1 | 1 |

以上で、nサイクルでの$S$と$R$の入力値$S_n$と$R_n$の組み合わせに対する出力$Q_{n+1}$の値が、図3.53(b)に示す真理値表によって表されることが理解できただろうか。$S=1$、$R=1$は使用しないこととし、その出力は？で示している。

フリップフロップの話の最後に、次の章の準備として、SRフリップフロップへの入力を1つにすることを考える。**図 3.56**に示すように、一方の入力を反転したものを他方への入力とする。そうすると、図3.54(b)に示す真理値表のうち、2行目の$S_n=0$、$R_n=1$で出力を0とする場合と、3行目の$S_n=1$、$R_n=0$で出力を1とする場合だけを使用することになる。この回路は、入力された値をそのまま次のクロックまで保持する。

これで、コンピュータを実現するのに最小限必要な道具がそろった。いよいよ次の章では簡単なコンピュータを設計してみよう。

0 と 1 を組み合わせて処理する

# 第4章 簡単なコンピュータを設計する
―実際に設計してみるとよくわかる！―

1章では、プログラム内蔵方式コンピュータの基本原理を勉強した。そして、2章と3章では、コンピュータのハードウェアの基礎となる物理の世界とのインターフェイスから始めて、物理の世界から論理の世界へと階段を登ってきた。この章では、1章で説明したような極めて簡単なコンピュータを、2章と3章の知識を使って実際に設計してみよう。コンピュータを理解するには、実際に設計してみるのが近道である。また、例を見ることで、ここまでの知識が1つのまとまったものになることを期待したい。

**トピックス** ― Topics
- 簡単なコンピュータを設計して実現する
- モデルコンピュータの命令とデータの形式を定義する
- モデルコンピュータのハードウェア構成を定義する
- 命令サイクルを実現する
- モデルコンピュータでプログラムを実行する
- 制御部を構成する
- データパス部を構成する

## シンプルなコンピュータを実現しよう

まず、図4.1に示すように、コンピュータ全体を大きく制御部とデータパス部に分ける。

**制御部**は、プログラム内蔵方式コンピュータの中心になる命令サイクルを実現し、命令を読み出しては、その命令の指示する内容を実行するような制御信号をコンピュータ各部に送り出すことを繰り返す。

**データパス部**は、送られてきた制御信号に応じて演算やメモリアクセスなどの処理を行う。

制御部とデータパス部の関係は、人体で例えるとまさに脳と体の関係となる。頭脳にあたるのが、制御指令を出す制御部である。脳から出た指令は神経を通って体の各部に送り出され、たとえば手を上げるとか、足で蹴るとかの動作につながる。こ

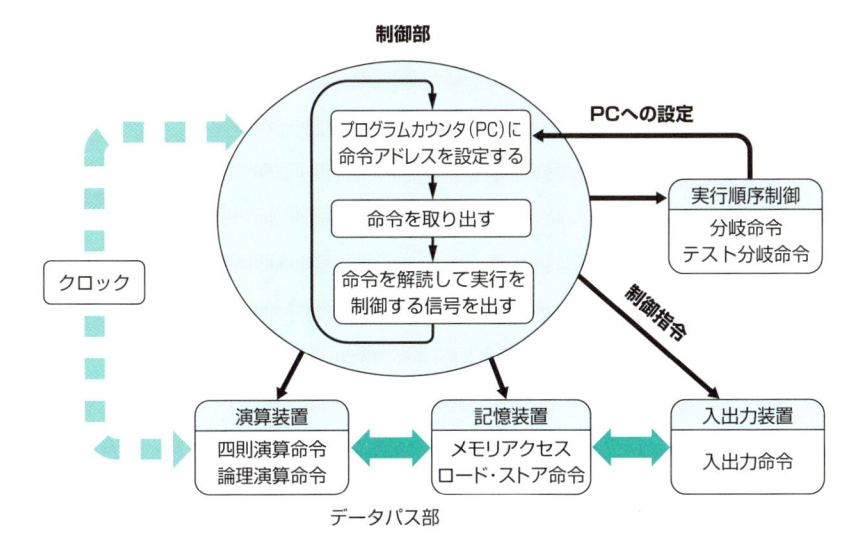

**図 4.1 命令サイクル**

れと同じように、コンピュータの中では、制御指令は、制御信号となってデータパス部を構成する各装置に送られ、それぞれの動作を制御する。

先に図 1.15（P.26）にも示した通り、制御部を除くデータパス部の構成は、演算装置・記憶装置・入出力装置に大きく分けることができる。

- **演算装置** … 加減乗除等の四則演算や、論理積・論理和・論理否定等の論理演算を制御する命令を実行
- **記憶装置** … 記憶装置の読み書きのためのロード・ストア命令を実行
- **入出力装置** … コンピュータの外部とのデータのやり取りを行うための入出力命令を実行

これら演算やロード・ストア等の命令を実行した場合には、通常、メモリ上でその命令の次に置いてある命令を実行する。

これに対して、実行順序を変更する命令があり、**分岐命令**あるいは**テスト分岐命令**と呼ぶ[注1]。分岐命令では、命令の指定するアドレスを P.22 で説明したプログラムカウンタ（PC）に設定することによって、次に実行する命令のアドレスが無条件に変更される。テスト分岐命令では、テスト条件で指定された条件（たとえば、演算結果が 0 か 0 でないか？　といった条件）を調べ、条件が成立していれば命令の

---

注1）分岐というのは、英語の branch（枝）の日本語訳であり、逐次的に進んできた実行の流れが、分岐によって枝分かれする様子を示している。

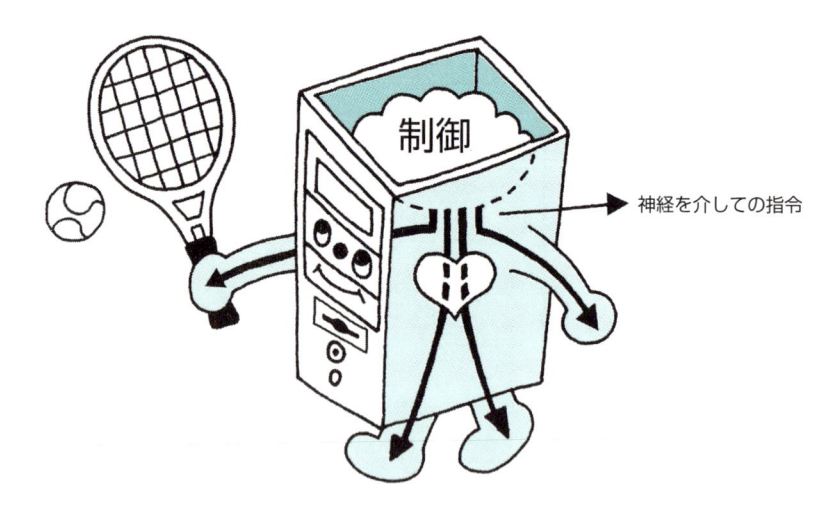

**図 4.2　制御部とデータパス部を人間になぞらえる**

指定するアドレスに分岐し、不成立ならば次のアドレスの命令を実行する。

　最後に忘れてはいけない重要な要素が、P.71 の図 3.52 に説明したクロックである。クロックは、制御部とデータパス部で行われる動作を、いつ実行するかの時間的な制御を行う。制御部からの制御指令は、どのような動作（what）を実行するかを指示し、クロックはその動作をいつ（when）実行するかを制御する。

　これは図 4.2 の人体に例えると、心臓からの拍動が全身に送られるのと似ている。もちろん人体においては、拍動によっていつラケットを振るかを制御しているわけではないので、正確な例えではない。しかし、（あまり良い例えではないが）コンピュータを止めるのにクロックを止めるところは、心停止状態に似てなくもない。

## モデルコンピュータ ASC の命令とデータの形式

　制御部とデータパス部の構成を、もう少し具体的に見るために、簡単なモデルコンピュータを設計してみよう。非常に簡単なので名前は、**ASC**（A Simple Computer）とする。

### （1）命令やデータのビット長の決定

　まず、コンピュータの設計にあたり、その処理の基本となる命令やデータのビット長を決める必要がある。実はこのビット長の決定にもさまざまな要因がある。命令のビット長を短くすると、同じ処理に多くの命令が必要になる。逆だと同時に読み

出せる命令、データのビット長が長くなるが、うまく活用しないと無駄な部分が多くなる危険性もある。ASC では、簡単のため、命令もデータも 16 ビットを基本とすることにする。このようにコンピュータ毎に決めた処理の基本単位を、**語**（word）と呼ぶ。つまり、ASC での 1 語は 16 ビットとなる。

### (2) 命令の形式の決定

次に命令の形式を決める。まず、**図 4.3 (a)** に示すように、命令語の先頭を、命令の操作内容を指定する**操作コード**あるいは**オペレーションコード**として定義する。ここでは、簡単のため、操作コードのビット長を 4 とする。

残りの 12 ビットは、演算の対象となるデータのアドレス指定に使う。

各命令に対する、操作コードと操作内容との対応を図 4.3 で見てみよう。

操作コード $op = (0000)_2$ の場合、これはロード命令（LD）であることを表し、記憶装置の $a$ 番地の内容を、レジスタ $R$ にもってくる動作を制御する。2 進形式の

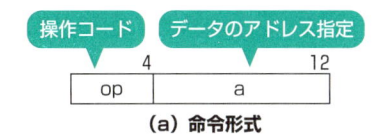

**(a) 命令形式**

| 分類 | 機能 | op | ニーモニック | | 動作 |
|---|---|---|---|---|---|
| メモリアクセス | ロード | 0000 | LD | a | 主記憶の a 番地の内容をレジスタにロード |
| | ストア | 0001 | ST | a | レジスタから主記憶の a 番地に格納 |
| 演算 | 加算 | 0010 | ADD | a | レジスタに a 番地の内容を加算 |
| | 減算 | 0011 | SUB | a | レジスタから a 番地の内容を引く |
| | 論理積 | 0100 | AND | a | レジスタと a 番地の内容との論理積をレジスタに残す |
| | 論理和 | 0101 | OR | a | レジスタと a 番地の内容との論理和をレジスタに残す |
| 実行順序制御 | 無条件分岐 | 0110 | B | a | 無条件で a 番地に分岐する |
| | テスト分岐(ゼロ) | 0111 | BZ | a | ゼロフラグ (Z) = 1 なら a 番地へ分岐 |
| | テスト分岐(負) | 1000 | BN | a | 負フラグ (N) = 1 なら a 番地へ分岐 |
| 特殊 | 停止 | 1111 | HLT | | 計算機を停止 |

**(b) 各命令の制御内容**

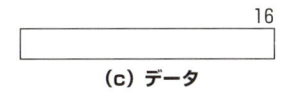

**(c) データ**

命令セットの定義は、命令の形式と各命令の制御内容、およびデータの定義からなる。命令セットを決めることはコンピュータ設計の第一歩だ。

**図 4.3　モデルコンピュータ ASC の命令セット**

ままではわかりにくいので、これを LD　a のように表記する。これを**ニーモニック表記**と呼ぶ。

ストア命令（ST）は、ロード命令とは逆に、レジスタの内容を主記憶の $a$ 番地に格納する。

演算命令として、ここでは簡単のために、16 ビット 2 進数を対象とした加算（ADD）、減算（SUB）、論理積（AND）、論理和（OR）を用意する。論理積（AND）、論理和（OR）については、第 3 章で 1 ビットのものだけを説明したが、ここではそれを 16 個並べたものを使用する。並べ方については、後で説明する。

分岐命令は、無条件の分岐命令（B）と、テスト結果に応じて分岐先を変えるテスト分岐命令からなる。テスト分岐命令では、演算結果がゼロかゼロでないか（BZ）、負か負でないか（BN）によって、次に実行する命令を変更することができる。

### （3）データの形式の定義

次に、データの形式を定義する。データは、簡単のため、図 4.3(c) に示すように、16 ビットの 2 進数だけとする。

以上の（2）と（3）のような命令とデータの定義を**機械命令セット**あるいは単に**命令セット**と呼ぶ。この命令セットの定義のもとに、先の図 1.7（P.21）で使用したプログラムを 0 と 1 で表現すると**図 4.4** のようになる。

| アドレス（10進） | 命令とデータの2進表現 | |
| --- | --- | --- |
| 0000(0) | 0000　000000000100 | 4番地の内容(1)を持ってくる |
| 0001(1) | 0010　000000000101 | 5番地の内容(2)を加える |
| 0010(2) | 0001　000000000110 | 結果(3)を6番地に格納する |
| 0011(3) | 1111　000000000000 | 停止する |
| 0100(4) | 0000000000000001 | 1 |
| 0101(5) | 0000000000000010 | 2 |
| 0110(6) | 0000000000000000 | |

命令セットの約束事の上にプログラムを作るのがソフトウェアの役割

**図 4.4　ASC の命令セット定義に基づく機械命令プログラム**

最初の 4 つは命令なので、先頭の 4 ビットのオペレーションコードがわかりやすいように空白を入れたが、実際のメモリ上では空白に相当するものはない。0、1 の並びが連続してあるだけだ。

この機械命令プログラムが、すべての**ソフトウェア**の基本となる。

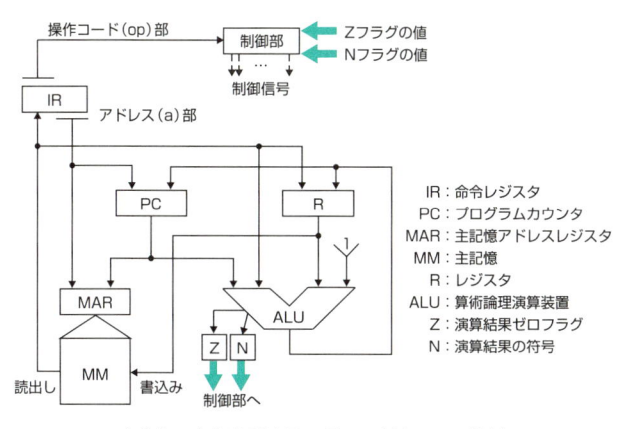

図 4.5　ASC のハードウェア

## モデルコンピュータ ASC のハードウェア構成

ソフトウェアが命令セットの約束事の上に作られるものとすれば、**ハードウェア**の基本的な役割は、この命令セットを実現することである。

第 1 章の図 1.8（P.21）で概念的に示した簡単なコンピュータモデルを、ASC の命令セット定義に沿って具体化してみよう。**図 4.5** に具体的なハードウェア構成の設計例を示す。

この図で注意してほしいことがいくつかある。

(1) **加算器が、より一般的な算術論理演算装置に置き換えられている**
　**算術論理演算装置**（ALU、Arithmetic-Logic Unit の略）は、加減算などの算術演算と論理積、論理和などの論理演算を行う汎用的な演算装置である。

(2) **ALU に Z、N と名付けた 2 つのフラグが付いている**
　算術論理演算（加算、減算、論理積、論理和）の実行結果が 0 となったり、算術演算（加算、減算）の結果が負になったりしたことを、後続のテスト分岐命令に伝えるには、そのことを何らかの形で記憶しておく必要がある。ALU に Z、N と名付けた箱がついているのはこのためだ。演算結果が 0 となったときには Z の値を 1 にし、0 でないときには Z の値を 0 にする。演算結果が負になったときは N の値を 1 にし、そうでないときは 0 にする。後続のテスト分岐命令は、Z や N の値を見てテスト条件が成立するかどうかを判定する。

簡単なコンピュータを設計する

このような役割をする記憶要素を**フラグ**と呼ぶ。フラグ、つまり旗と呼ぶ意味は、図 4.6 に示すように、旗が立っているか、倒れているかで、演算結果がゼロだったかどうかを伝える役割をしていることによる。

(3) **メモリにはアドレスレジスタがある**

図 1.8（P.21）では、メモリは番地を指定して読み書きするただの箱として示していたが、ASC では、アドレスを格納するためのレジスタとしてメモリアドレスレジスタ（MAR）を用意している。

(4) **制御信号線やクロックの信号線は省略してある**

図の簡単化のために、制御部から演算装置や記憶装置に向かう制御信号と、クロックの信号線を省いている。

PC への入力を見てみると、そこには 2 つの可能性があることがわかる。1 つ（図では PC への左からの入力）は、IR の下位 12 ビットから、もう 1 つ（図では PC への右からの入力）は、算術論理演算装置（ALU）の出力から来ている。2 つを同時に入力には指定できないので、どちらかを入力として選ばなければならない。これを制御するのは制御信号である。

また、PC には、入力と同時に、出力が指定される場合がある。たとえば、PC の内容を ALU に送り、加算を行って、その結果をまた PC に格納するような場合である。このようなときには、クロックによって入力と出力のタイミングをずらさないと、入力と出力が同時に起こるため、PC に正しい演算結果を残すことが保障されない。

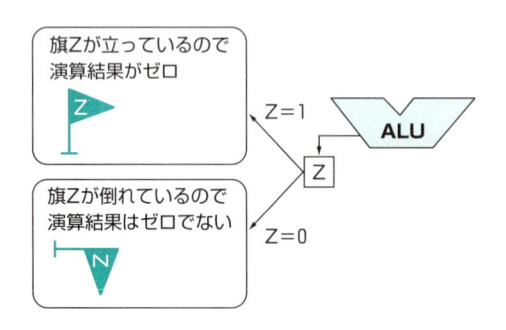

図 4.6　フラグとは演算結果を表す旗

# ASC で命令サイクルを実現する

制御部では、命令の読み出しと実行からなる命令サイクルを実現する（P.22 の図 1.9 参照）。このような命令サイクルを、ASC について具体化したものを**図 4.7** に示す。図において、各箱は $S0$ から $S12$ までの名前が付けてあるが、これは、それぞれの状態に付けた名前である。また、図中、**IR'4:15'** とあるのは、IR の先頭のビット位置を 0 として、4〜15 ビットまでの部分（つまり図 4.3(a) に示した命令形式においてアドレス指定 a の部分）を指している。

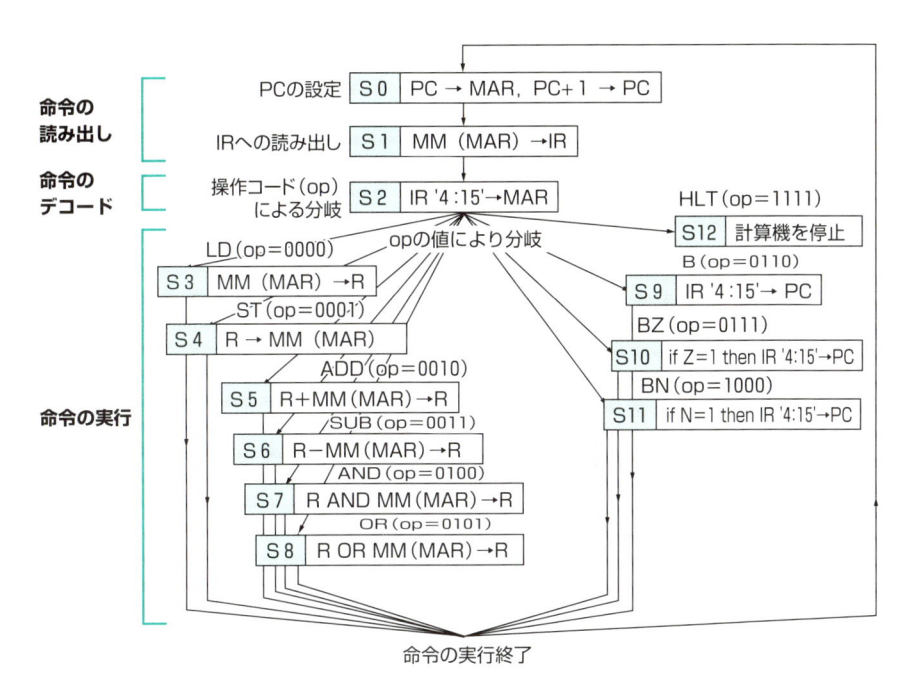

図 4.7　ASC の命令サイクル

## ■ 命令の読み出しからデコードまで

$S0$ から $S2$ までで、命令の読み出しとデコードを行う。ここで言うデコードとは、命令を解釈することである。

【状態 $S0$ ··· 図 4.8(a)】

状態 $S0$ では、**PC** をメモリのアドレスレジスタ **MAR** に設定する。また、$S0$ では同時に、$PC + 1 \rightarrow PC$ を行って、次に実行する命令のアドレスを計算する。ASC

簡単なコンピュータを設計する　81

**状態S0：PC→MAR, PC+1→PC**
（PCのMARへの設定とPC+1）
(a)

**状態S1：MM→IR（命令の読み出し）**
(b)

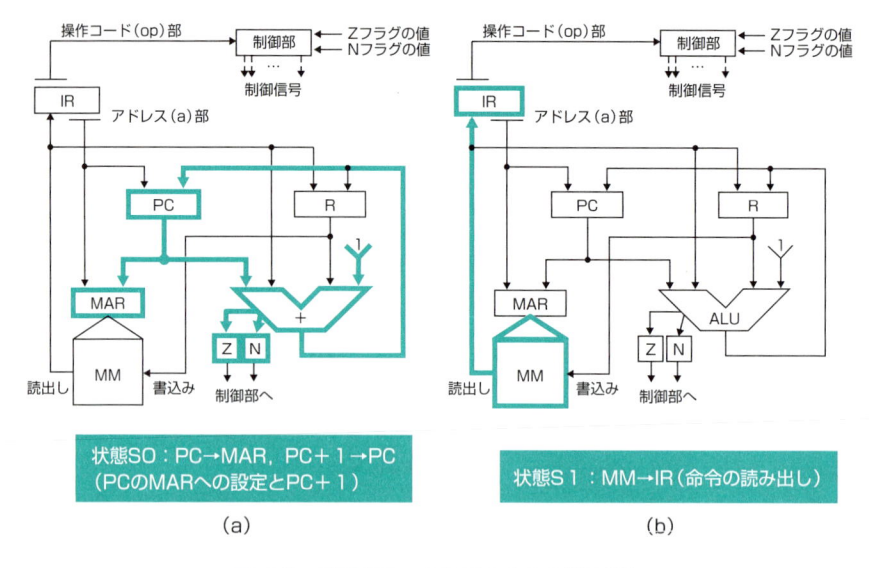

図 4.8　状態 S0、S1 での命令の読み出し

では、命令が 1 語で固定長なので、単に 1 を加えることで次命令のアドレス計算が行える[注2]。

**【状態 $S1$ … 図 4.8(b)】**

$S0$ で MAR に設定したアドレスに基づいて、主記憶（MM）から命令を読み出す。読み出した命令は命令レジスタ（IR）に格納する。

**【状態 $S2$ … 図 4.9】**

状態 $S2$ では、命令レジスタ（IR）にある命令を次のようにデコードする。

まず、オペランド指定部である下位 12 ビットから、オペランドのアドレスを切り出して、MAR に送る。ここで MAR を設定するのは、$S3$〜$S8$ の命令で下位 12 ビットをオペランドアドレスとして使用するからである。他の命令では、この下位 12 ビットをオペランドアドレスとして使用せず、ここで MAR に設定したアドレスは使わない。

同時に、命令の操作コード部の値に応じて、各命令の実行を行う $S3$ から $S12$ までの状態に移る。

---

注2) 状態 $S0$ で注意しておきたいのは、PC の値が ALU への入力となると同時に、ALU の出力が PC への入力となる点である。ALU で加算を行っている間 PC の出力は最初の値を保持している必要がある。このため、クロック信号によって PC の出力と入力の時間的な制御を行う必要がある。

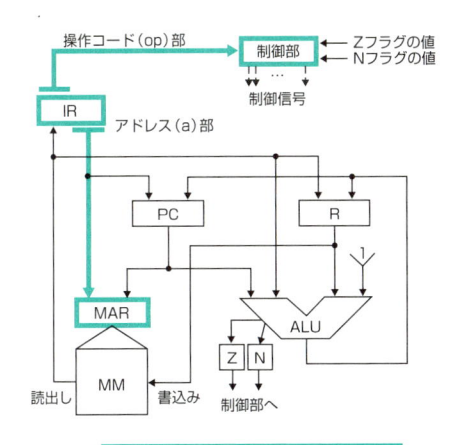

図中のラベル:
- 操作コード(op)部 → 制御部 ← Zフラグの値, Nフラグの値
- 制御信号
- IR ― アドレス(a)部
- PC, R
- MAR
- ALU ― Z N → 制御部へ
- MM ― 読出し, 書込み

状態S2：IR中の命令のデコード

**図 4.9　状態 S2 での命令のデコード**

## ■ 命令の実行

状態 $S3$ から $S12$ までは、各命令を実行する部分にあたる。

【**状態** $S3$ ・・・ 図 4.10 (a)】

ロード命令を実行する。主記憶 MM からレジスタ R にデータをもってくる。すでに状態 $S2$ で MAR の設定はしてあるので、$S3$ では、メモリに読み出し信号を送り、読み出したデータをレジスタ R まで転送する操作を制御する。

このようなレジスタ間の転送を制御するために、要所要所にデータを通すかどうかを制御する関所が設けてある。これを**ゲート**と呼び、開け閉めを制御するのは先に説明した制御信号の役割である。

【**状態** $S4$ ・・・ 図 4.10 (b)】

ストア命令を実行する。レジスタ R の内容を主記憶 MM に書き込む。ロード命令とは、逆向きの操作である。

【**状態** $S5$〜$S8$ ・・・ 図 4.11】

加算、減算、論理積、論理和の各演算命令のいずれかを実行する。どの演算を行うかは、制御部が操作コード部をデコードして出力する制御信号によって決まる。主記憶の内容を読み出した後、読み出したデータと、レジスタ R の内容との演算を行って、その結果をレジスタに書き戻す[注3]。

---

注3) $S0$ のときと同様に状態 $S5$〜$S8$ では、レジスタ R から ALU への出力と ALU から R への入力があることに注意する必要がある。

簡単なコンピュータを設計する | 83

| 状態S3：MM→R（ロード命令の実行） | 状態S4：R→MM（ストア命令の実行） |
|---|---|
| (a) | (b) |

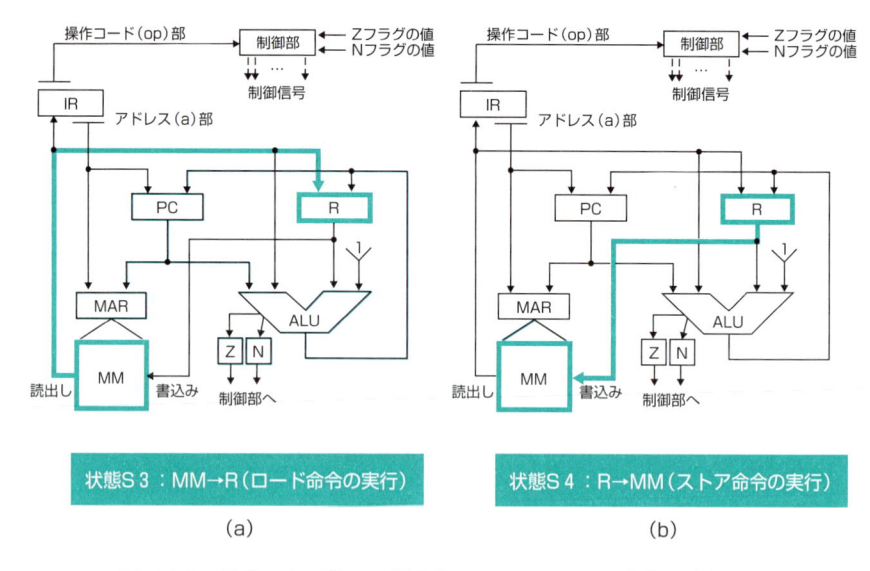

**図 4.10　状態 S3 ではロード命令、S4 ではストア命令を実行する**

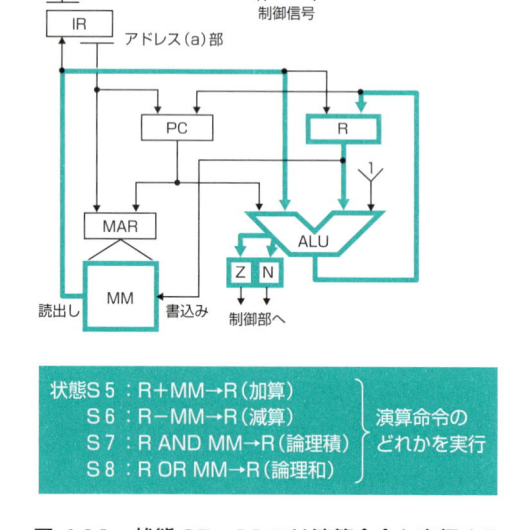

状態S5：R＋MM→R（加算）
　　S6：R－MM→R（減算）　　　演算命令の
　　S7：R AND MM→R（論理積）　どれかを実行
　　S8：R OR MM→R（論理和）

**図 4.11　状態 S5～S8 では演算命令を実行する**

**【状態 $S9$ ··· 図 4.12 (a)】**

無条件の分岐命令を実行する。このために、命令レジスタの下位 12 ビットにある値 a を PC に設定して、分岐先のアドレスを a に変更する。

**【状態 $S10$、$S11$ ··· 図 4.12 (b)】**

テスト分岐命令を実行する。ゼロフラグ（Z）や負フラグ（N）が立っているか（1）、あるいは倒れているか（0）によって、分岐先を変更する。立っている場合には、オペランド部の指定に従って a 番地に分岐する。倒れている場合は、状態 $S0$ で設定した PC の値に従って、このテスト分岐命令の次にある命令の実行に移る。

状態S9：IR→PC（分岐命令の実行）

状態S10、S11：Z、Nの各フラグの値に応じてPCを設定（テスト分岐命令の実行）

(a)　　　　　　　　　　　　　(b)

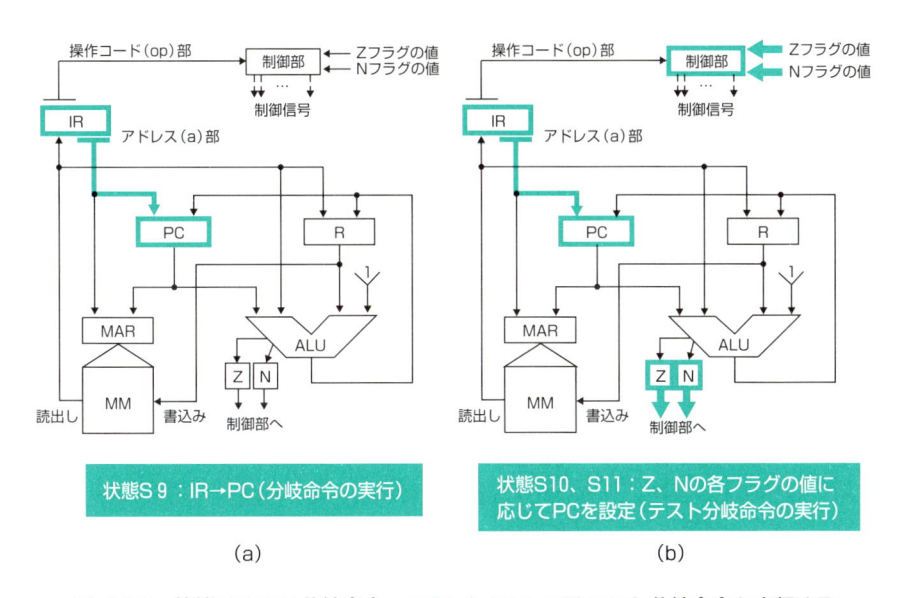

**図 4.12　状態 S9 では分岐命令、S10 と S11 ではテスト分岐命令を実行する**

**【状態 $S12$】**

計算機を停止する停止命令を実行する。停止命令は、先に説明したようにクロックを止めることによって、計算機を停止する。

## ASCでプログラムを実行してみる

ここまでで ASC の機械命令を実行する準備は整った。そこで、実際に図 4.4（P.78）に示したプログラムの先頭にある 0 番地のロード命令とその次の 1 番地にある加算命令を ASC 上で実行してみよう。

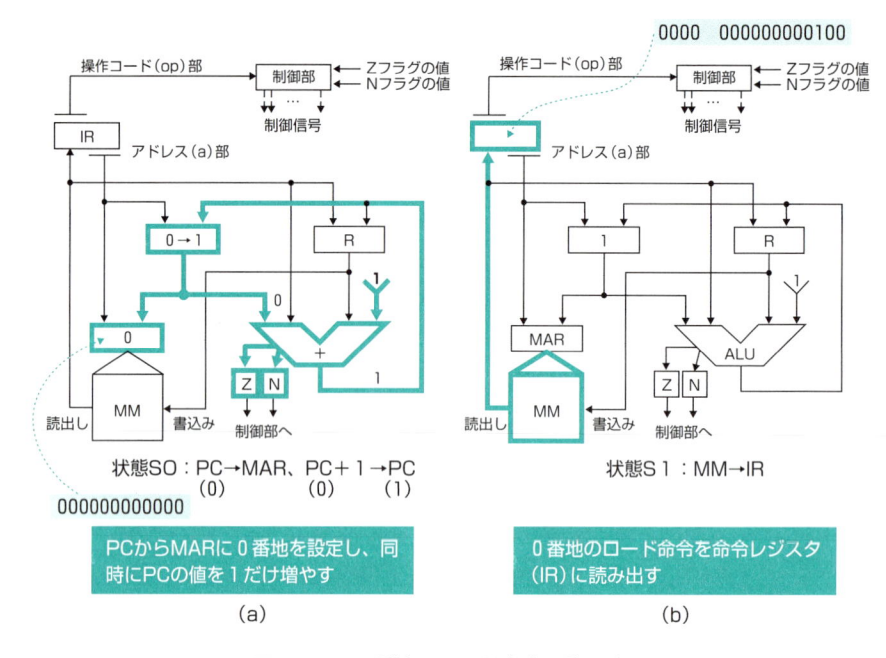

図 4.13 　0 番地のロード命令の読み出し

　まず、実行は PC を 0 とした状態からスタートする。図 4.13 (a) に示すように、状態 S0 で、MAR に PC から番地 0 を設定すると同時に、PC + 1 → PC を行う。この結果、MAR には 0 が設定され、PC には次に実行する命令の番地 1 が設定される。

　図 4.13 (b) では、0 番地の命令を命令レジスタ（IR）に読み出している。

　図 4.14 (a) と (b) に示す次の状態 S2、S3 では、0 番地のロード命令のデコードと実行を行う。先に述べたように、状態 S2 のデコード時に MAR の設定が済んでいるので、S3 では単に MM から読み出したデータをレジスタ R に転送するだけでよい。

　続いて、PC の指す 1 番地の加算命令の読み出しに移る。図 4.15 (a) に示すように、状態 S0 で、MAR に番地 1 を設定すると同時に PC + 1 → PC を行って、次の命令アドレスを PC に設定する。

　図 4.15 (b) では、加算命令を IR に読み出している。

　続いて、図 4.16 に示すように加算命令のデコードを行う。

　さらに、図 4.17 に示すように、加算命令の実行を行う。

　以上、0 番地と 1 番地の命令の実行を追ってみた。

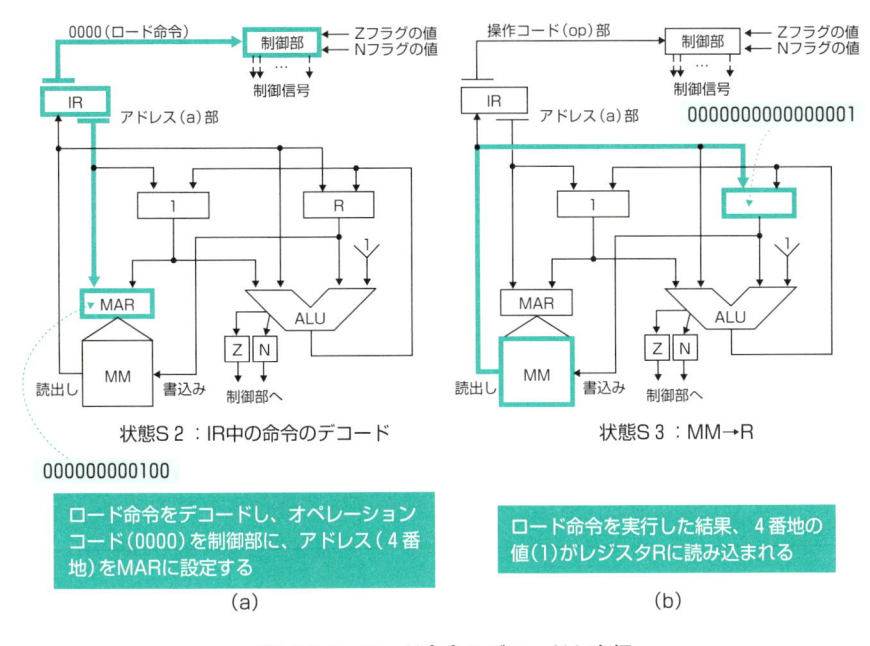

図 4.14 ロード命令のデコードと実行

　これに続いて、2番地、3番地と実行を進めることを自身でぜひ手を動かして確認してみてほしい。ASC の動作、そしてコンピュータの動くしくみがよく理解できることと思う。

# 第3章の構成要素で ASC を構成する

　ボトムアップにコンピュータのしくみを説明するという本書の趣旨からすると、図 4.5（P.79）のようなハードウェアが、第3章で説明した要素からどのように構成されているか、しっかり理解することが重要だ。
　本節では、制御部とデータパス部に分けて、具体的な構成法を見てみよう。

## ■ 制御部を構成する

　ASC の命令サイクルは、3章の図 3.43（P.65）に示した自動販売機に対する状態遷移図と本質的に同じものだ。だから、同様に各状態を2進符号化して、状態間の遷移を論理回路で制御することにより実現できる。

簡単なコンピュータを設計する　87

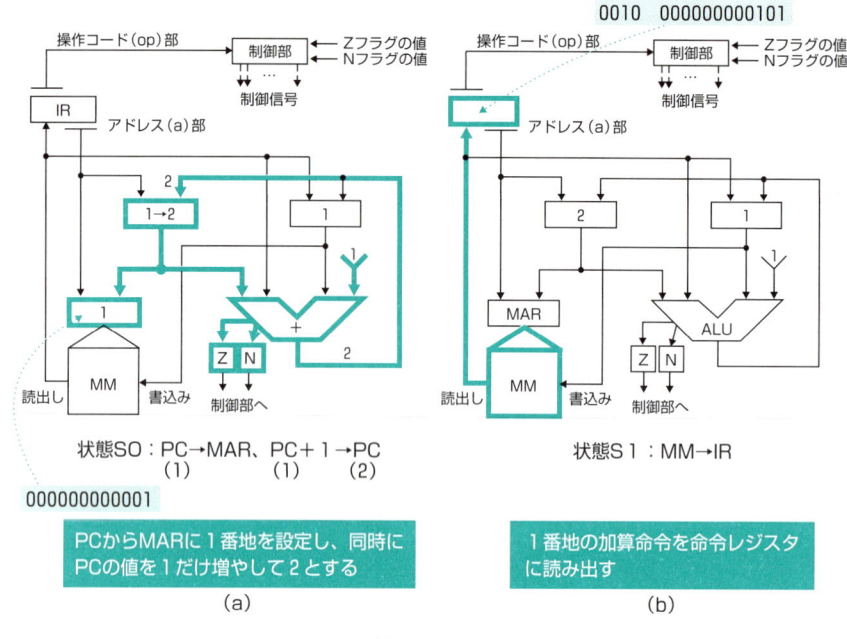

図4.15 （a）状態S0：PC→MAR、PC+1→PC
(1) (1) (2)
000000000001
PCからMARに1番地を設定し、同時にPCの値を1だけ増やして2とする

（b）状態S1：MM→IR
0010 000000000101
1番地の加算命令を命令レジスタに読み出す

**図 4.15　1番地の加算命令の読み出し**

図 4.18 は、図 3.44 に示した順序回路のモデル（P.66）を、ASC の制御部の構成に当てはめたものである。

状態レジスタの値は、その時点で実行中の状態が $S0$ から $S12$ のいずれであるかを表す。状態数が 13 個であるから、4 ビット必要となる。

操作コードの値を使うときには、これを図 3.34 に示したデコーダ（P.60）に入力してやればよい。そうすると、各命令に対応する 1 つのビットが 1 となるので、どの命令なのかを簡単に決めることができる。

組み合わせ回路は、状態レジスタの値と、必要に応じてデコーダの出力やフラグを入力として、各状態に応じたデータパス部の動作を制御するための制御信号を生成する。また同時に、組み合わせ回路は、現在の状態と、入力としての操作コードおよびフラグ値によって、次の状態を決定する。

この組み合わせ回路の設計は本書の範囲を越えるので、巻末に紹介した文献を参照してほしい。

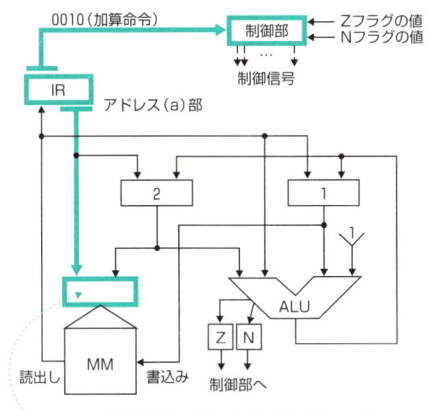

0010（加算命令） 制御部 ← Zフラグの値
 ← Nフラグの値
 …
 制御信号

IR　アドレス(a)部

2　　1

ALU

Z　N

MM
読出し　書込み　制御部へ

状態S2：IR中の命令のデコード
000000000101

加算命令をデコードし、オペレーション
コード（0010）を制御部に、アドレス（5
番地）をMARに設定する

**図 4.16　加算命令のデコード**

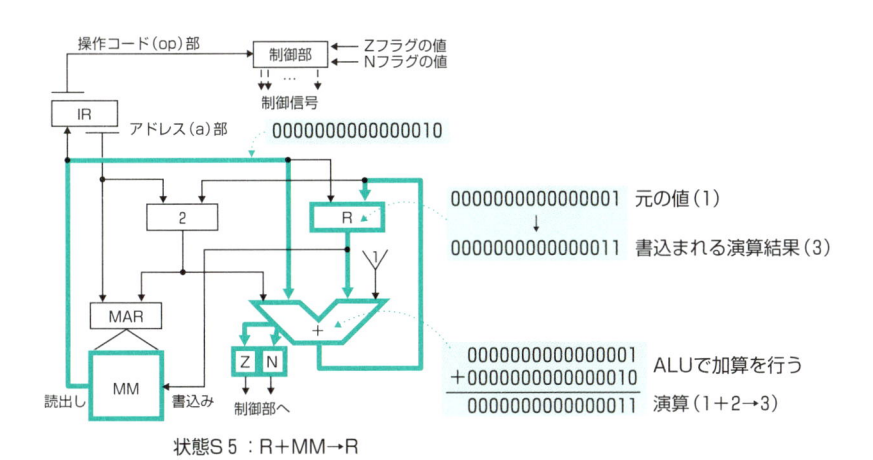

操作コード(op)部　制御部 ← Zフラグの値
 ← Nフラグの値
 …
 制御信号

IR　アドレス(a)部　0000000000000010

2　　R

MAR

MM　　＋
読出し　書込み　Z　N
 制御部へ

0000000000000001　元の値（1）
　　　　↓
0000000000000011　書込まれる演算結果（3）

　0000000000000001　ALUで加算を行う
＋0000000000000010
　0000000000000011　演算（1＋2→3）

状態S5：R＋MM→R

5番地の内容（2）を読み出し，レジスタR（1）
との加算を行って，結果（3）をRに格納する

**図 4.17　加算命令の実行**

簡単なコンピュータを設計する　|　89

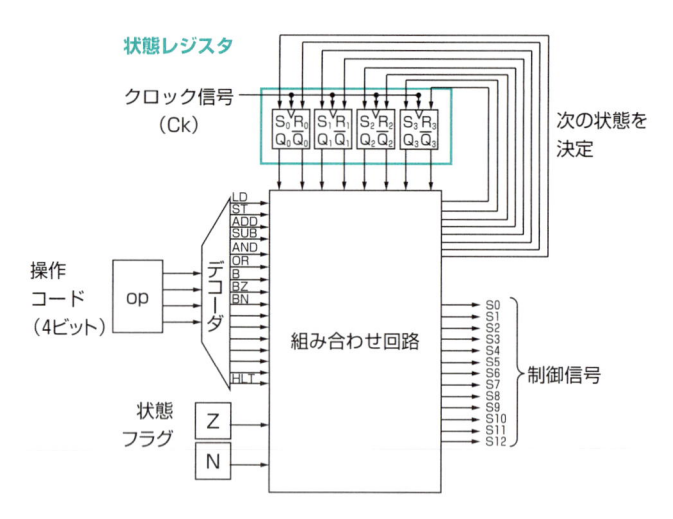

**図 4.18　順序回路による制御部の構成**

状態レジタはS0〜S12の状態を表す。状態レジスタの値と，命令の操作コード（OP），フラグZ，Nの値を入力として，次の状態を決定するとともにコンピュータの各部を制御する信号を出力する。

## ■ データパス部を構成する

データパス部の基本的な機能は，制御信号の指令に基づいて算術論理演算あるいはメモリのアクセスといった実際の処理を行うことである。

ここでは，個々の命令で定義された動作内容を実行するための，データパス部の各ユニットの構成を，第3章で勉強したことをもとに説明する。

### (1) 算術論理演算装置（ALU）の構成

算術論理演算装置の基本的な役割は，算術論理などの演算命令で定義された演算を実現することである。加算に代表されるように，多くの演算が通常2入力1出力となるため，ALUは**図4.19**に示すような形になり，外部からの制御信号により演算の種類が制御される。

演算装置としては，第3章で学んだ加算器や論理否定や論理積，論理和などの組み合わせ回路を，処理したいビット数（ASCでは16）だけ並べたものを使用する。

- **加算（ADD）の実現** ⋯ ASCのADD命令の実行に必要となる加算器については，図3.39（P.62）にみた4ビットの全加算器を16ビットに拡張して，**図4.20**のように構成することによって，実現できる。

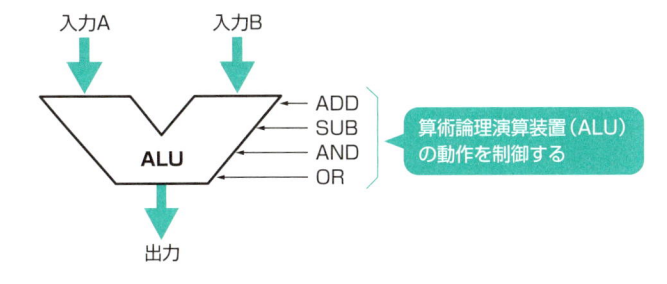

**図 4.19　ALU の機能**

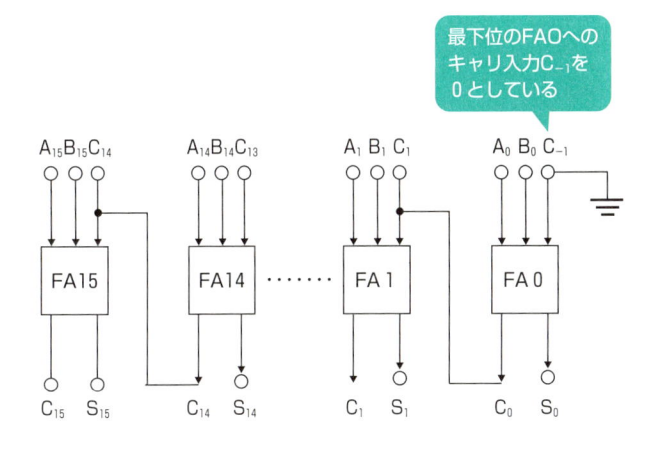

**図 4.20　加算器の構成**

全加算器を16個並べて、16ビットの全加算器を構成する

- **減算（SUB）の実現**　…　ASC の SUB 命令の実行に必要になる減算器については、後述するように加算器の応用で実現できる。
- **N フラグの実現**　…　算術演算の結果が負になったかどうかを記憶する N フラグは、図 3.56（P.73）のフリップフロップを使って、図 4.21 のように構成すればよい。算術演算結果の符号は $S_{15}$ に出力されるので、これを 1 入力のフリップフロップに記憶して、N フラグとする。
- **論理演算（AND、OR）の実現**　…　ALU における論理演算は、図 4.22 に示すように、図 3.9（P.44）の 1 ビットの AND と OR をそれぞれ 16 個ならべればよい。
- **Z フラグの実現**　…　算術論理演算の結果が 0 になったかどうかを記憶す

簡単なコンピュータを設計する

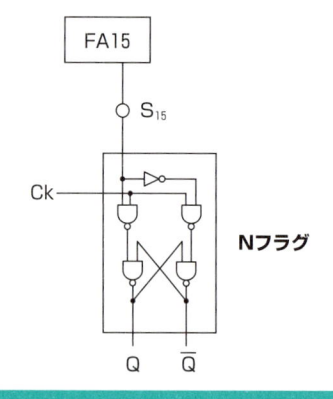

最上位のFA15の値が1のとき負の数を表す

図 4.21　N フラグの実現

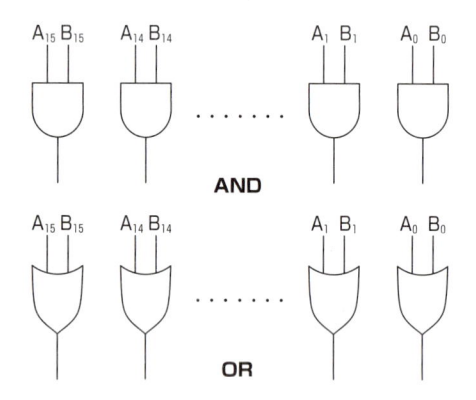

図 4.22　ALU における AND と OR の実現

　る Z フラグは、図 3.10（P.44）に示した NOR 回路の入力数を 16 に増やして、図 4.23 のように構成すればよい。ALU の出力ビットすべての論理和を取れば、すべて 0 のときのみ NOR 出力は 1 となる。これを図 3.56（P.73）で定義した 1 入力のフリップフロップへの入力として記憶する。

(2) **記憶装置の構成**

　ASC の記憶装置としては、レジスタと主記憶がある。

- **レジスタの実現** ⋯ ASC の構成をみると、IR、PC、R、MAR とレジスタは多くのところに使われている。このようなレジスタは、フリップフ

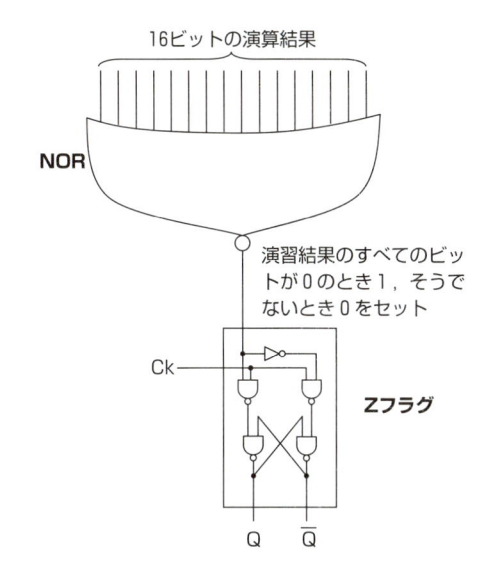

**図 4.23　Z フラグの実現**

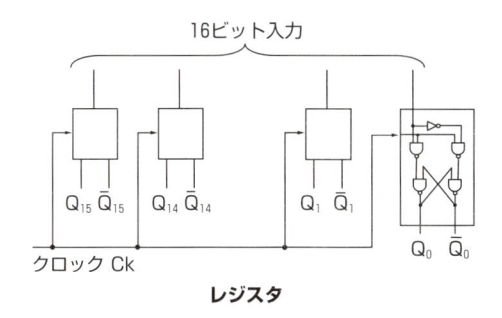

**図 4.24　レジスタの構成**

ロップを必要なビット数並べることによって構成することができる。

　通常は、レジスタへの記憶のタイミングを制御する必要があるため、図 3.56（P.73）に示したような、クロックによる制御が可能なフリップフロップを使用する。

- **主記憶の実現** … もっとも基本的な記憶装置（メモリ）である。主記憶は、図 2.1（P.29）のDRAM（でぃーらむ）によって構成する。これは、記憶密度が高く、記憶容量を大きくできるためである。**図 4.25** に、行と列によって2次元構成された DRAM チップの概念図を示す。アドレスの指定は、行

**DRAMの構成**

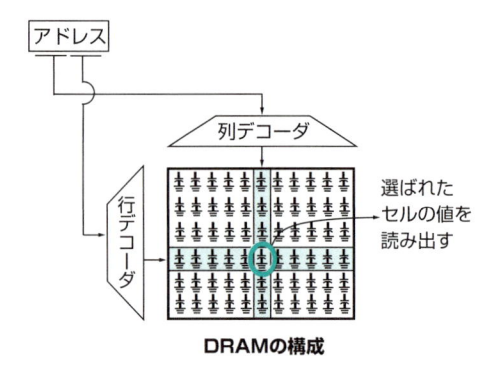

アドレスの上位ビットと下位ビットをそれぞれ列デコーダと行デコーダでデコードし、その交点のセル中のコンデンサの電荷の有無が検出される。
この読み出しによって電荷は失われるので、読み出した値を再書き込みする必要がある。

図 4.25　主記憶

方向と列方向のアドレスに 2 分割され、その交点として選ばれたセルの値が読み出される。各セルはコンデンサの電荷の有無によって 1,0 を表している。

ASC の場合には、オペランドの指定部 12 ビットによって主記憶のアドレスを指定するので、主記憶の容量は、$2^{12} = 2^2 \cdot 2^{10} = 4K$ 語（1 語 16 ビット）となる。

## Column　　コーヒーブレイク…

### キロとケー

主記憶の容量として使っている $K$ という単位は、1000 ではない。$1K = 2^{10} = 1024$ である。1000 を表すキロと区別するために、これを**ケー**と呼ぶ。同様に、$1M = 2^{20} = 1024^2$ を**メガ**、$1G = 2^{30} = 1024^3$ を**ギガ**、$1T = 2^{40} = 1024^4$ を**テラ**、$1P = 2^{50} = 1024^5$ を**ペタ**、$1E = 2^{60} = 1024^6$ を**エクサ**と呼ぶ。

# 第5章 0と1を並べて命令やデータを表現する
## —データ＋機械命令＝機械語プログラム—

第4章では、コンピュータをどう実現するかの概略を理解してもらうために、ASCと名付けた簡単なモデルコンピュータの機械命令セットを定義し、その具体的な実現のしかたを説明した。本章では、より現実的なデータと機械命令がどのように定義されるかを勉強する。データにしろ機械命令にしろ、結局は、0と1を並べて表現することになる。

### トピックス　Topics
- 機械命令＋データ＝機械語プログラム
- 機械命令の表現
- オペランドの指定法
- 実効アドレス
- データの表現
- 10進数と2進数間の変換
- 固定小数点形式
- 負の数の表現
- 浮動小数点形式
- 文字コード

## 機械命令＋データ＝機械語プログラム

コンピュータのメモリ上に置かれた機械語プログラムは、**機械命令**と**データ**からなる。

このうち、機械命令は、プログラムカウンタ（PC）によってポイントされた順番にCPUに読み込まれ、その制御する内容が解釈されて、実行される。

したがって、機械命令の実行イメージは、図5.1のようになる。PCは次々と移動しながら、命令をポイントする。演算命令では、基本的には、メモリ上に連続して置かれた命令を次々とポイントする。分岐命令があるとその命令で指定したアドレスに実行が移る。テスト分岐命令では、命令で指定したテスト条件の成立と不成立に応じて、分岐したり、しなかったりする。

一方、データは、機械命令を実行する際に演算の対象になるものである。

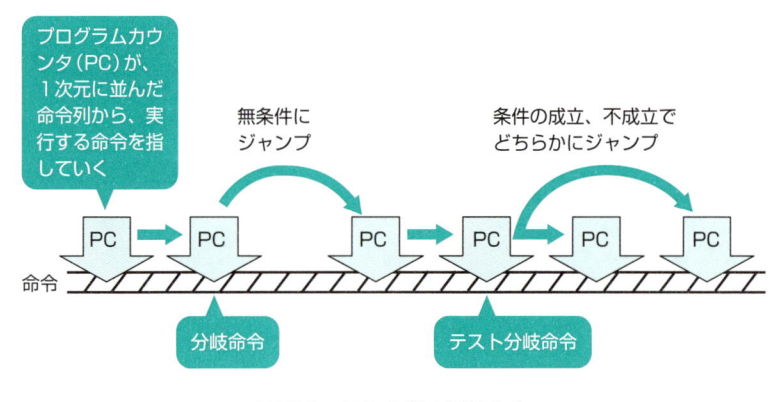

**図5.1　PCの指す所は命令**

図 5.2 を見ると、メモリ上には 0 と 1 が並んでいるだけで、機械命令とデータであることを表す印は何も付いてない。では、どうやってこれらを判別するのだろうか。

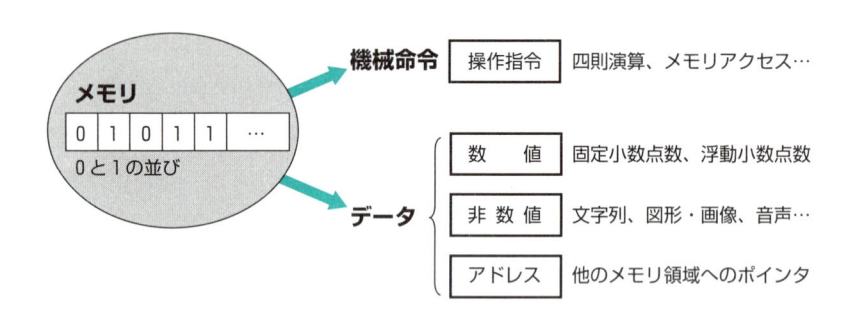

**図5.2　0と1の並び**

まず、命令であることは、PC から指されることによって決まる。命令が読み出され、実行されると、命令の演算対象としてデータが参照される。つまり、命令から参照されたものがデータである（**図5.3**）。

第 1 章ですでに学習したが、プログラム内蔵方式コンピュータの基本となる、このきわめて簡単な原理によって、次のような性質を挙げることができる。

(1) PC によって指されたアドレスには命令があるものとして、これを読み出し、解釈・実行する。⇒データを命令として扱って実行することもあり得る。
(2) PC の変更は逐次的だ。⇒命令の読み出し、実行の過程も逐次的になる。
(3) メモリに置かれたデータとプログラムは、実行時に書換え可能である。

```
プログラムカウンタ
    ┌────┐
    │ PC │
    └─┬──┘
      ↓
    ┌──────┐
    │機械命令│
    └──┬───┘
       ↓
     ┌────┐
     │データ│
     └────┘
```

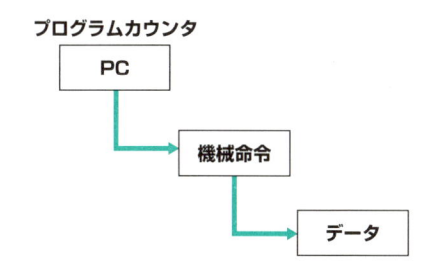

図 5.3 プログラムカウンタからデータまで

　　　　⇒実行しながら、プログラムやデータの入れ替えが可能。
(4)　データがどのようなデータであるかは、命令からどのように扱われるかによって決まる。
　　　　⇒データ自身には、自分がどんなデータかを表す情報は付加されてない。
(5)　PC が指す命令の読み出し、命令が指すデータの読み出しや書き込みと、CPU とメモリの間で頻繁に命令・データのやり取りが起こる。
　　　　⇒ CPU とメモリ間の転送路がボトルネックになりやすい。

　(3) は平たく言うと、実行しながら記憶している内容を書き換えることであり、人間に例えると図 1.16（P.27）のように、自分で自分の頭に書き込むイメージである。
　このことを極端に進めると、実行しているプログラムが自分自身の命令を書き換えることも起こりえる。このようなプログラムは扱いが面倒なので、命令領域への書き込みは一般的には禁止されている。
　(5) は、プログラム内蔵方式コンピュータのもつ問題点として、ノイマンボトルネックと呼ぶことも第 1 章で触れた。
　プログラム内蔵方式コンピュータに関するこのような性質は、利点にも欠点にもなり得る。ノイマン以来のコンピュータに関する研究は、このような性質により引き起こされる問題点を解消することを目的としていると言っても言い過ぎではない。
　次に、0 と 1 を並べて命令とデータをどのように表現するかを具体的に見てみよう。

## 機械命令の表現

　機械命令の表現を考える際に、大きく分けると、命令が何を制御するのかという制御内容と、どのような形式で表現するのかという形式の問題とがある。

## ■ 機械命令の制御内容

ASC では、簡単な命令セットを例として使ったが、実際のコンピュータには、さまざまな命令が定義されている。現実のコンピュータにはどんな命令があるかをここで大まかに見ておこう。

(1) **データ転送**

データ転送命令は、CPU 内部のレジスタとレジスタの間、あるいはレジスタと主記憶との間でデータを転送する。ASC にもあったように、主記憶からレジスタへの転送を**ロード**、レジスタから主記憶への格納を**ストア**と呼ぶ。図 5.4 にこの様子を示す。

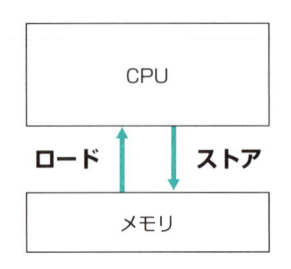

図 5.4 ロード命令とストア命令の意味

(2) **演算**

数値データに対する加減乗除の**四則演算命令**のほか、数値データとして左右に位置をずらす算術シフト命令や、値の大小を比較する比較命令などがある。

論理データに対しては、論理積、論理和など第 3 章で説明したような**論理演算**のほか、論理データとして左右に位置をずらす論理シフト命令などがある。

特殊な命令に「何もしない」という **nop 命令**がある。これは no operation を意味する。何もしない、というのがこの命令の仕事になるという不思議な命令だ。

(3) **プログラム制御**

プログラムカウンタ（PC）に設定する命令のアドレスを変更して、命令の実行順序を制御する。無条件で PC の内容を変更する**分岐命令**、演算命令などで設定したフラグ等の判定結果によって PC に設定する内容を変更する**テスト分岐命令**などが主なものである。特殊なプログラム制御命令に、**停止命令**がある。これはコンピュータを停止するための命令である。

(4) **入出力**

入出力装置と CPU あるいは主記憶との間のデータ転送を制御する命令である。

入出力装置と一口で言っても、そこにはキーボード、マウス、スピーカといったユーザに見えるものだけでなく、磁気ディスク、**CD-ROM** 等の外部記憶装置、あるいは、イーサネットなどのネットワークインターフェイスなどさまざまなものが接続される。また、通常は、拡張用のインターフェイスが用意されていて、新たな機器の接続ができるようになっている。

入出力命令は、これら各機器固有の特徴に対応しつつ、**CPU** あるいは主記憶とのやり取りを制御する。

(5) **システム制御**

一般のユーザプログラムでは許されず、システムにのみ許された処理を行う命令である。当然、システムはユーザより強い権限をもっており、このような命令を**特権命令**と呼ぶ。これはたとえば、社長と平社員では当然やれることが違うのと似ている。システムが管理する機能をユーザのプログラムから使用するには、**システムコール命令**によってシステムに制御を渡して処理を依頼する必要がある。

実際のコンピュータの命令は、これらの各分類の中で、さらに細かく機能別に定義されている。

## ■ 機械命令の表現形式

命令の基本的な形式を**図 5.5** に示す。全体は、操作コード部とオペランドの指定部とからなる。

| 操作コード | オペランド1 | オペランド2 | … | オペランドn |

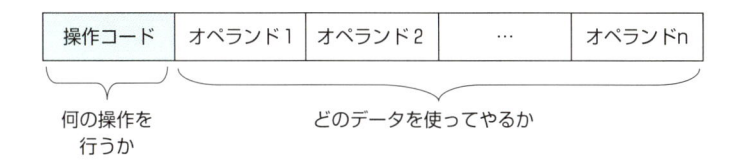

何の操作を行うか / どのデータを使ってやるか

図 5.5 基本的な命令の形式

(1) **操作コードの指定**

各命令の意味を定義するのが操作コードの基本的な役割である。たとえば、図 4.3 (P.77) に示したように、ASC の加算命令では、0010 が加算を表す 0 と 1 の並びだった。このビット長も何種類の操作を指定するかによって、変わってくる。$n$ ビットで表現できる組み合わせの数は $2^n$ 通りだから、もし $N$ 種類の命令を指定する必要がある場合には、$N \leq 2^n$ となる $n$ をビット長として選ぶ必要がある。

これを ASC に当てはめると、図 4.3 では命令の種類 $N = 10$ だから、$10 \leq 2^4 = 16$

0 と 1 を並べて命令やデータを表現する | 99

から $n=4$ とする必要があることを意味する。一般には、将来の拡張の可能性などを見て、余裕をもってビット長を決める。命令によって長さが異なる場合には、操作コードが同時に命令の長さを表す。

**(2) オペランドの指定**

操作コードの後に、操作の対象となる、任意個数のオペランドの指定部が並ぶ。1命令で指定するオペランドの数は、コンピュータによってさまざまである。$A+B \to C$ の計算をすることを考えると、**図 5.6** に示すように、3オペランドから0オペランドまでの可能性がある。

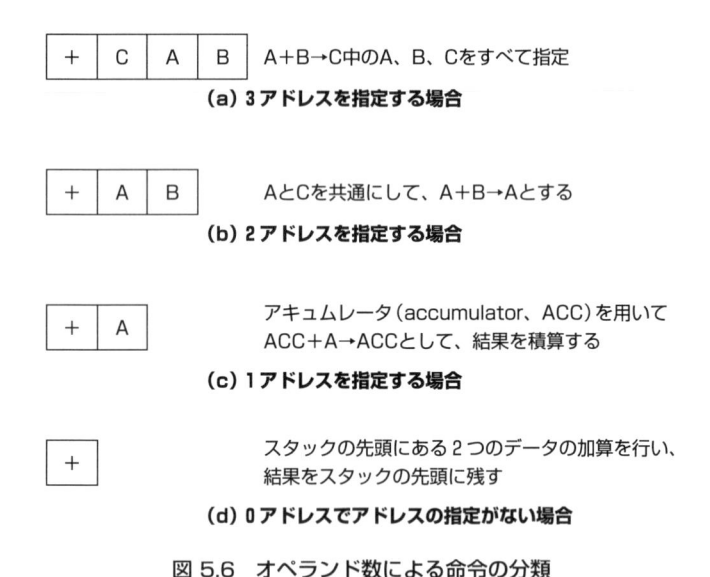

| + | C | A | B | A+B→C中のA、B、Cをすべて指定 |

**(a) 3アドレスを指定する場合**

| + | A | B | AとCを共通にして、A+B→Aとする |

**(b) 2アドレスを指定する場合**

| + | A | アキュムレータ（accumulator、ACC）を用いてACC+A→ACCとして、結果を積算する |

**(c) 1アドレスを指定する場合**

| + | スタックの先頭にある2つのデータの加算を行い、結果をスタックの先頭に残す |

**(d) 0アドレスでアドレスの指定がない場合**

**図 5.6 オペランド数による命令の分類**

(c) で使われるアキュムレータ（累算器）は、演算結果を保持するレジスタである。ASC の場合は、レジスタを1つしかもたないので、1アドレス指定になる。

0アドレスというのがわかりにくいかもしれないが、これは被演算数をスタックと呼ぶ入れ物に入れておき、演算は常にその先頭にあるデータに対して行うことにして、被演算数の指定を省く。

**図 5.7** は**スタック**を使った演算の様子である。$A+B$ を行って結果を $C$ とするために、まず **PUSH 命令**を使ってスタックに $A$ と $B$ を押し込む。続いて、ADD命令でスタックの最上部にある $A$ と $B$ を加算し、最後に **POP 命令**で演算結果を取り出す。

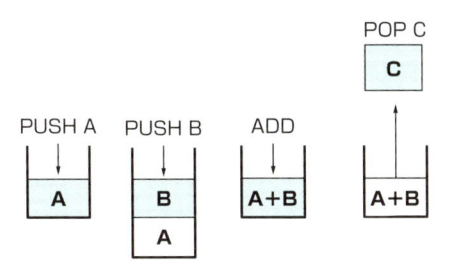

```
         PUSH A    PUSH B    ADD       POP C
           ↓         ↓        ↓         C
          ┌─┐      ┌─┐      ┌───┐     ↑
          │A│      │B│      │A+B│    ┌───┐
          └─┘      │A│      └───┘    │A+B│
                   └─┘                └───┘
```

0アドレスはスタックを前提とする。
スタックはコンピュータの中で重要な役割を果す

**図 5.7　スタック**

　このような命令形式を見ると、一見同じことができるなら命令の長さが短い方が良いように見えるが、実はそうではない。命令長が短くなるとオペランドの指定に制約があるため、たとえば $A+B \rightarrow C$ の計算をそれぞれの命令形式で行おうとすると、**図 5.8** のようになる。

　図からわかるように、命令長が長ければ、同じことを少ない実行命令数で実現できる可能性が高くなる。実行命令数が少なくて済むということは、それだけ命令サイクルをまわる回数を少なくできることにつながり、実行時間を短くできる可能性が高くなる。このため、特に最先端のコンピュータでは、命令長は、長くなる傾向にある。

　1つ1つのオペランドの指定法にもいくつかの基本的な方式がある。まず、命令とオペランドとの位置関係によって**図 5.9** に示すように次の3つの方式がある。

- **イミーディエト**　　：命令の一部をデータとして直接演算装置に送る
- **直接アドレス指定**：アドレス指定によって指定されたアドレスの内容を読み出す
- **間接アドレス指定**：アドレス指定によって指定されたアドレスに、さらに実際のデータが置いてあるアドレスがある

　イミーディエトは、命令の読み出しと同時にデータが読み出せてしまうので、読み出しに要する時間はもっとも短いが、データの取り得る値の範囲は、イミーディエト指定部のビット長で制限される。

　直接アドレス指定は、もっとも一般的な指定法である。

　間接アドレス指定では、アドレス指定のビット長が実際上無制限になるため、任意の場所にあるデータを指定できる。また、実行時になって初めて格納するアドレスが決まるような使い方をする場合に、対応しやすい。

　もっとも一般的に使用される直接アドレス法に見られるように、命令中のオペラ

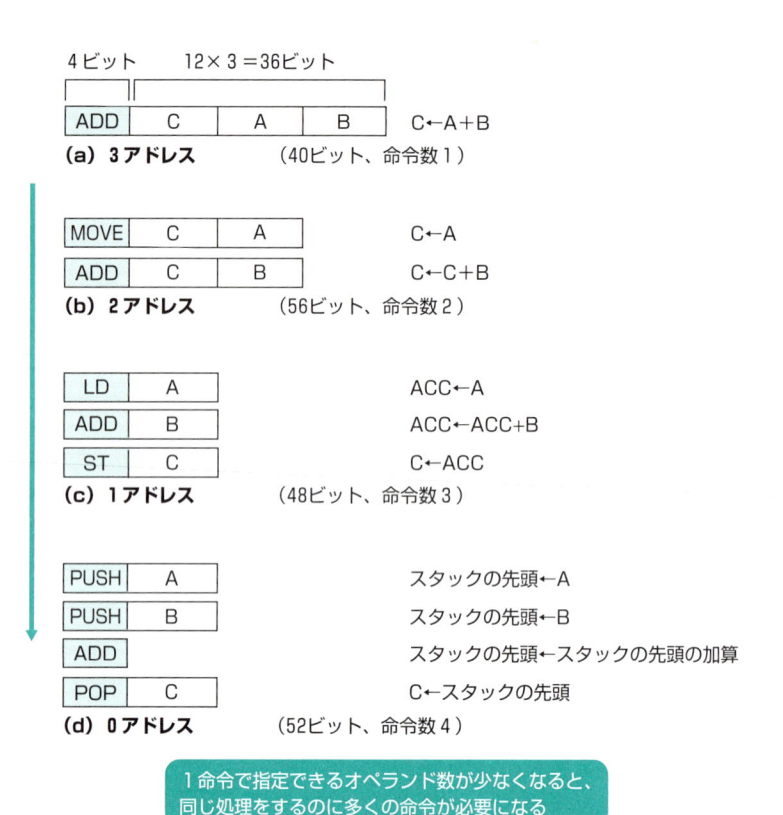

```
            4ビット    12×3=36ビット
           ┌────┬────────────────┐
           │ADD │ C │ A │ B │        C←A+B
           └────┴───┴───┴───┘
            (a) 3アドレス      (40ビット、命令数1)

           ┌────┬────┬────┐
           │MOVE│ C  │ A  │        C←A
           ├────┼────┼────┤
           │ADD │ C  │ B  │        C←C+B
           └────┴────┴────┘
            (b) 2アドレス      (56ビット、命令数2)

           ┌────┬────┐
           │ LD │ A  │              ACC←A
           ├────┼────┤
           │ADD │ B  │              ACC←ACC+B
           ├────┼────┤
           │ ST │ C  │              C←ACC
           └────┴────┘
            (c) 1アドレス      (48ビット、命令数3)

           ┌────┬────┐
           │PUSH│ A  │              スタックの先頭←A
           ├────┼────┤
           │PUSH│ B  │              スタックの先頭←B
           ├────┼────┤
           │ADD │    │              スタックの先頭←スタックの先頭の加算
           ├────┼────┤
           │POP │ C  │              C←スタックの先頭
           └────┴────┘
            (d) 0アドレス      (52ビット、命令数4)
```

> 1命令で指定できるオペランド数が少なくなると、同じ処理をするのに多くの命令が必要になる

**図 5.8** 異なるオペランド数の命令で $A + B \rightarrow C$ を処理する

ンド指定部のビット長は、命令語の長さによって制約がある。この制約をやわらげるために、**レジスタ修飾**と呼ぶ方法が使われる。

この方法では、**図 5.10** に示すように、命令中にレジスタの指定部と変位部を置く。レジスタ指定によって指定されたレジスタの値と、変位部の値を加えることにより、実際に指すアドレスを決定する。このようにして計算されたアドレスを**実効アドレス**と呼ぶ。

レジスタの使い方としては、メモリ上に規則的に並んだデータを読み書きするために一定の値を加算していくために使う**インデックスレジスタ**や、あるメモリ領域の先頭アドレスを保持し、その領域内のアドレス指定はそのレジスタ値に相対的なものとして行うための**ベースレジスタ**などがある。

**図 5.11** にベースレジスタの使い方を示す。ベースレジスタ BR にプログラムの

**(a) イミーディエト**

操作コード　オペランド部
ADDI

イミーディエトの場合にはIを付けてADDI

データとして直接演算装置へ送られる

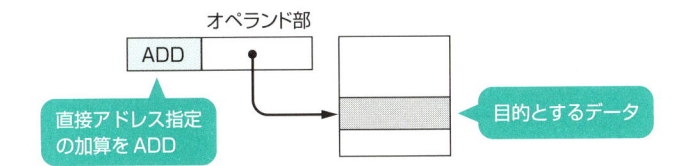

**(b) 直接アドレス指定**

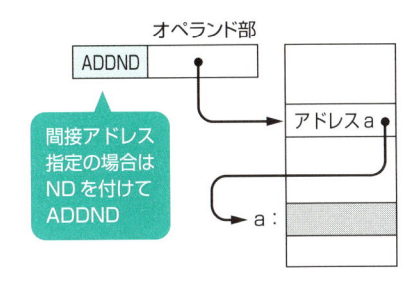

オペランド部
ADD

直接アドレス指定の加算をADD

目的とするデータ

**(c) 間接アドレス指定**

オペランド部
ADDND

アドレスa
a:

間接アドレス指定の場合はNDを付けてADDND

図 5.9　オペランドの指定法

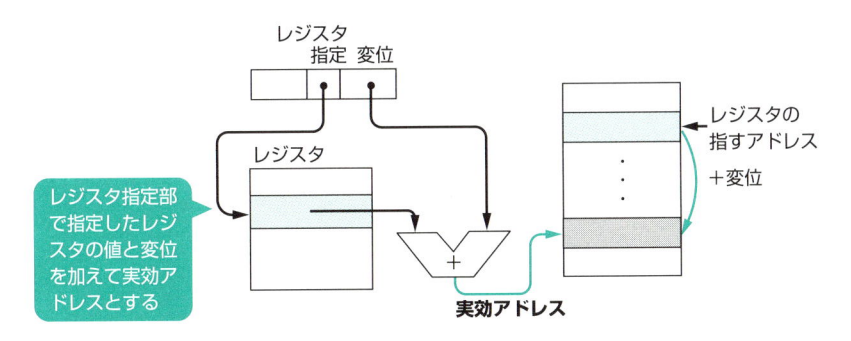

レジスタ指定　変位

レジスタ

レジスタ指定部で指定したレジスタの値と変位を加えて実効アドレスとする

実効アドレス

レジスタの指すアドレス
＋変位

図 5.10　実効アドレスの計算

0と1を並べて命令やデータを表現する　103

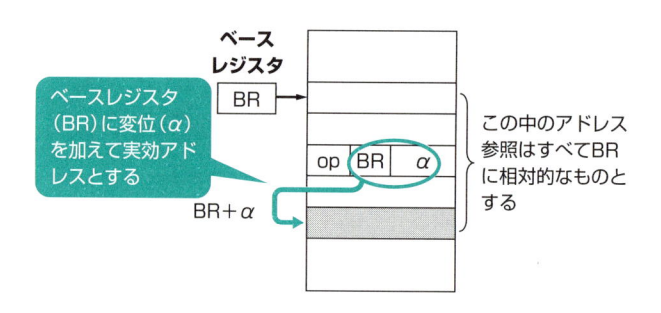

**図 5.11　ベースレジスタをもちいたオペランドの指定法**

先頭アドレスを設定しておいて、アドレスの参照はすべてこのアドレスに相対的な値 $\alpha$ によって表す。このようにしておけば、ベースレジスタの値を変更するだけでプログラムを任意の番地に置くことができる。ベースレジスタの値の変更は、プログラムを特定の番地にロードした後、実行の先頭で 1 回行えばよい。

また、実行中の命令アドレスの近くを参照したい場合に、プログラムカウンタ (PC) を使ってアドレスを指定する方法もある。これは、**図 5.12** に示すように PC を中心に上下の一定範囲を指せる。ベースレジスタが BR を基点に下方向限定だったのに対し、一般に上下両方向を指すことができる。

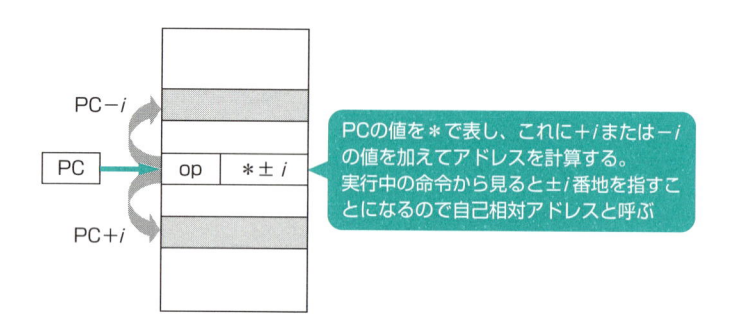

**図 5.12　PC を用いた自己相対な指定法**

ここで ASC でのオペランドの指定法をこのような観点から整理すると、直接アドレス指定だけを用いており、レジスタ修飾も一切ない非常に簡単な指定法であることがわかる。

## Column　　　　　　　　　　　　　　　　　　コーヒーブレイク…

## 実際のコンピュータの命令形式

ここまでの説明で、命令の形式にはいろいろな方式があることを理解してもらえたことと思う。

ここで実際のコンピュータの命令形式を取り上げて、どのような形式でどのような命令を定義しているかを示したい。例として取り上げるのは、インテル社のマイクロプロセッサ Intel 8086 であり、その中の代表的な命令を選んで図 5.13 に示す。

| 種別 | 形式 | 説明 |
|---|---|---|
| データ転送 | `100010│d│w│mod│reg│r/m`<br>MOV RB, DADDR | レジスタとレジスタ（あるいはメモリ）間のデータ転送を行う |
| 演算 | `0000010│w│イミーディエト│イミーディエト`<br>ADD AX, DATA 8/DATA16（W=1のとき） | アキュムレータに8ビットあるいは16ビットのイミーディエトデータを加算する |
| 文字列操作 | `1010111│w`<br>SCAB/SCAW | インデックスレジスタによって指されたデータとレジスタの内容を比較する |
| サブルーチンコール | `11101000│変位（下位）│変位（上位）`<br>CALL BRANCH | サブルーチンへの分岐を行う |
| 条件分岐 | `01110100│変位`<br>JZ/JE | Z（ゼロ）フラグ＝1のとき分岐する |
| プロセッサ制御 | `111110108`<br>CLI | すべての割り込みを不可能とする（割り込みについては後述） |

d：転送の方向指定（〜から(0)，〜へ(1)）
w：転送の長さ指定（1バイト(0)，2バイト(1)）
mod：第2オペランドがレジスタかメモリかを指定し、メモリならさらに変位分の長さを指定
reg：第1オペランドとなるレジスタ指定
r/m：第2オペランドがレジスタのときレジスタ番号、メモリのときアドレス修飾法を指定

図 5.13　Intel 8086 の命令形式とその制御内容（一部）

この図からわかるように、操作コードの長さは 6〜8 ビットと可変であり、また、オペランドの指定もレジスタ番号、イミーディエト、アドレス指定と種々の方法が組み合わせて使用されている。

# データの表現

続いて、データの表現形式について見てみよう。

データの表現を考える際に重要なことは、あるデータが与えられたとき、これを0と1を並べてコンピュータ内で表現するための「約束事」を正しく理解しておくことである。表現法が決まると、表したい値と、0、1による表現とはあいまいさなく1対1に対応する。逆に、実際の値との対応関係を定義する約束事をしっかり理解しないで、表現だけをみていると、思わぬ落とし穴に落ちることになる。

コンピュータの中で表現するデータは、P.96 の図 5.2 にも示したとおり、アドレスを別とすれば、大きく、数値データと非数値データに分けることができる。

ここではまず数値データについて注目する。

# 10 進数と 2 進数

コンピュータの中では、0 と 1 の並びにより 2 進数を使用することは前に触れた。我々は、日常生活では圧倒的に 10 進数を使用することが多い。このため、コンピュータへの数値の入力は 10 進数で行うが、コンピュータ内では、すべて 2 進形式に変換して、計算を行う。最後に計算結果の 2 進数は、再び 10 進形式にして出力する。

この関係を、**図 5.14** に示す。12.375 という 10 進数は、内部では、1100.011 という 2 進数に変換される。また、これを用いた計算結果は、10 進数に変換して出力される。

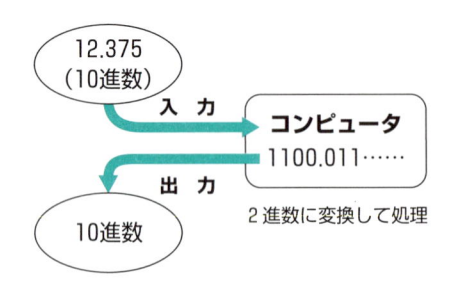

図 5.14　2 進数への変換処理

そこで、まずコンピュータの内と外での表現を理解するには、2 進形式と 10 進形式の間を自由に行き来できる必要がある。

図 5.15 に、12.375 を例に取って、10 進数と 2 進数の間の変換の適用例を示す。

## ■ 10 進数から 2 進数への変換
**整数部**：10 進整数を次々と 2 で割った余りを並べる
**小数部**：10 進小数に次々と 2 を掛けたときの整数部を並べる

## ■ 2 進数から 10 進数への変換
**整数部**：2 進整数の各桁に下位ビットから 1、2、4、8、… と重み付けをして加える
**小数部**：2 進小数の各桁に上位ビットから $2^{-1}$、$2^{-2}$、$2^{-3}$、… と重み付けをして加える

10進 → 2進
整数部：12を次々と2で割った余りを並べる
小数部：0.375に次々と2をかけたときの整数部を並べる

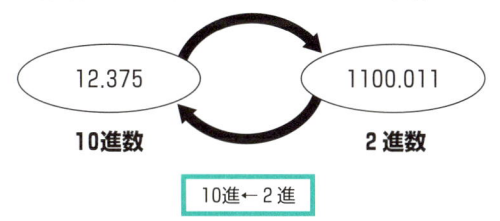

12.375　　　1100.011
**10進数**　　　**2進数**

10進 ← 2進
整数部 $(1100)_2 = 1 \times 2^3 + 1 \times 2^2 + 0 \times 2^1 + 0 \times 2^0 = 8 + 4 = 12$
小数部 $(0.011)_2 = 0 \times 2^{-1} + 1 \times 2^{-2} + 1 \times 2^{-3} = 0.25 + 0.125 = 0.375$

**図 5.15　10 進数と 2 進数の間の変換**

では、ここで重要なことを考えてみよう。入力する 10 進数は、正確に対応する 2 進数に変換されるのだろうか？　逆に、出力される 2 進数は、正確に対応する 10 進数に変換されるのだろうか？

実は、10 進数から 2 進数への変換は、正確でない可能性がある。このことは、10 進数の 0.1 を上記の規則によって 2 進数に変換してみるとわかる。図 5.16 の結果を見てほしい。変換規則を適用すると、2 進形式においては、0.0001100110011… と無限小数になることがわかる。コンピュータのメモリは無限のビット数を保持することはできない。それに 0.1 という 1 つの数だけに多数のビット長を費やすわけにはいかない。というわけで、結局は変換は正確には行われないことになる。

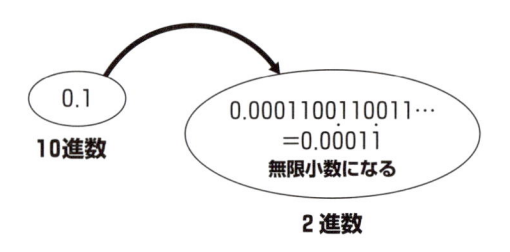

図 5.16　無限小数の例

(→ P.234 演習問題・第 5 章 (8) 参照)

数値データは、さらに小数点の位置を固定するか、可変にするか、によって固定小数点形式と浮動小数点形式に分けることができる。

## 固定小数点形式…小数点を固定して表現する

10 進数の 12.375 が 2 進数では 1100.011 と表されるまではよいとして、ではこれでコンピュータ内での表現に問題はないであろうか。実は、0 と 1 の並びの中には小数点は含まれていない。もし、0 と 1 の並びの中に小数点 "." を置こうとすると、0 と 1 以外にもう 1 つ "." を表す値が必要になる。しかし、物理的に 0 と 1 以外にもう 1 つの値を用いることは現実的ではない。"0" と "1" と ".” は、2 ビットあれば表現できるがこれは無駄が生じる。たとえば、00 で "0" を表し、01 で "1"、10 で "." を表すことは可能だが、11 の組み合わせが無駄になるし、実際の表現でも小数点を表す 10 の使用される機会はきわめて少なく、無駄が多い。

これを解決する簡単な方法は、小数点の位置を固定して表現することである。つまり、「小数点の位置を 0 と 1 の並びのどこかにあらかじめ決めておく」という約束事を決めるわけである。これを**固定小数点形式**と呼ぶ。

通常は、**図 5.17** に示すように、0 と 1 の並びの先頭（これを **MSB** と呼ぶ）をまず符号ビットとする。0 なら非負の数を表し、1 なら負の数を表す。符号を除くビットに対して、小数点を、符号ビットのすぐ右に置いて小数点数として扱う場合と、一番右端のビット（**LSB**）の右に置いて整数として扱う場合とがある。

たとえば、01010 という 5 ビットの固定小数点数を考えてみる。もし、符号ビットの右に小数点を置くとこのビット列の表す数値は、以下のようになる。

$$(0.1010)_2 = (2^{-1} + 2^{-3})_{10} = (0.5 + 0.125)_{10} = (0.625)_{10}$$

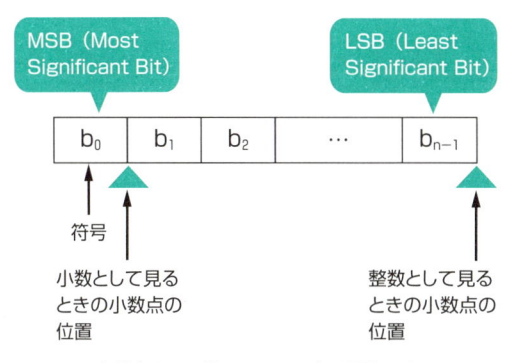

```
          MSB (Most                    LSB (Least
          Significant Bit)             Significant Bit)

          ┌────┬────┬────┬────┬────┐
          │ b₀ │ b₁ │ b₂ │ …  │bₙ₋₁│
          └────┴────┴────┴────┴────┘
            ↑    ↑                ↑
           符号                   
                小数として見る      整数として見る
                ときの小数点の      ときの小数点の
                位置              位置
```

小数点を置く位置によって表す数値は変わる

**図 5.17　固定小数点形式の表示**

もし、LSB の右に小数点を置くと、このビット列の表す数値は、以下のようになる。

$$(1010.)_2 = (1 \times 2^3 + 1 \times 2^1) = (8 + 2)_{10} = (10)_{10}$$

このように表す数値はまったく違うものになる。しかし、固定小数点数を扱う機械命令には、特に両方の小数点の位置に対する命令が用意されている訳ではない。なぜか？　それは、どちらに小数点を置いて考えても、結果は同じだからである。

たとえば、01010 + 00100 を計算することを考えてみる。この計算は、小数点の位置に応じて**図 5.18** に示すように行われるが、図からも明らかなように、演算結果はまったく同じ 0 と 1 の並びになる。つまり、**小数点の位置をどちらに固定するかは、数字の見方の問題であり、実際の演算処理はまったく同じ手順で行える**のである。

以下、本書では特に断らない限り、直感的にわかりやすいように、小数点の位置を LSB の右に置いて、整数として扱うことにする。

```
      0.1010              01010.
   +  0.0100           +  00100.
   ─────────           ─────────
      0.1110              01110.
```

どちらに小数点を置いても計算は同じ

**図 5.18　小数点の位置と演算結果**

# 負の数の表現

小数点を固定して表現するとして、次に考えなければならないのは、負の数を表現する方法である。

以下に表現法を説明するので、図 5.20 の各列に示す例を見ながら理解してほしい。

## ■ 符号と絶対値表示

負の数を表現するには、図 5.17 に示したように、先頭を符号ビットとして、残りのビットで値を表すのが自然な考え方である。符号ビットについては、正のときに 0、負のときに 1 を対応させる。このとき、値のところに絶対値を置くのが直感的には一番わかりやすい。たとえば、5 ビットであれば、$(+1)$ は **00001**、$(-2)$ は **10010** といった具合である。このような負の数の表現法を、**符号と絶対値表示**と呼ぶ。

## ■ 2 の補数

符号と絶対値表示は直感的にはわかりやすいのだが、計算の際にいちいち符号と絶対値をそれぞれ見ないと処理ができないという欠点がある。

このため符号を特別扱いしなくても演算が行える表現法として、**2 の補数**という表現法が使用される。この方法では、負の数 $-x$ を表現するのに、$2^n - x$ という表現をもちいる。図 5.19 に 4 ビットでの 2 の補数表現を示した。これからわかるように、$2^4 - x$ によって $-x$ を表現する。このため、絶対値としてみると $-1$ が $-2$

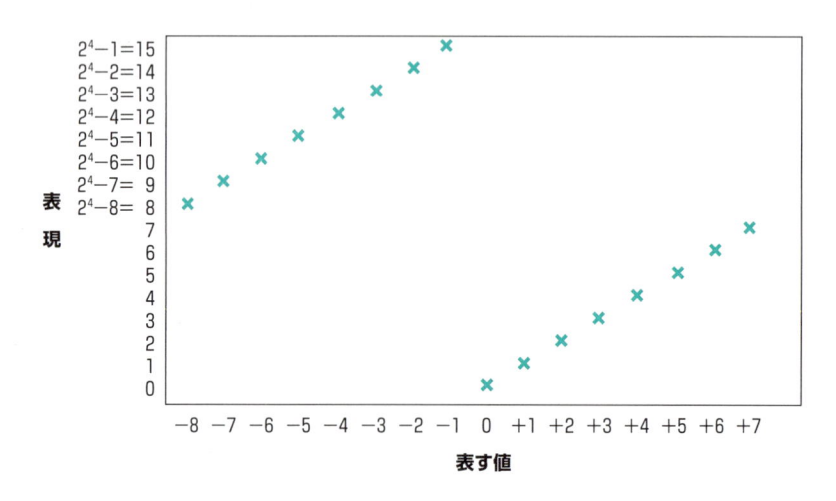

図 5.19 2 の補数表示

よりも大きい値をもつという直感的にはわかりにくい表現法となる。

## ■ 1の補数

2の補数表示と似た表現に **1の補数** がある。1の補数の定義は、$2^n - x - 1$ である。ここで、$2^n - 1$ は、1をnビット並べたものなので、実は1の補数 $2^n - x - 1$ は、$x$ の 0 と 1 を反転したものとなる。

2の補数と1の補数の定義を比較すると、2の補数 = 1の補数 +1 であることがわかる。したがって、ある数の2の補数を求めるには、まず0と1を反転して1の補数を求めたあとで、それに1を加えればよい。

## ■ バイアス表示

**バイアス表示** とは、ある範囲の正と負の数を表現するときに、全体に一定の値（これをバイアスと呼ぶ）を加えてすべてを非負の数として表現する形式である。これはちょうど、試験の成績が悪いときに、全体にゲタを履かせて底上げするのと同じことであり、**ゲタバキ表示** とも呼ばれる。通常は正の側と負の側で表現可能な範囲をそろえるため、$n$ ビット表現でのゲタの大きさは $2^{n-1}$ とすることが多い。この

| 10進表示 | 2進符号 | | | |
|---|---|---|---|---|
| | 絶対値 | 1の補数 | 2の補数 | バイアス |
| +7 | 0111 | 0111 | 0111 | 1111 |
| +6 | 0110 | 0110 | 0110 | 1110 |
| +5 | 0101 | 0101 | 0101 | 1101 |
| +4 | 0100 | 0100 | 0100 | 1100 |
| +3 | 0011 | 0011 | 0011 | 1011 |
| +2 | 0010 | 0010 | 0010 | 1010 |
| +1 | 0001 | 0001 | 0001 | 1001 |
| +0 | 0000 | 0000 | 0000 | 1000 |
| -0 | 1000 | 1111 | | |
| -1 | 1001 | 1110 | 1111 | 0111 |
| -2 | 1010 | 1101 | 1110 | 0110 |
| -3 | 1011 | 1100 | 1101 | 0101 |
| -4 | 1100 | 1011 | 1100 | 0100 |
| -5 | 1101 | 1010 | 1011 | 0011 |
| -6 | 1110 | 1001 | 1010 | 0010 |
| -7 | 1111 | 1000 | 1001 | 0001 |
| -8 | ----* | ----* | 1000 | 0000 |

数の表現によって+0と-0があったり、表現できる範囲が違ったりすることに注意

*4ビットでは表示できない

図 5.20　いろいろな負の数の表示法

ため、実際の値を計算するときは、$2^{n-1}$ を引く必要がある。

図 5.20 に、符号と絶対値、1 の補数、2 の補数、バイアス表示による表現を示した。この図をみてもわかるように、2 の補数は、0 の表現がすべて 0 の 1 通りしかなく、0 であることの判定もやりやすい。また、表現できる範囲も符号と絶対値、1 の補数と比べて 1 つ広くなる。

## 浮動小数点形式…小数点を固定しない表現法

### ■ 浮動小数点形式はなぜ必要か？　どうやって表現するか？

まず、小数点を固定しない浮動小数点形式がなぜ必要かから始めてみたい。わかりやすいように 10 進数の世界に話を移して、正負の符号と 5 桁の 10 進数で数を表現することを考えてみよう。

まず、固定小数点形式の表現では、図 5.21 に示すように、小数点を LSB 側に固定して整数として見る場合には、−99999〜+99999 までの整数を表現できる。また、MSB 側に固定して小数にしてみる場合には、−0.99999〜+0.99999 までの有効桁数 5 桁の小数を表現することができる。なお、ここでは直感的にわかりやすいように負の数の表現は、符号と絶対値表現とする。

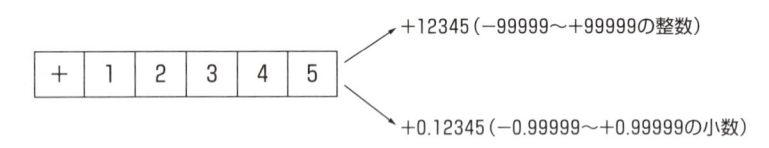

小数点を固定する位置により、表せる数の範囲は変わる

**図 5.21　固定小数点形式で表せる数の範囲**

固定小数点形式では、上記のいずれかの範囲に限定されるため、コンピュータを使う側にとっては制約の大きい表現法となる。

たとえば、学校のあるクラスの人数、生徒の年齢などは整数でよい。しかし、たとえば生徒の身長とか体重などは一般に整数と小数の組み合わせになり、図 5.21 のような固定小数点では表現できない。また、学校全体の生徒の平均年齢を小数点第何位かまで求めたいといったときには、割る数も割られる数も整数ではあるが、割算の結果を小数点まで求めることはできない。つまり、結果は整数にはならず、表現の範囲を越えてしまう。

では、限られた桁数で、これらの数を表現するにはどうしたらいいだろうか？　これに答えるのが、図 5.22 に示した浮動小数点の考え方である。

| A 表現したい値 | B 仮数×10$^{指数}$の形 | C 仮数と指数を並べる | D 指数をバイアス表示にする |
|---|---|---|---|
| +1234. | +0.1234×10$^4$ | + 4 1 2 3 4 | + 9 1 2 3 4 |
| +123.4 | +0.1234×10$^3$ | + 3 1 2 3 4 | + 8 1 2 3 4 |
| +12.34 | +0.1234×10$^2$ | + 2 1 2 3 4 | + 7 1 2 3 4 |
| +1.234 | +0.1234×10$^1$ | + 1 1 2 3 4 | + 6 1 2 3 4 |
| +0.1234 | +0.1234×10$^0$ | + 0 1 2 3 4 | + 5 1 2 3 4 |
| +0.01234 | +0.1234×10$^{-1}$ | + −1 1 2 3 4 | + 4 1 2 3 4 |
| +0.001234 | +0.1234×10$^{-2}$ | + −2 1 2 3 4 | + 3 1 2 3 4 |
| +0.0001234 | +0.1234×10$^{-3}$ | + −3 1 2 3 4 | + 2 1 2 3 4 |
| +0.00001234 | +0.1234×10$^{-4}$ | + −4 1 2 3 4 | + 1 1 2 3 4 |
| +0.000001234 | +0.1234×10$^{-5}$ | + −5 1 2 3 4 | + 0 1 2 3 4 |

符号　指数部　仮数部

**図 5.22　浮動小数点表現の意味を 10 進数で表す**

　図の左端 A に並んだ数字は表現したい数を示している。これを右側の B に示すように、+0.1234 に 10 の何乗を掛ける、という形に直す。これで、整数と小数を組み合わせた数を表現できる。

　ここで、10 という基本となる数（これを**基数**と呼ぶ）はあらかじめ決めておけば、表現の必要がなくなるので、何乗という部分（これを**指数**と呼ぶ）だけを表現に残したのが、C の部分である。ここで、先頭の符号の位置はそのままだが、その右に指数部、さらに右に小数点以下の数（これを**仮数**と呼ぶ）が配置してあることに注意してほしい。

　このままでは、指数部に正の数と負の数が並んで指数の表現に符号が必要になる。これを避けるため、指数部に一律に 5 を加えて全体を非負の数とする。つまり、ここでは先に固定小数点形式の負の数の表現法として紹介したバイアス表示をもちいる。この結果が一番右側の D である。

　これを図 5.21 と比べると明らかなように、同じ桁数でありながら、整数と小数を組み合わせた数を表現できている。

　ここで、要点を整理しておこう。

- 浮動小数点形式は、仮数部と指数部をそれぞれ固定小数点形式として、2つの固定小数点形式数と符号を組み合わせることで、小数点の位置を可変とする表現形式である。
- 基数は、あらかじめ数の表現上の約束事として決めておくことにより省略する。
- 有効桁数から見ると、全体が同じ桁数なら、指数部の表現の分だけ、浮動小数点形式の有効桁数は少なくなる。図 5.21 では有効桁数 5 桁であるが、図 5.22 では、指数に一桁譲った分少なくなって有効桁数 4 桁となる。

## ■ 2 進数での浮動小数点数の表現

さてここで、10 進数の世界で進めて来た話を 2 進数の世界に置き換えよう。コンピュータの世界で広く使用される浮動小数点形式を念頭に置きながら、次のように表現形式を決めることにする。

- 基数は 2 とする。基数を大きく取れば表現可能な範囲は広がるが、精度が落ちるため、精度を重視して 2 とする。
- 仮数部は符号と絶対値表示とする。指数部はバイアス表示を採用して、非負の数とする。
- 制約のあるビット長の中で、有効桁数をできるだけ大きくするため、仮数はできるだけ左詰めにする。つまり、仮数の先頭に 0 があれば、指数部の値で調節可能な限り、左に寄せる。これを**正規化**と呼ぶ。図 5.22 に示す表現では、10 進形式においてすべて仮数部の先頭が 0 ではないので、正規化された表現である。

結果として、2 進数の世界で使用される浮動小数点形式は、図 5.23 のように表示される。符号 s に 1 ビット、指数 e に E ビット、仮数 f に F ビットをもちいる。

この表現によって表される値を改めて確認してみよう。

$$(-1)^s \times 0.f \times 2^{e'}$$

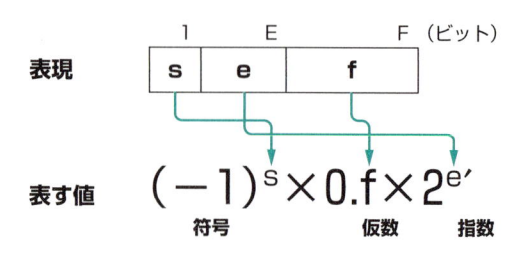

図 5.23　浮動小数点形式

まず、10進の場合と同様、s は全体の符号を表し、s が 0 のときは正の数、1 のときは負の数を意味する。つまり、$(-1)^0 = 1$ であり、$(-1)^1 = -1$ であるから、その表す符号は $(-1)^s$ にまとめられる。

次に、指数部 e であるが、これはバイアス表示をもちいるため、実際の指数の値は、

$$e - 2^{E-1} = e'$$

となる。

仮数部 $f$ は、先頭に小数点を固定した正の固定小数点であり、その値は、$0.f$ と表せる。

以上をまとめると、浮動小数点形式で表す値は、

$$(-1)^s \cdot 0.f \cdot 2^{e'} \qquad \cdots\cdots(5\cdot 1)$$

となる。

### ■ ASC の浮動小数点数表現

実際に ASC の浮動小数点形式を定義しよう。まず基本語長が 16 ビットなので、全体として 16 ビットとなるようにする。E と F の取り方は任意であるが、ここでは、表現可能な範囲と有効桁数とを考慮して、図 5.24 に示すように、$E = 5$、$F = 10$ として全体で 16 ビットとする。

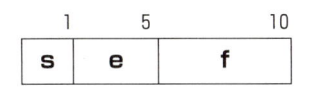

図 5.24　ASC の 16 ビット浮動小数点形式

もし、このビット列が、0 10010 1010000000 であったとする。この表現の表す値はどのようになるだろうか？

まず、$s = 0$ だから正の数だ。次に、$E = 5$ からバイアスの値は、$2^{5-1} = 16 = (10000)_2$ で、$e' = 10010 - 10000 = 00010$ となって、指数部の表す値は 2 であることがわかる。$f$ の表す値は、0.1010000000 となり、これは 2 進→ 10 進への変換規則から、$0.5 + 0.125 = 0.625$ となる。

全体をまとめると、表現する数は、$+0.625 \times 2^2 = +2.5$ となる。

## ■ 浮動小数点数の正規化について

この数値例では、仮数部の先頭ビットは 1 なので、すでに正規化されているが、もし正規化されていない数が与えられたらどうやって正規化すればいいだろうか？

これは式 (5・1) の表現から、考えることができる。$0.f$ を 1 ビット右シフトした $0.0f$ は、$0.f \cdot 2^{-1}$ と同じであるから、このときは $e'$ に 1 を加えてやれば元と同じ値を表す。つまり、

$$0.f \cdot 2^{e'} = 0.0f \cdot 2^{e'+1}$$

である。同様に、$f$ を 1 ビット左シフトしたときには、$e$ を $e-1$ とすれば同じ値を表す。

このように、仮数部の先頭が 1 になるように桁移動をすることと、それに合わせて指数部の値を調整をすることによって、正規化を行うことができる。

### Column コーヒーブレイク…

#### IEEE 浮動小数点形式

浮動小数点形式の標準的な規格として、米国電気電子学会 (IEEE) によって認定された規格が使用されることが多い。この形式には、図 5.25 に示すように 32 ビットと 64 ビットの 2 種類の形式があり、それぞれ表現できる範囲が決まっている。

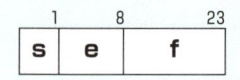

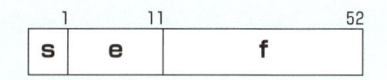

|  | 1 | 8 | 23 |
|--|---|---|---|
|  | s | e | f |

|  | 1 | 11 | 52 |
|--|---|----|----|
|  | s | e  | f  |

- 正規表現 ($0<e<255$) : $(-1)^s 2^{e-127}(1.f)$
- 非正規表現 ($e=0, f \neq 0$) : $(-1)^s 2^{-126}(0.f)$
- ゼロ ($e=0, f=0$) : $(-1)^s 0$
- 非数 ($e=255, f \neq 0$) : NaN
- ∞ ($e=255, f=0$) : $(-1)^s \infty$

- 正規表現 ($0<e<2047$) : $(-1)^s 2^{e-1023}(1.f)$
- 非正規表現 ($e=0, f \neq 0$) : $(-1)^s 2^{-1022}(0.f)$
- ゼロ ($e=0, f=0$) : $(-1)^s 0$
- 非数 ($e=2047, f \neq 0$) : NaN
- ∞ ($e=2047, f=0$) : $(-1)^s \infty$

**(a) 32ビット形式**　　　　　**(b) 64ビット形式**

かっこ内のeとfの定義によって、どの表現に相当するかが一意的に決まる。
e=255, 2047はそれぞれの指数部がすべて1となることを表す。

図 5.25　IEEE 浮動小数点形式

本文では、簡略化のためこの中の正規表現に対応した部分に限定して説明した。しかし、IEEE の浮動小数点形式では、さらに以下のような点に工夫を凝らしていることを注意しておきたい。

- 正規表現では、その定義から必ず仮数部の先頭が 1 になることが決まっている。この

ため、正規表現であることが指数部の値からわかるようにして、仮数部先頭の 1 を表現から外し、1 ビット有効桁数を増やすようにしている。このような 1 を隠されたビット（hidden bit）と呼び、このような表現を**ケチ表現**と呼ぶ。
- 正規表現以外の表現として、非正規表現（指数部の調整で正規化できる範囲にない）、ゼロ（演算結果が 0 であることを表す表現ですべて 0 とする）、NaN（Not a Number の意味で、浮動小数点計算を行った結果が正しい数の表現にならなかった）、∞（0 で割算をするなどして演算結果が無限大になった）、などの特殊な場合に対応するための表現が用意されている。

ケチ表現が使われるため、たとえば IEEE の 32 ビット形式で正規化された数の表現する値は、仮数部の先頭に 1 を補い、指数部のバイアス 127 を引くことによって、次のようになる。

$$(-1)^s \cdot (1.f) \cdot 2^{e-127} \qquad \cdots\cdots(5 \cdot 2)$$

# 数の表現の本質

コンピュータの記憶容量は有限であり、個々のデータの表現に使えるビット長も有限にしなければならない。しかし、実際の数値を正確に表現しようとすると実は 1 つの数値でさえ有限のビット長に収まらないことも起こる。しかも、数学で勉強したように、このような数が数直線上に連続して並ぶのが実数の世界だから、実数をそのまま表現することは土台無理な注文と言わなければならない。

だから、固定小数点形式にしろ、浮動小数点形式にしろ、表現している値は数直線上で細かく見れば連続しておらず、すべて離散的になる。

図 5.26 に、固定小数点形式と浮動小数点形式で、5 ビットと限定したときに表現できる範囲がどのように変わってくるかをプロットしてみた。タテ方向に立っている線の 1 本 1 本が、表現された値と対応している。(a) は符号ビットの右側に小数点を置いた場合で、$-1$〜$+1$ までの間（$+1$ は含まない）に 32 本立っている。(b) は LSB の右側に小数点を置いた場合で、$-16$〜$+15$ の各整数の位置に線が立っている。(c) は浮動小数点形式で表現した場合で、0 に近いところは立っている線の数が密になっている。5 ビットでは、特に浮動小数点形式には現実的な表現ができないが、基数を 2 ではなく 16 として、無理に表現してみたものである。

この図を見るとわかるように、表現可能な範囲が変わってくるが、数直線上にプロットできるタテ線の数は当然ながらどの表現形式をもちいても同じになる。つまり、n ビットならば $2^n$ 個のタテ線をどう取るかということになる。

$$-1\ 0\ +1$$

**(a) 固定小数点（小数）**

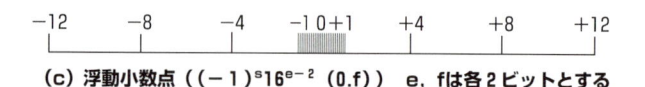

-16 -15 -14 -13 -12 -11 -10 -9 -8 -7 -6 -5 -4 -3 -2 -1 0 +1 +2 +3 +4 +5 +6 +7 +8 +9 +10 +11 +12 +13 +14 +15

**(b) 固定小数点（整数）**

-12　　-8　　-4　-1 0 +1　+4　　+8　　+12

**(c) 浮動小数点（$(-1)^s 16^{e-2} (0.f)$）　e, fは各2ビットとする**

(a)(b)は2の補数表示である。(a)では値1は含まれない。(c)の浮動小数点形式では、符号(s) 1ビット、指数部(e) 2ビット、仮数部(f) 2ビットで、基数r＝16とした。(a)〜(c)で表現する値はそれぞれ違うが、プロットしているタテ線の数は同じ。

**図 5.26　固定小数点と浮動小数点形式で表現される値**

また、この図は、ある程度ビット長を長く取らないと浮動小数点形式による表現範囲の広さが見えてこないことも示している。

## その他…文字コード・アドレスなどの表現

最後に、数値データ以外のデータ、つまり非数値データとして、文字コードとアドレスの表現について説明する。

### ■ 文字コード

数値以外の代表的なデータとして、**文字コード**がある。文字コードも2進表現によって表すことになるが、その例を点字に見ることができる。

点字は、**図 5.27** に示すように①から⑥までの6つの点からなり、それぞれの点は凸か平らかのどちらかである。図には、「あ」から「お」までの例を示したが、これを1と0に対応させると、ちょうど2進6桁の表現になる。だから、その表現できる場合の数は、$2^6 = 64$ 通りとなる。点字の場合64通りでは不十分なので、ある特定の点字が来るとそれに続く点字の意味を変えるなどの工夫をして、表現可能な範囲を拡げている。

身の回りにある点字ということで、手近なエレベータの点字を調べてみた（**図 5.28**）。エレベータには、それぞれわかりやすい記号とともに点字の説明が付いている。50

|①　④|
|②　⑤|
|③　⑥|

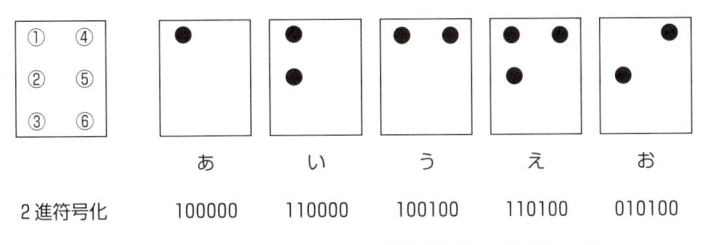

あ　100000　　い　110000　　う　100100　　え　110100　　お　010100

2進符号化

黒丸は凸を表し1と対応する。それ以外は平らで0と対応する。

**図 5.27　点字は 6 ビットの 2 進符号**

100100　110100　　110011　101010　　100000　110101　　110011　111111
う　　え　　　　し　　た　　　　あ　　け　　　　し　　め

001111　100000　　001111　110000　　001111　100100
　　　1　　　　　　　　2　　　　　　　　3

111001　　000110　010111　　010010
ひ　　　　　じょ　　　　　ー

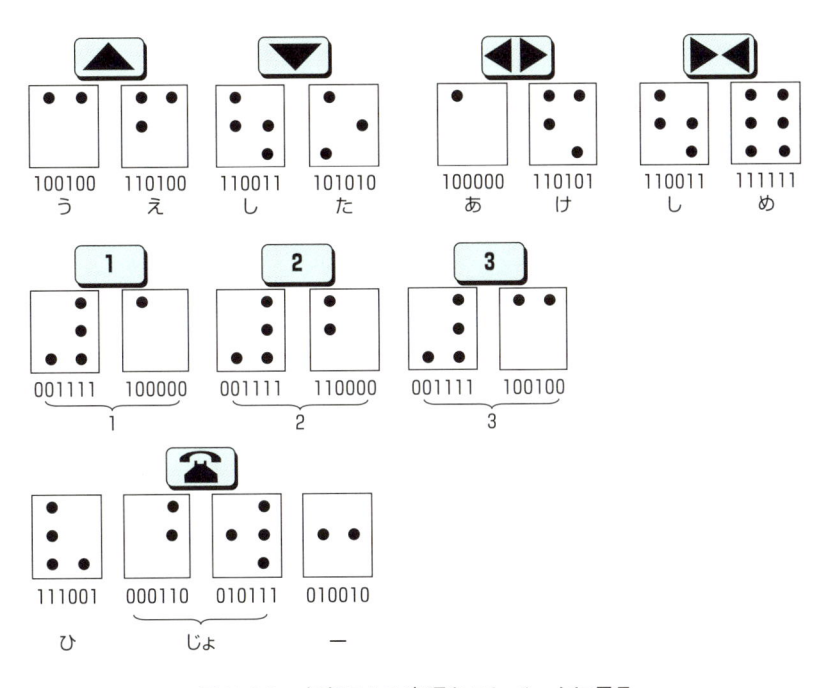

**図 5.28　点字による表現をエレベータに見る**

音のように簡明に 6 ビットで表現されるものもあるが、前述の通り、64 通りでは表現しきれないため、複数の符号の組み合わせが使われている。たとえば、数字の場合、まず数字が右側に来ますよというコード 001111 を置いてから、その右に実際の数値を置く。また、「じょ」のようにあらかじめ決まった 2 つの符号の組み合わせで表現する例などもある。

コンピュータにおける文字コードも同様で、基本的に使用される **ASCII コード**で

0 と 1 を並べて命令やデータを表現する

> 文字Aを列方向に見ると上位ビット $b_8b_7b_6b_5=0100$、行方向に見ると $b_4b_3b_2b_1=0001$ だから、$b_8 \sim b_1=01000001$ がAを表すコードであることがわかる

| 上位ビット | | | | | 0 | 0 | 0 | 0 | 0 | 0 | 0 | 0 | 1 | 1 | 1 | 1 | 1 | 1 | 1 | 1 |
|---|---|---|---|---|---|---|---|---|---|---|---|---|---|---|---|---|---|---|---|---|
| | $b_8$ | | | | 0 | 0 | 0 | 0 | 1 | 1 | 1 | 1 | 0 | 0 | 0 | 0 | 1 | 1 | 1 | 1 |
| | $b_7$ | | | | 0 | 0 | 1 | 1 | 0 | 0 | 1 | 1 | 0 | 0 | 1 | 1 | 0 | 0 | 1 | 1 |
| | $b_6$ | | | | 0 | 1 | 0 | 1 | 0 | 1 | 0 | 1 | 0 | 1 | 0 | 1 | 0 | 1 | 0 | 1 |
| 下位ビット | $b_5$ | | | | | | | | | | | | | | | | | | | |
| $b_4$ | $b_3$ | $b_2$ | $b_1$ | | 0 | 1 | 2 | 3 | 4 | 5 | 6 | 7 | 8 | 9 | A | B | C | D | E | F |
| 0 | 0 | 0 | 0 | 0 | NUL | $TC_7$(DLE) | SP | 0 | @ | P | ` | p | | | 未定義 | 。 | ア | チ | ム | |
| 0 | 0 | 0 | 1 | 1 | $TC_1$(SOH) | $DC_1$ | ! | 1 | A | Q | a | q | | | 。 | ア | チ | ム | | |
| 0 | 0 | 1 | 0 | 2 | $TC_2$(SOH) | $DC_2$ | " | 2 | B | R | b | r | | | 「 | イ | ツ | メ | | |
| 0 | 0 | 1 | 1 | 3 | $TC_3$(SOH) | $DC_3$ | # | 3 | C | S | c | s | | | 」 | ウ | テ | モ | | |
| 0 | 1 | 0 | 0 | 4 | $TC_4$(SOH) | $DC_4$ | $ | 4 | D | T | d | t | | | 、 | エ | ト | ヤ | | |
| 0 | 1 | 0 | 1 | 5 | $TC_5$(SOH) | $TC_8$(NAK) | % | 5 | E | U | e | u | | | ・ | オ | ナ | ユ | | |
| 0 | 1 | 1 | 0 | 6 | $TC_6$(SOH) | $TC_9$(SYN) | & | 6 | F | V | f | v | | | ヲ | カ | ニ | ヨ | | |
| 0 | 1 | 1 | 1 | 7 | BEL | $TC_{10}$(ETB) | ' | 7 | G | W | g | w | 未定義 | 未定義 | ア | キ | ヌ | ラ | 未定義 | 未定義 |
| 1 | 0 | 0 | 0 | 8 | $FE_0$(BS) | CAN | ( | 8 | H | X | h | x | | | ィ | ク | ネ | リ | | |
| 1 | 0 | 0 | 1 | 9 | $FE_1$(HT) | EM | ) | 9 | I | Y | i | y | | | ゥ | ケ | ノ | ル | | |
| 1 | 0 | 1 | 0 | A | $FE_2$(LF) | SUB | * | : | J | Z | j | z | | | ェ | コ | ハ | レ | | |
| 1 | 0 | 1 | 1 | B | $FE_3$(VT) | ESC | + | ; | K | [ | k | { | | | ォ | サ | ヒ | ロ | | |
| 1 | 1 | 0 | 0 | C | $FE_4$(FF) | $IS_1$(FS) | , | < | L | ¥ | l | \| | | | ャ | シ | フ | ワ | | |
| 1 | 1 | 0 | 1 | D | $FE_5$(CR) | $IS_2$(GS) | - | = | M | ] | m | } | | | ュ | ス | ヘ | ン | | |
| 1 | 1 | 1 | 0 | E | SO | $IS_3$(RS) | . | > | N | ^ | n | ￣ | | | ョ | セ | ホ | ゛ | | |
| 1 | 1 | 1 | 1 | F | SI | $IS_4$(US) | / | ? | O | _ | o | DEL | | | ッ | ソ | マ | ゜ | | |

注）符号表上の制御文字等の意味

| | | | |
|---|---|---|---|
| NUL | 空白 (null) | SUB | 置換文字 |
| $TC_1 \sim TC_{10}$ | 伝送制御 (transmission control) | | (substitute character) |
| BEL | ベル (bell) | ESC | 拡張 (escape) |
| $FE_0 \sim FE_5$ | 書式制御 (format effectors) | $IS_1 \sim IS_4$ | 情報分離文字 |
| $DC_1 \sim DC_4$ | 装置制御 (device control) | | (information separator) |
| CAN | 取消し (cancel) | SP | 間隔 (space) |
| EM | 媒体終端 (end of media) | DEL | 抹消 (delete) |

図 5.29 文字コードの例

は、8ビットでアルファベットや特殊な文字記号を表現できるように定義してある。この定義に対応した文字をそのままキーボード入力できるようになっているのが、ASCIIキーボードである。キーボードから「A」と入力すると、**図 5.29** の符号表の定義に従って、8ビットの値「01000001」がCPUへ送られることになる。

8ビットではやはり不足するので、エスケープコード（ESC）を用いることで、それに続く文字の意味を変更するなど、点字と同じようなことをやっている。

また、日本では、図 5.29 に示すように、ASCII 符号にカタカナを加えた記号表が定義され、さらにこれを包含する形で JIS 規格で定義された 16 ビットの符号表がある。

その他、応用依存のデータを挙げ出すときりがないが、画像や音声データなど、さまざまなデータの表現が標準化されている。たとえば、画像であれば、JPEG、MPEG といった形式がある。これらの標準化によって、同じ画像データであれば、どこにもっていっても同じように再生することが可能となる。

## ■ アドレス

アドレスは、通常の数値データとは違うものの、メモリの特定の番地を表す非負の整数であり、扱いとしてはデータの一種である。32 ビットのアドレスを用いれば $0 \sim 2^{32} - 1$ の範囲まで直接アドレスを指定することができる。言い換えると、$2^{32} = 2^2 \cdot 2^{30} = 4G$（ギガ）までの領域を指定することができる。

ここまで、メモリのアドレス付けの単位は、ASC の 1 語 16 ビットを基本に話を進めてきた。しかし、現在、多くのコンピュータにおいてアドレス付けの単位は 8 ビットを基本としている。これを **1 バイト**（byte）と呼び、単位として使うときは B と略称する。

したがって、バイトを基本とするコンピュータにおいて、32 ビットのアドレスによって指されるメモリの容量は、最大で 4 ギガバイト（GB）であり、これは 8 倍すると 32 ギガビットということになる。

# 第6章 機械命令を実行する
―より現実的なコンピュータでの命令の実行―

コンピュータの中での実行は、基本的に第4章で述べた ASC のように進む。このような基本的な実行の枠組みをベースとして踏まえた上で、本章では、第5章で述べたようなもっと現実的なコンピュータに必要な機械命令とその実行の詳細について説明する。

**トピックス** / Topics
- 固定小数点演算命令を実行する
- 加算器で減算を行う
- シフトと加減算で乗除算を実現する
- 浮動小数点演算命令を実行する
- 浮動小数点加減算と乗除算
- 分岐命令を実行する
- サブルーチンを実現する
- 入出力命令とシステム制御命令

## 固定小数点演算命令を実行する

固定小数点演算の基本は加減算であり、第3章で説明した全加算器を必要なビット数ならべたものが基本となる。このため、まず固定小数点形式として第5章で説明した符号と絶対値表示、補数表示について、基本となる加減算はどのように実行されるかを見ていこう。

また、よく使用される2の補数について、シフトと乗除算のやり方を簡単に説明する。

### ■ 符号と絶対値表示は扱いにくい

直感的にはわかりやすい表現形式だが、いざ計算をしようとすると、この表現方法は扱いにくいことがわかる。たとえば、**図 6.1** に示すように、$(+1) + (-2)$ の計算を行おうとすると、どんなことが起こるだろうか？

まず求められているのは足し算の結果だが、符号が違うので、実際には引き算をしなければならない。では、どちらからどちらを引けばよいのだろうか？　この場

```
    00001  (+1)
 +  10010  (−2)
    ─────
      ?
```

図 6.1　符号と絶対値表示での加算は面倒

合は、絶対値で比較すると $2 > 1$ なので、$0010 − 0001$ の減算をやらなければならない。その結果は、**0001** となり、さらにその符号は、絶対値が大きい方の数 **10010** の **1**（マイナス）を付ける必要がある。というわけで、やっと答えの **10001**（−1）が求められる。

このように、符号と絶対値表示は、計算が面倒なため、負の数の表現法としてあまり適さないことがわかる。

## ■ 2 の補数の加減算は簡単

同じ $(+1) + (−2)$ の計算を使って、2 の補数の加算をやってみよう。今度は**図 6.2**に示すように、$0001 + 1110$ を計算することになる。ここで、符号ビットの値も何も気にせずに加算すると、1111 が得られるが、これは −1 を表しており、正しい結果であることがわかる。

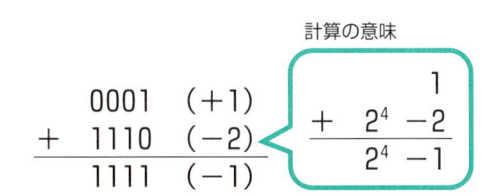

```
     0001   (+1)              計算の意味
  +  1110   (−2)                    1
     ────              +    $2^4$  −2
     1111   (−1)           ──────────
                              $2^4$  −1
```

図 6.2　2 の補数表示による加算

この理屈は図 6.2 右のように示すことができる。2 の補数の場合、表現形式から実際には、$1 + (2^4 − 2)$ という計算を行っている。この結果、表現上は、$2^4 − 1$ となり、これは −1 を表す 2 の補数となる。同様に、いくつかのケースで表現上の計算がどのような計算を行っているのかを**図 6.3** で確認してほしい。

基本的には、負の数同士の加算も含め、「符号ビットもまったく関係なく加算して、符号ビットからの桁上げを無視することで正しい結果が得られる」ことが証明できる。ただし、同じ符号の数を加えて符号ビットの値が変化した場合は、オーバフローである。

$$
\begin{array}{rl}
\text{表現} & \text{(値)} \\
2^4-1 & (-1) \\
+\quad 2^4-2 & (-2) \\
\hline
②^4+2^4-3 & (-3)
\end{array}
\qquad
\begin{array}{rl}
\text{表現} & \text{(値)} \\
2^4-1 & (-1) \\
+\quad 2 & (+2) \\
\hline
②^4+1 & (+1)
\end{array}
$$

↓ 無視　　　　　　　　　　　　　　↓ 無視

4 ビットの加算で符号ビットからの桁上げとなる $2^4$ を無視すると、正しい結果を得ることができる。

**図 6.3　2 の補数表示による加算の例**

ここで図 4.20（P.91）を使って加算の実現法を説明した際に先延ばしにした減算の実現法を**図 6.4**に示す。図の 16 ビット加算器は、図 4.20 に示したものである。また、制御入力として、加算のときには 0 が、減算のときには 1 が外部から与えられる。

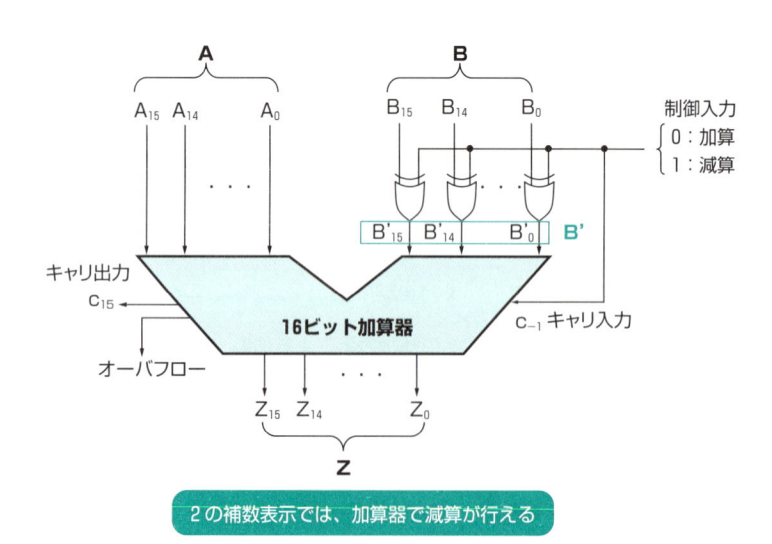

**図 6.4　2 の補数表示による減算の実現**

ここでの考え方は、$A-B$ を $A+(-B)$ と置き換えることから出発する。$-B$ は $B$ の 2 の補数によって表せるから、要するに $B$ の 2 の補数を加えるとすればよい。

$B$ の 2 の補数は、先に説明したように $B$ の各ビットの 0 と 1 を反転し、最下位ビットから 1 を加えることによって得られる。

$B$ を 2 の補数にするためにまず $B$ 入力を反転する必要がある。このため、図 6.4 では、排他的論理和[注1]を使っている。図 6.4 において、減算の場合には、$B$ の各ビットごとに制御入力 1 との排他的論理和を計算している。1 との排他的論理和は何を意味するのかを図 6.5 で見てみよう。

| $B_i$ | 1 | $B_i \oplus 1$ |
|---|---|---|
| 0 | 1 | 1 |
| 1 | 1 | 0 |

図 6.5　1 との排他的論理和は論理否定と同じ

つまり、$B_i$ と 1 との排他的論理和は、$B_i$ の論理否定を実現している。これで $B$ の 0 と 1 を反転し、さらにキャリ入力 $c_{-1}$ に 1 を加えることで $B$ の 2 の補数化が完成する。

ちなみに、同じ 16 ビット加算器で加算 $A + B$ を行う場合には、$B$ の各ビットごとに制御入力 0 との排他的論理和を取ることになる。このときは図 6.6 に示す通り $B$ の値がそのまま $B'$ となり、キャリ入力 $c_{-1}$ も 0 となって加算が行われる。

| $B_i$ | 0 | $B_i \oplus 0$ |
|---|---|---|
| 0 | 0 | 0 |
| 1 | 0 | 1 |

図 6.6　0 との排他的論理和はもとの値そのままとなる

### ■ 1 の補数の場合…加減算では符号ビットからの桁上げがあったとき面倒

1 の補数の計算も、2 の補数と同様に符号ビットを区別せずに扱えるという利点があるが、符号ビットからの桁上げがあったときには、最下位ビット (LSB) から 1 を加えなければならないという問題がある。

---

注1) 排他的論理和の真理値表は図 3.22 (P.51)、また論理記号については、図 3.23(d) (P.52) 参照。

機械命令を実行する

図 6.7 に 1 の補数の加算例を示す。(a) は符号ビットからの桁上げがなくそのまま正しい結果となる例であり、(b) は桁上げがあるためそれを最下位ビットに加える必要がある例を示す。最上位ビットからの桁上げ（キャリ）をぐるっと回して最下位ビットに加えるため、これを**エンドアラウンドキャリ**と呼ぶ。

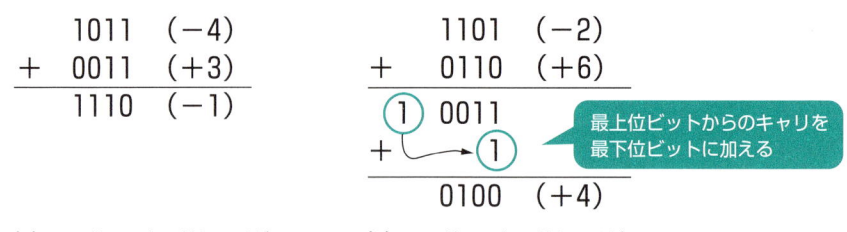

```
    1011  (−4)              1101  (−2)
 +  0011  (+3)           +  0110  (+6)
    ────                    ─────
    1110  (−1)           ① 0011
                         +        ①    最上位ビットからのキャリを
                            ─────      最下位ビットに加える
                            0100  (+4)
```

(a) エンドアラウンドキャリが　　(b) エンドアラウンドキャリが
　　ない場合　　　　　　　　　　　　ある場合

図 6.7　1 の補数表示による加算の例

もう 1 つ、1 の補数の演算で気を付けないといけないのは、ゼロの表現が 2 通りあることである。**図 6.8** のように $(+1) + (-1)$ を計算すると結果は $-0$ となる（→ P.111 図 5.20 の $-0$ の表現を参照）。このため、ゼロであることのテストが面倒になる。

```
    0001  (+1)
 +  1110  (−1)
    ────
    1111  (−0)
```

図 6.8　1 の補数の演算で結果が $-0$ となる例

結果的に、符号と絶対値表示と 1 の補数表示はそれぞれ扱いにくい点があり、コンピュータの固定小数点表示としては、2 の補数が一番便利で使用されることが多い。このため、以降は 2 の補数を中心に見ていくことにしよう。

## ■ 2 の補数のシフトはどうやる

シフト演算とは、2 進表現されたデータを左右いずれかの方向に移動するものである。特に、2 の補数のような符号付きの数を対象として、左 1 ビットシフトすると表す数値が 2 倍になり、右 1 ビットシフトすると $\frac{1}{2}$ 倍となるようなシフトを**算術シフト**と呼ぶ。

図 6.9 に 2 の補数表示された 5 ビットの正負のデータに対する算術シフトの様子を示す。

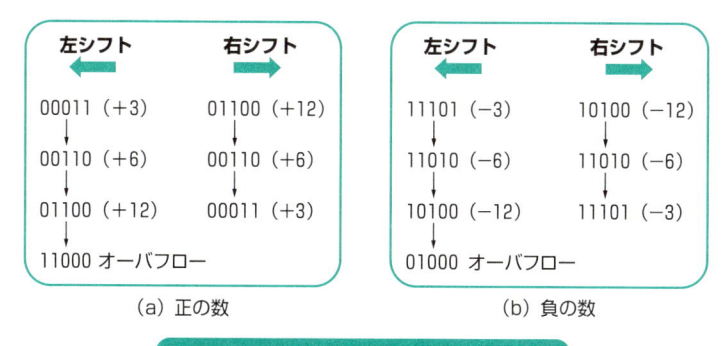

```
            左シフト      右シフト                    左シフト      右シフト
            ←            →                          ←            →
            00011 (+3)   01100 (+12)                 11101 (−3)   10100 (−12)
              ↓            ↓                           ↓            ↓
            00110 (+6)   00110 (+6)                  11010 (−6)   11010 (−6)
              ↓            ↓                           ↓            ↓
            01100 (+12)  00011 (+3)                  10100 (−12)  11101 (−3)
              ↓                                        ↓
            11000 オーバフロー                        01000 オーバフロー

                (a) 正の数                                 (b) 負の数
```

**算術シフトでは符号ビットの扱いに注意が必要**

**図 6.9　2 の補数表示における算術シフト**

図から、正負にかかわらず、n ビット左シフトをすると $2^n$ 倍になり、また、n ビット右シフトをすると $2^{-n}$ 倍になっていることがわかるだろう。

左シフトの場合は、符号ビットも関係なく 1 ビットずつシフトしていって、符号ビットが変化したらオーバフローとすればよい。

右シフトの場合は、符号ビットを拡張していく必要がある。特に負の数の右シフトのときに注意が必要である。

## ■ 固定小数点数の乗除算

乗除算は、加減算とシフトの組み合わせで実現することができる。

筆算でやる場合は、10 進数と同様に、図 6.10 のように乗数（+5）の最下位ビットから見てビットの値が 1 の場合に、被乗数（+7）を加算していけば最終的な総和が乗算結果となる。このやり方をそのままコンピュータの中に実現することもできるが、その場合、加算の位置が左に 1 ビットずつずれていくのが扱いにくい。

このためコンピュータの演算装置では、加算の桁の頭をそろえ、逆に加算の結果を 1 ビットずつ右シフトする方法が使用される。この様子が図 6.11 である。以下、図を見ながら確認してほしい。

図 6.10 と同じ 4 ビット長の乗算を行うものとする。まず、初期設定では、レジスタ R1 は 0 にし、乗数（図では 0101）をレジスタ R2 に、被乗数（図では 0111）を R3 に設定する。カウンタは、ビット長の 4 を初期値とする。

```
      0111    (+7)
  ×   0101    (+5)
      ────
      0111
     0000
    0111
   0000
   ─────────
   0100011    (+35)
```

図 6.10　筆算でやる 2 進数の乗算

| カウンタ | キャリ | R1 | R2 | R3 | |
|---|---|---|---|---|---|
| 4 | | 0000 | 0101 | 0111 | |
| | | 0000 | 0010 | 1 | R2を右シフト |
| | 0 | 0111 | 0010 | | R1にR3を加える |
| 3 | 0 | 0011 | 1001 | 0 | キャリ、R1、R2を右シフト |
| 2 | 0 | 0001 | 1100 | 1 | キャリ、R1、R2を右シフト |
| | 0 | 1000 | 1100 | | R1にR3を加える |
| 1 | 0 | 0100 | 0110 | 0 | キャリ、R1、R2を右シフト |
| 0 | 0 | 0010 | 0011 | | キャリ、R1、R2を右シフト |

乗数0101の最下位ビットから順次ここでテスト

シフトアウトした乗数のビット値が1ならR3にある被乗数を加えて、キャリ、R1、R2を右シフトする。0なら、単にキャリ、R1、R2を右シフトする

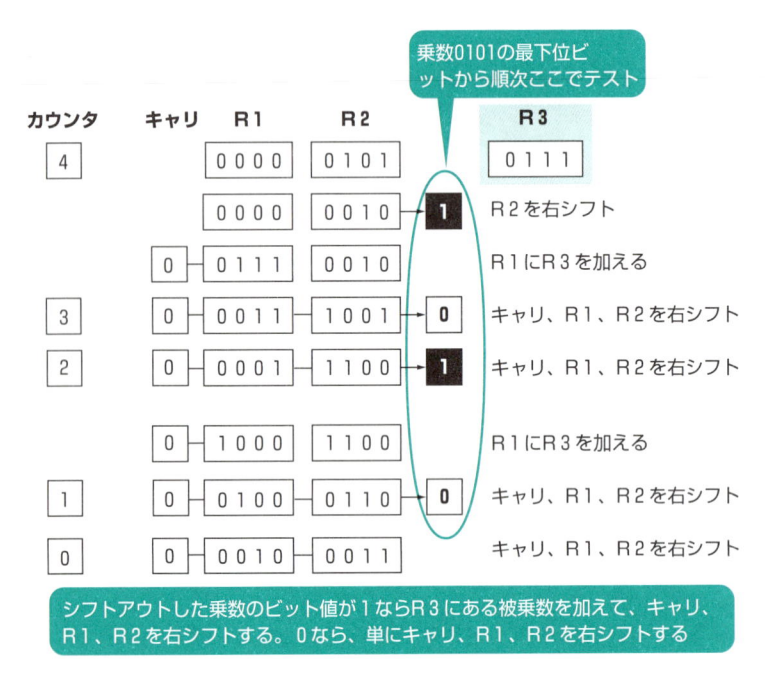

図 6.11　コンピュータの演算装置での 2 進数の乗算

　R2 を右シフトすると乗数の最下位ビットがレジスタからこぼれ落ちるので、その値が 0 なら何もしないで、キャリと R1 と R2 を連結してシフトする。もし、こぼれ落ちるビットが 1 なら、R3 にある被乗数を R1 に加えたのちキャリと R1 と R2 を連結して右シフトする。また、シフト後にカウンタの値を 1 減らす。この手順を 4 回繰り返して、カウンタの値が 0 になったところで終了すれば、R1 と R2 に積 $(00100011)_2 = (35)_{10}$ が得られる。

この演算の初期状態と最終結果を見比べると、R2 × R3 の結果が、2 つの連続するレジスタ R1 と R2 に残ることがわかる。コンピュータの機械命令が定義してあるマニュアルなどで固定小数点乗算命令の説明を見ると、このように 2 つのレジスタに結果が残るようになっているのは、こんな手順で乗算を行っているからだ。

　除算については、同様に、減算と左シフトの組み合わせで実現することができる。除算の場合には、乗算とは逆に、2 つのレジスタに倍長の被除数を置くと、商と剰余がそれぞれのレジスタに残る。

## 浮動小数点演算命令を実行する

　2 つの浮動小数点数 $A$ と $B$ がそれぞれ P.114 の図 5.23 に示す形式で表されているとする。

### ■ 浮動小数点数の加減算

　加減算の場合には、まず 2 つの数の指数を比較して、一致していなければ大きい方の指数にそろえなければならない。そろえるためには、先の式 $0.f \cdot 2^e = 0.0f \cdot 2^{e+1}$ を使用すればよい。つまり、指数部に加算した値だけ、仮数部を右シフトすることで調整できる。その上で、仮数部の加減算を行う。もし仮数部の最上位ビットに 0 があるとき、あるいは最上位ビットからの桁上げがあった場合は、先に説明した正規化（P.114）を行う必要がある。正規化の手順は次のようになる。
 (1) 仮数部の最上位ビットに 0 があるときには、1 になるまで左シフトして、シフトしたビット数を指数部から引いて調整する。
 (2) 仮数部の最上位ビットからの桁上げがあった場合には、1 ビット右シフトして、指数部に 1 を加える。

　例を示そう。いま、$12.5 + 5.25$ を計算してみる。筆算でやる場合は、**図 6.12** のように、10 進表現でも 2 進表現でも小数点の位置をそろえて計算してやればよい。

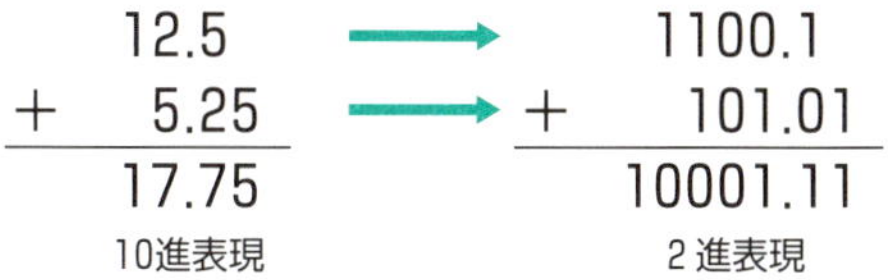

```
     12.5              1100.1
 +    5.25        +     101.01
     17.75             10001.11
    10進表現             2進表現
```

**図 6.12　筆算でやる浮動小数点数の加算**

12.5 と 5.25 を、図 5.24（P.115）で示した形式で、E = 5、F = 10 として表すと、**図 6.13 (a)** に示すようになる。たとえば、**12.5** の場合、指数部の値はバイアスを引くと 10100 − 10000 = 00100 となって、**10** 進では **4** である。これと仮数部の値 0.1100100000 とを組み合わせると、表現する値は、$0.1100100000 \times 2^4 = (1100.100000)_2 = (12.5)_{10}$ となってたしかに正しいことが確認できる。

指数部を比べると 10100 > 10011 なので、10100 にそろえることになり、5.25 の表現が **(b)** のようになる。これで指数部がそろったので、仮数同士の加算を **(c)** のように行う。ここで注意したいのは、この例に示すようにキャリアウトがあることで、これは上述した正規化の（2）にあたる。このため仮数部の先頭が **1** になるように正規化を行うには、**(d)** に示すように **1** ビット右シフトする必要がある。この際同時に指数部に **1** を加える。結果は、$0.1000111000 \times 2^5 = (10001.11000)_2 = (17.75)_{10}$ となる。当然ながら、筆算と同じ **17.75** となる。

**(a) 浮動小数点表現**

  0 10100 1100100000　(+12.5)
  0 10011 1010100000　(+5.25)

**(b) 指数を大きい方にそろえる**

  0 10100 0101010000　(+5.25)
  　　指数は+1　　仮数を1ビット右シフト

**(c) 仮数同士を加える**

  　　　1100100000
  　　　0101010000
  キャリアウト → 10001110000

**(d) 正規化を行う**（仮数を1ビット右シフト，指数+1）

  0 10101 1000111000

図 6.13　コンピュータでやる浮動小数点数の加算

以上の手順と、仮数部と指数部の長さが有限であることから、有効桁数に注意が必要である。たとえば**図 6.14 (a)** に示すような加算は有効桁数の点から意味がない。また、**(b)** に示すような近い値の減算は、結果の有効桁数を少なくする。

```
 1234.5          1234.5
+  0.12345      −1234.4
                    0.1
  (a)             (b)
```

(a)のように指数部の大きさが大きく違うものを加算する場合、逆に（b）のように、近い値同士の減算を行う場合、いずれも結果の有効桁数に注意が必要。

図 6.14　有効桁数の注意

## ■ 浮動小数点数の乗除算

乗算であれば、仮数部の乗算と、指数部の加算を行い、仮数部の正規化を行って、指数部の調整を行えばよい。除算であれば、仮数部の乗算と指数部の減算を行い、同様に正規化を行えばよい。この際、注意する必要があるのは、指数部の加減算が、バイアス表示の加減算になることである。

図 6.13 と同じ値 +12.5 と +5.25 を使って乗算をする手順を図 6.15 に示した。正規化した (c) の表す値は $(0.1000001101)_2 \times 2^7 = (1000001.101)_2 = (65.625)_{10}$ となり、この場合は誤差のない結果を示している。

**(a) 仮数部を固定小数点数として乗算を行う**

```
    0.1100100000
  × 0.1010100000
    ─────────────
         11001
        11001
       11001
    ─────────────
    0.100000110100000
```
　　　　　　　　　　仮数部の固定小数点乗算の結果

**(c) 正規化を行う**

　　仮数部：0. 1000001101　00000
　　指数部：10111　（+7）

　　　　　　　　　　有行桁 10ビット
　　　　　　　　　　有行桁より下位のビット

仮数部の先頭は 1 なのですでに正規化した形になっている

**(b) 指数部をバイアス付き数として加算する**

```
     10100  （+4）
  +) 10011  （+3）
     ─────
     10111  （+7）
```

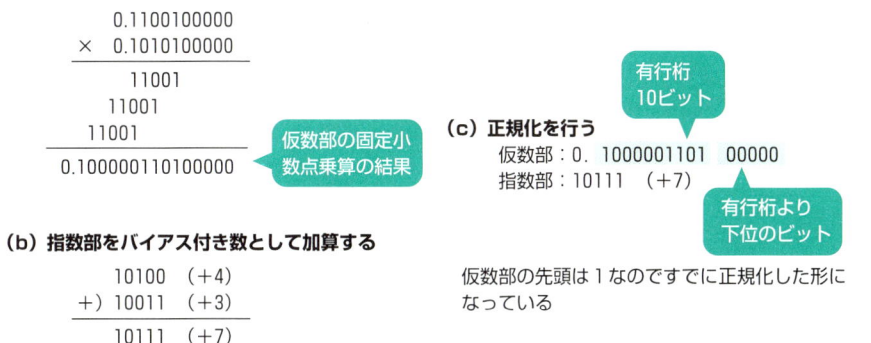

図 6.15　筆算でやる浮動小数点数の乗算

## ■ 固定小数点演算と浮動小数点演算の誤差についてひとこと

固定小数点演算と浮動小数点演算の違いは、ここまでの説明で理解してもらえたものと思うが、両者は誤差に関しても大きく異なる。

固定小数点演算には誤差はない。つまり、すべてのビットが一意的に決まる。これに対して、浮動小数点演算は、基本的に誤差があることを前提にしている。

このため、P.108 の図 5.16 でも示したように、浮動小数点数の 0.1 を 1000 回加えても誤差のため 100 にならない。が、0.1 を 10 倍して、整数の 1 として表現して 100 回固定小数点数として加算する、とやれば誤差は生じない。

## 分岐命令を実行する

実行順序を制御する無条件あるいは条件付きの分岐命令については、ASC の例で十分であろう。

ところで、ASC にはないが重要な分岐命令として、**サブルーチンコール命令**がある。

サブルーチンに対する言葉はメインルーチンである。サブルーチンとは、メインルーチンの子分のようなもので、メインルーチンから呼ばれて決められた仕事をやり、仕事を終えるとメインルーチンに制御を戻す。メインルーチンは仕事の結果を受け取って、続きの仕事をする。このような関係を図に表すと、**図 6.16** のようになる。

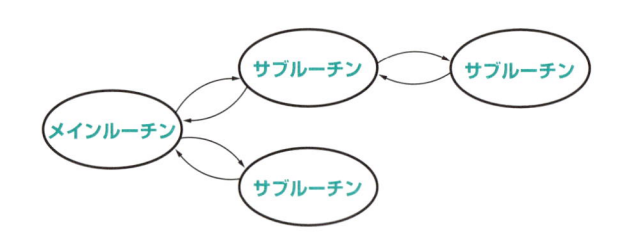

メインルーチンとサブルーチンとの関係は、発注元と下請けの関係に似ている。

**図 6.16 メインルーチンとサブルーチン**

このようなサブルーチンが使われる理由を以下に整理してみた。
- 1 つのプログラム中で同じ仕事を複数回するような場合、同じプログラムを何回も書かなくても、必要なところでサブルーチンを呼んで共用するようにできる。この結果、プログラム全体のサイズも小さくすることができる (**図 6.17**)。
- サイズの小さなメインルーチン、サブルーチン単位で、書いたり、検証したりできるので、プログラムの作成、検証がやりやすくなる。

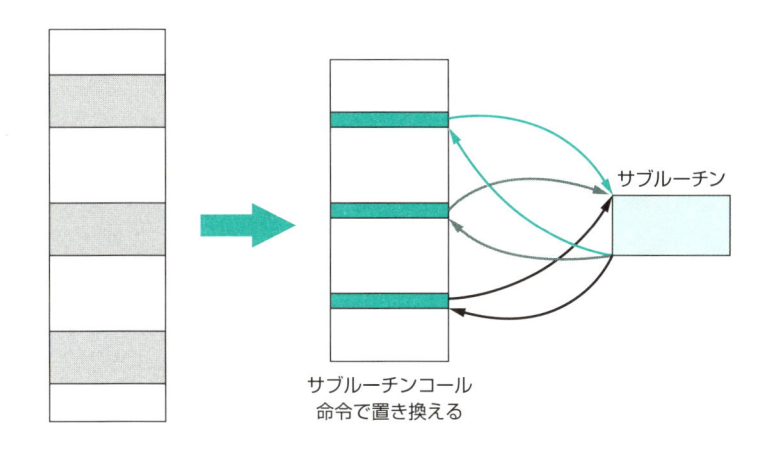

（a）同一の仕事を何箇所かで行う　　　（b）サブルーチンとして外に出す

**図 6.17　サブルーチン化することの意味**

- すでにある検証済みのサブルーチンを活用することができる

このような関係を実現するためのサブルーチンコール命令の実行の様子を**図 6.18**に示す。

まず、制御を戻すためには、何らかの方法で戻りアドレスを保存してからサブルーチンの実行に移る必要がある。戻りアドレスの保存の方法にはいろいろあるが、こ

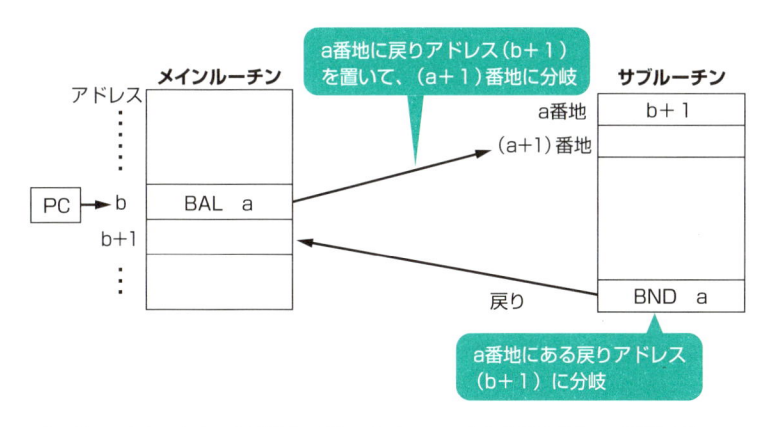

プログラムカウンタ（PC）が指すb番地にあるBAL命令を実行すると、a番地に戻りアドレス（b+1）を置いて（a+1）番地に分岐する。戻るときは、a番地にある戻りアドレス（b+1）をPCに設定して戻る。

**図 6.18　サブルーチンコール命令の意味と使い方**

機械命令を実行する　133

こでは、サブルーチンの先頭 a 番地を戻りアドレスの保存領域として使う方法を紹介する。

まずサブルーチンへの分岐命令である BAL a 命令[注2]が b 番地にあるとして、これを実行すると a 番地に戻りアドレス b+1 を保存した上で、a+1 番地に分岐する。

a 番地からのサブルーチンでは、内部処理を行った後に、保存したアドレスを使ってサブルーチンから戻る。具体的には、a 番地の内容を使った間接分岐命令 BND a をもちいることにより、a 番地にある戻りアドレスを PC に設定してメインルーチンの b+1 番地に戻る。

分岐命令の次にある命令のアドレスを保存するには、ここに紹介したように分岐先サブルーチンの先頭アドレスを保存領域とする方法以外に、BAL 命令でレジスタを指定してそこに保存する方法や、メモリ上にアドレススタックを形成する方法などがある。

## その他の命令の実行

ここまで説明した演算命令、あるいは分岐命令以外の命令についても簡単に説明しておく。

### ■ 入出力命令を実行する

入出力命令の実行方法としては、以下の 2 つがある。
- CPU が入出力命令を使って直接制御する
- 入出力の制御を CPU 以外の装置に任せることとし、CPU からはどのような入出力を行いたいのかの情報を伝える間接制御

### ■ システム制御命令を実行する

システム制御命令を実行すると、ユーザのプログラムからシステムに制御が移り、ユーザプログラムの要求する処理をシステムが代わりに行うことになる。一般のユーザには許されないような処理は、このようにシステムが代理人になって実行する。

入出力命令、システム制御命令ともに、その実行については次の第 7 章に述べるオペレーティングシステムが関わる。

---

[注2] ここで定義した BAL 命令は、 Branch-And-Link を意味する。

# 重要な命令とその実行について：まとめ

本章では、ASC にない命令や、その実行について説明した。これらは、通常のコンピュータには備えられているが、ASC では簡略化のために省いたものである。

(1) 固定小数点演算

ASC にないシフト演算や、加減算とシフトを組み合わせた乗除算の実現

(2) 浮動小数点演算

ASC にはまったくない浮動小数点形式データに対する四則演算命令

(3) 分岐

ASC にはないサブルーチンへの分岐とサブルーチンからの戻りのための命令

(4) 入出力・システム制御

オペレーティングシステムが関わる命令

# 第2部

## ソフトウェアの階段を上る

第7章　機械命令の実行を制御する
第8章　アセンブリ言語でプログラムを作成し実行する
第9章　高水準言語でプログラムを作成する
第10章　アルゴリズムを考える

# 第7章 機械命令の実行を制御する
―機械命令レベルより上の世界へ―

第1部では、ハードウェアの話から、ソフトウェアとハードウェアのインターフェイスとなる機械語の定義までを扱った。コンピュータがその核心部分でどのような原理で動作しているのかを見てきたわけである。その原理を実現しているのは、**命令サイクル**と呼ぶ、命令の読み出し→解釈→実行の繰り返しである。では、コンピュータは、この命令サイクルをひたすら回るだけで、いろいろな処理をこなしているのだろうか？　答えはノーである。コンピュータを効率よく使うためには、機械命令レベルのインターフェイスの上に、さらに機械命令の実行を**制御**するしくみが必要だ。本章では、このことについて説明する。

## トピックス / Topics
- 割り込みはなぜ必要か？
- 割り込み処理の機構
- 複数のプログラムを同時に走らせる
- ハードウェアを包むオペレーティングシステム
- 仮想化とは？
- システムの振舞いを舞台裏から見る

## 割り込みとは何か？　なぜ必要か？

第1章 P.26（図 1.15）に示した、CPUと入出力装置（I/O）の関係を振り返ってみよう。

両者を人間関係に例えると、**図 7.1** のように見ることができる。ボス（CPU）が子分（I/O）に仕事を頼んだ状況を考える。通常 I/O の結果は、すぐには返ってこないし、いつ返ってくるかもわからない。このため、ボスは、終わったかどうかを何度も聞く必要がある。このため、「終わったことを確認する」ことがボスの仕事となり、せっかく子分に仕事を頼んでおきながら、有効な仕事ができないことになる。これに対して、もし割り込み機能があれば、仕事を頼んだボスは、すぐに他の仕事に切り替えることができる。子分は頼まれた I/O の仕事を完了した時点で、ボスに

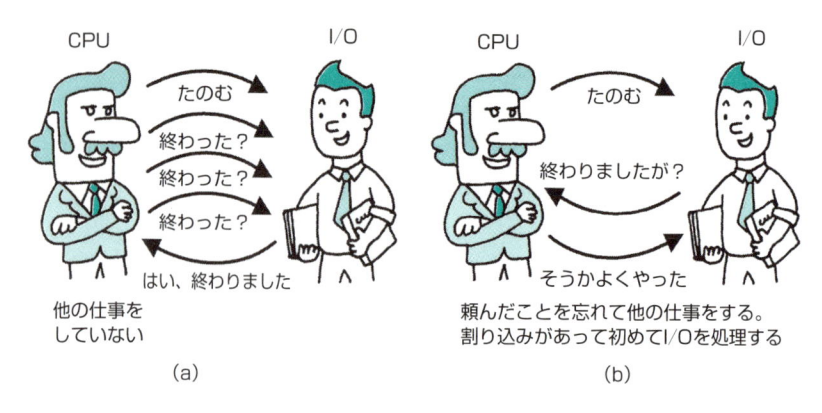

図 7.1　割り込みの概念

割り込みをかける。その時点ではじめてボスは、子分からの割り込みを処理する。

　このように仕事を切り替えることを考えるために、あるプログラムが CPU 上で走っている状態を**プロセス**と名付ける。そして、仕事を切り替えることを**プロセススイッチ**と呼ぶ。

　図 7.2 では、ボスが CPU、子分が I/O 装置とみなしてある。最初 CPU 上ではプロセス A が実行されているとする。もし割り込み機構がないと、(a)のようにプロセス A は、入出力がいつ完了するかをひたすら監視しながら待つ必要がある。このような状況を、**ビジーウェイティング**（busy waiting）と呼ぶ。これは言い換えると、せっかく人に仕事を頼んでおきながら、待つことが仕事になる、というばかげた状況だ。しかし、割り込み機構があれば、これを防ぐことができる。I/O を起動した後で、CPU 上で実行されるプログラムは、プロセス A からプロセス B に切り替わり（プロセススイッチ）、頼んだ仕事とは無関係の仕事に専念することができる。そして I/O が終了した時点で、I/O からの割り込みによって、頼んでいた仕事が終了したことを知ることになる。

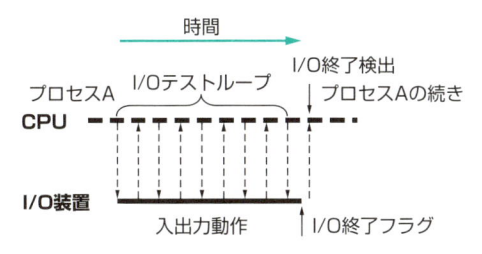

```
          時間
プロセスA  I/Oテストループ  I/O終了検出
CPU ─┬┬┬┬┬┬┬┬┬┬─ プロセスAの続き
     ↓↑↓↑↓↑↓↑↓↑
I/O装置 ───────────
         入出力動作   I/O終了フラグ
```

割り込み機構がないと、CPUがI/Oテストループをまわりながら I/O動作の終了をチェックする必要がある

**（a）無限ループによるチェック（ビジーウェイト）**

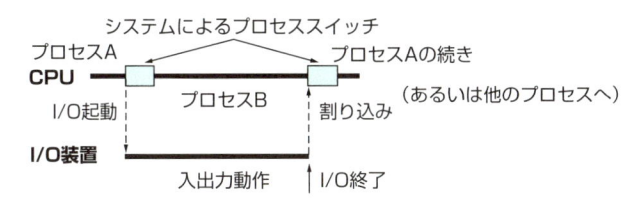

```
          システムによるプロセススイッチ
プロセスA  ╲      ╱  プロセスAの続き
CPU ──□──────────□── （あるいは他のプロセスへ）
    I/O起動  プロセスB  割り込み
I/O装置 ──────────────
         入出力動作  I/O終了
```

割り込み機構があると、割り込みがあるまで他の仕事をすることができる

**（b）割り込み**

**図 7.2　CPU と I/O の関係**

## 割り込み処理のしくみ

　割り込みがなければ、コンピュータは命令サイクルをひたすら回り続けるわけだが、割り込みはこの命令サイクルを中断する。これを実現するにはそれなりの機構が必要である。CPU 上で行われる割り込み処理の様子は、**図 7.3** のような感じだ。

　CPU であるプログラムを実行しているときに割り込みが発生すると、制御は右側の割り込み処理ルーチンに移る。割り込み処理ルーチンでは、割り込まれたプログラムの実行を再開できるように、やりかけの仕事をいったん退避した上で、割り込みの原因に応じた処理を行う。そして、処理が終わった時点で、退避していたやりかけの仕事を復帰して元の処理に戻る。この結果、割り込まれたプログラムは、何事もなかったかのように処理を続けることができる。

　ここで割り込みの原因によっては、もとのプログラムに制御を戻しても正しく実行が継続できない場合もある。たとえば、電源等のハードウェアエラーによる割り込みとか、アクセスを許されていないメモリ領域をアクセスした、未定義の操作コー

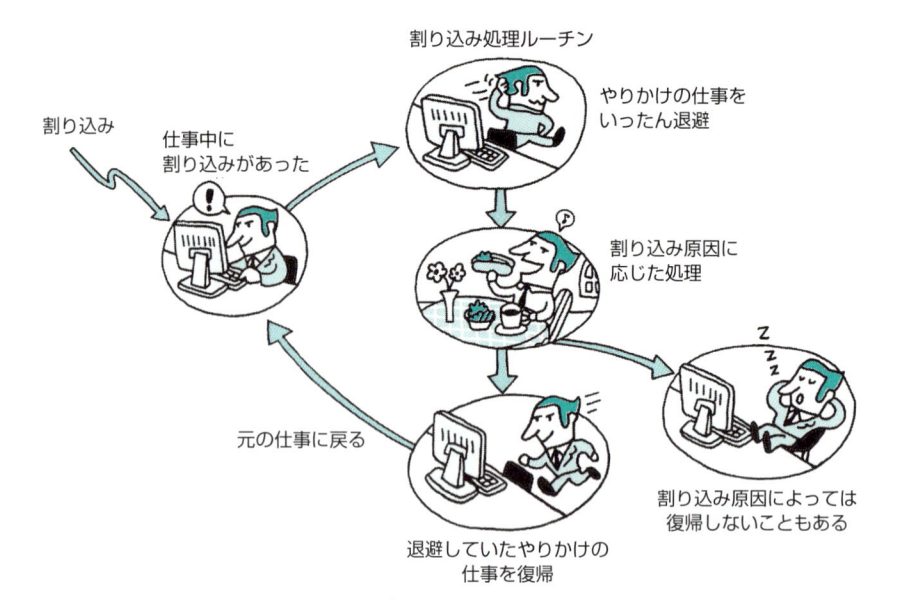

**図 7.3　割り込み処理の様子**

ドを持つ命令を実行しようとした、など明らかに実行を継続しても正しい結果が得られないような場合がそれにあたる。

また、システム側の判断で、割り込み処理をきっかけとして、他のプログラムに制御を渡す場合もある。

このような場合は、必ずしも元のプログラムに制御は戻らない。

## 複数のプログラムを同時に走らせる

あるプロセスを実行している命令サイクルは、割り込みによって中断され、他のプロセスに CPU が渡される。このような機構を実現するためには、あるプロセスから他のプロセスへと CPU を切り替えることを制御するプログラムが必要になる。これらは通常のユーザのプログラムより上位にあって、ユーザのプログラムの実行を制御するための特別な権限を持っており、制御プログラムあるいは**オペレーティングシステム（OS）**と呼ばれる。

初期のオペレーティングシステムの目的は、このように CPU と I/O を有効に活用することから出発した。図 7.2 では、プロセス A からプロセス B への切り替えの様子を示したが、一般には、もっと多くのプロセスを切り替えて活用できるよう

にする必要がある。これを**マルチプログラミング方式**と呼び、その実行の様子を、図 7.4 に示す。

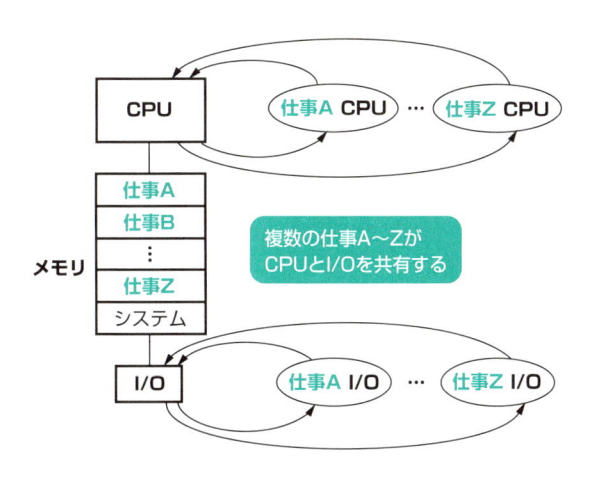

図 7.4　マルチプログラミングの概念

　それぞれの仕事は、CPU を使って仕事をする部分と、I/O を使って仕事をする部分を含んでいる。このため、複数の仕事の間で CPU と I/O の使用をうまく切り替えることで、できるだけ CPU と I/O を遊ばせずに仕事を進められるようにする必要がある。

　図からもわかるように、仕事 A…仕事 Z と、システムはそれぞれ固有の記憶領域を持つ。各仕事 A〜Z は、それぞれ許された領域しかアクセスできないようにして、仕事間の独立性を保つ。

## ハードウェアを包むオペレーティングシステム

　プログラムの実行を制御する立場からオペレーティングシステム（OS）の役割を述べてきた。ここで OS をもう少し高いレベルから見てみることにしよう。

　図 7.5 は、OS の位置付けを地層になぞらえて示している。つまり、OS は、ハードウェアの地層の上にじかに接するソフトウェアの層と言うことができる。OS の上には、さらに何層かになったシステム側のソフトウェアの階層（ミドルウェアと呼ばれる）があり、そしてその上にアプリケーションの階層がある。

　一般のユーザがコンピュータを使う際に、直接ハードウェアの層に触れることは

機械命令の実行を制御する　143

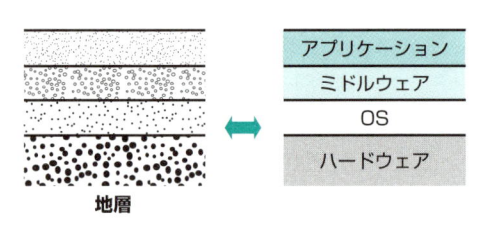

**図 7.5　OS とハードウェアの地層構造**

まずない。通常は、OS の層を通してハードウェアの機能を使用する。この方が、安全であり、使い勝手もよい。システムソフトウェアの製作者を除けば、一般ユーザは、むしろ OS の層さえ直接接することはない。

このようにハードウェアにオペレーティングシステムの層を重ねることにより、実際のハードウェアとは異なる姿を上位の層に提供することができる。つまり、OS を通して見えるコンピュータの姿は、実際のハードウェアの姿とは異なるのでこれを**仮想化**と呼ぶ。

次に、このような見方から仮想化の具体的な例を挙げてみよう。

## ■ マルチプログラミングは CPU の仮想化

先に説明したマルチプログラミング方式を使うと、物理的には 1 つしかない CPU をあたかも複数存在するかのように見せることができる。これは CPU を仮想化していることになる。図 7.4 に示したように、その数は制御のしかた次第で任意個数に増やすことができる。

## ■ 記憶装置の仮想化

いくらハードウェア技術が進歩しても、主記憶装置はある決まった容量しか持てない。もし、記憶の階層を活用し、二次記憶装置と組み合わせて、メモリシステムを実現できれば、非常に大容量のメモリが実現できる。

図 7.6 に示すように、もしアクセスされたアドレスが主記憶上にあれば主記憶から読んで CPU に返す（①）。もし、ないときは、割り込みが発生し、OS の管理のもとで二次記憶まで目的のデータやプログラムを取りに行って（②）、主記憶に持ってきた上で（③）、CPU に返す。

CPU 上で走るプログラムから見ると、二次記憶の容量に匹敵する大容量の記憶装置が仮想的に提供されることになる。これを**仮想記憶**と呼ぶ。

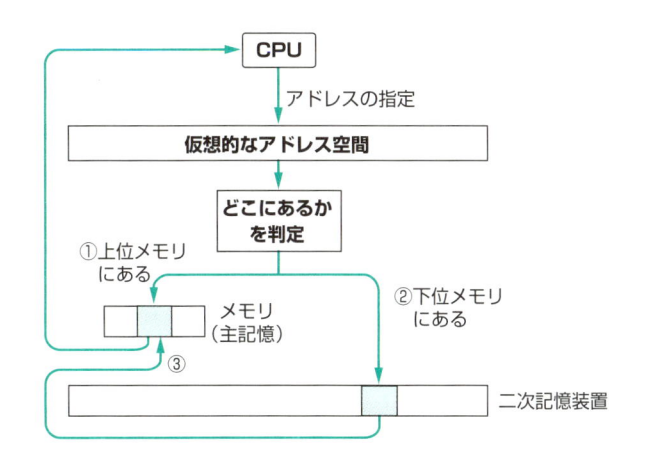

図 7.6　記憶装置の仮想化

## ■ 入出力装置の仮想化

入出力装置は各々が特有の機能を持っている。たとえば、キーボードやマウスからの入力、ディスプレイへの出力表示の例を考えても、それぞれの入出力機器のハードウェアとしての特徴がある。そこで、入出力機器を使いたい場合は、**図 7.7** に示すようにまず OS に処理を依頼する。この依頼をするのは先に説明したシステムコール命令による（P.99（5））。依頼された OS は、対応する処理を実行する。

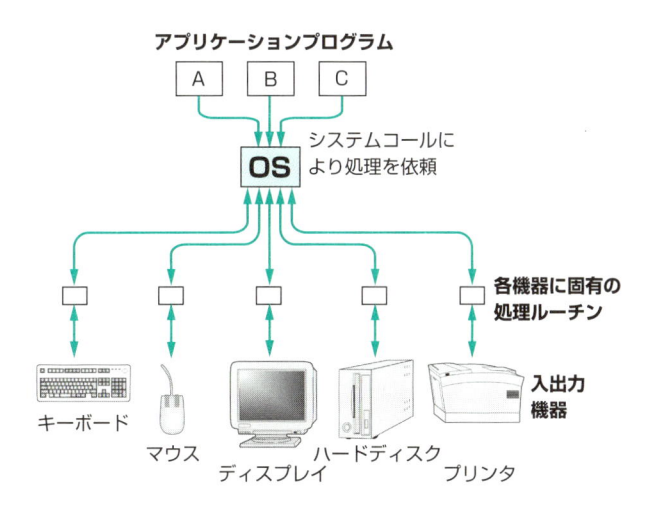

図 7.7　入出力装置の仮想化

機械命令の実行を制御する

こうして入出力装置を仮想化しているわけだが、では、実際にどのような利点が生まれるのだろう。

- アプリケーションがハードウェアの変更の影響を受けないメリットが挙げられる。もし、アプリケーションプログラムが直接入出力機器を制御することにすると、入出力機器が変わるたびにアプリケーションも書換えなければならない。
- アプリケーションごとに入出力制御プログラムを用意する必要がなくなる。入出力機器をどう使いたいかは、アプリケーションごとにあまり違いがないのに、いちいちプログラムを書かなければならないのは面倒だ。
- OS が一元的に管理するので、複数のアプリケーションプログラムから、入出力機器を共用しやすくなる。

## Column　　　　　　　　　　　　コーヒーブレイク...

### UNIX と Windows

　現在のオペレーティングシステム（OS）の世界は、UNIX と Windows の系列によって二分されている。

　**UNIX** の起源は、マサチューセッツ工科大学（MIT）の Multics という OS にまでさかのぼることができる。Multics そのものは多くのことをうまく実現しようとして失敗したが、その反省のもとに作られた UNIX にも、木構造のファイルシステム、ファイルと入出力装置の統合、シェルの概念など Multics の重要な技術は引き継がれている。

　UNIX は 1973 年にバージョン 5 が非営利機関に配布されて以来、改訂を重ねている。また、カリフォルニア大学バークレイ校のバークレイ版が並行して開発されたり、Linux の開発が行われたりして、UNIX は OS の世界で非常に大きな位置を占めている。

　一方、**Windows** は、1981 年に登場した IBM PC およびその互換機に搭載された MS-DOS が起源となっている。ネットワークサーバ用として新規に開発された WindowsNT 以降は、ハードウェアの違いを吸収するために、ハードウェアの上にハードウェア抽象化の層とマイクロカーネルの層を置き、それより上位の層はプロセッサ独立としている。

　使用者の立場で見たとき、目立った違いは、UNIX がコマンドラインからの入力を前提としているのに対し、Windows は **GUI** と呼ぶグラフィカルなユーザインターフェイスを用いていることであろう。また、システム開発の立場から見ると、UNIX からの 1 つの発展形である Linux はソースプログラムを公開していて他の人が手を加えることが可能なのに対し、Windows はマイクロソフト社の管理のもとにあって非公開なのも異なる。

## システムの振舞いを舞台裏から見る

　ここまでの話をもとに、普段何気なく外側から見ているコンピュータの舞台裏を見てみたい。

## ■【事象その 1】…最初に電源を入れてからログイン画面が現れるまで、コンピュータは何をやっている？

コンピュータを使うときに、なんでもっと早くログインの画面が現れないんだろう？　たしかにハードディスクの動作を表すランプは点滅しているし、たぶん何かをやっているのだろうけど、…という疑問を持つひとは多いだろう。

実は、最初に電源を入れたときには、主記憶の内容は空っぽである。これは、主記憶に使用するメモリが、電源を落とすと内容が消えてしまう **DRAM**（P.29）で構成されているためである。レジスタの内容もリセットした状態で、その内容は使えない。二次記憶にはプログラムがあるが、これを主記憶に持ってくるためのプログラムが主記憶上にない。

これを助けるために、**イニシャルプログラムローダ**（IPL）というプログラムを、電源が落ちても内容が消えない読み出し専用記憶（ROM）に記憶しておく。この IPL は、極めて小さなプログラムであり、その仕事は、「プログラムやデータを二次記憶から主記憶に持ってくるためのプログラムを、二次記憶から主記憶に持ってくる」ことである。この関係は、**図 7.8** に示すように大きなビルを建てるときに、まずクレーンを吊り上げるための小さなクレーンを上げ、これを使って大きなクレーンを吊り上げるのとよく似ている。

**図 7.8　クレーンでクレーンを吊り上げる**

二次記憶から主記憶に持ってくるプログラムを主記憶に持ってくることができれば、あとはこのプログラムを使って、順次必要なプログラムを主記憶に持ってこればよい。この環境は、ユーザによって異なるので、それぞれにカスタマイズされた環境を主記憶に持ってきた上で、マシンの状態をチェックし、ログイン画面を開く。

このようなしくみを**ブートストラップ**（あるいは単にブート）と呼ぶ。

### Column　　　　　　　　　　　　　　　　　　コーヒーブレイク...

#### ブートストラップ余談（その1）

　ブートストラップとは靴の後ろなどについている紐を指す。もともとは、自分で自分の靴紐を引っ張って空を飛ぶという荒唐無稽なホラ話から生まれた言葉で、何もないところからスタートして複雑なものを組み上げるという一見無理なことを可能とする様子と似ていることからこのような呼び方になったらしい。

　この一見無理そうなことを可能としているのが、図 7.8 の小さなクレーンで順次大きなクレーンを引き上げる技術だ。

　1970 年代のミニコンピュータでは、ブートストラップの起点となるイニシャルプログラムローダ（IPL）が ROM ではなく、書換えが可能な主記憶の 0 番地以降に置いてあったため、プログラムが暴走すると頻繁にその内容が書き換えられた。そのたびに使用者はコンソールのスイッチやボタンを操作して IPL を入力してやる必要があった。このため、いかに短い IPL を書くかが競われ、雑誌に投稿されたものだ。

　システムが落ちると、最初からブートをやり直すことになるのでこれはリブートと呼ばれる。

　それから、ブートストラップは、まったく別の意味にも使われる。それは、あるプログラミング言語 L の処理系を L を使って作成する、といった場合である。まだ存在しないものをアテにして作成してどうやって動作させるのか、というところがブートストラップと呼ばれるゆえんだろう。これをどう解決するかはブートストラップ余談（その2）で。

### ■【事象その2】…キーボードを押してからディスプレイに表示されるまで

　キーボードを押すと画面に文字が出る。この文章もそうして書いている。このことから、なんとなく押したキーの情報がそのままディスプレイに表示されているように思いたくなるが、実際はそうではない。キーを押すと、まず押したキーに応じた 8 ビットの信号が、入出力装置としてのキーボードから送り出される。また、同時に、割り込み要求を CPU に送る。これは先に説明したように、入出力割り込みとして CPU に受け付けられ、キーボードからの入力ルーチンが入力データを受け取る。

　もし、この入力データをモニタに表示する場合は、CPU はモニタへの出力ルーチンを起動する。このルーチンは、モニタが、文字を受け付けて表示可能な状態かをモニタの状態レジスタを見て見極め、データを送る。このように、キーボードか

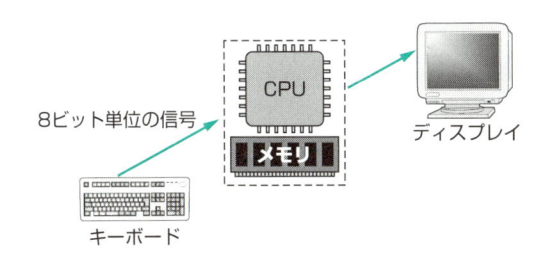

図 7.9　キーボード入力から表示されるまで

らの入力をそのまま表示すること（**図 7.9**）を**キーボードエコー**と呼ぶ。この方が、安全であり、使い勝手もよい。キーボードからの入力は、単なる文字入力ではなく、制御入力である場合もある。制御入力は、一般にコントロール（**Ctrl**）キーとの組み合わせや、エスケープ（**Esc**）キーに続く入力によって区別される。これらを受け取った場合は、**CPU** は各制御入力によって指定された動作を行う。

　さらに、場合によっては、かな入力から漢字変換が必要な場合もある。この場合は、かな漢字変換ソフトウェアが、かなを漢字に変換し、さらに漢字を表示するという仕事を行う。

## ■【事象その3】…ディスプレイ上にあいた複数の窓 ～マルチウィンドウ

　Windows などの OS で、ディスプレイ上に開いた複数の窓を**マルチウィンドウ**と呼ぶ。いろいろな処理を同時並行的に進める上で非常に便利なものである。

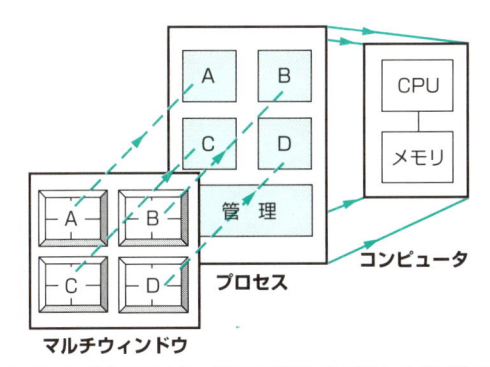

新しいウィンドウを開くと、それに対応したプロセスが起動される

図 7.10　マルチウィンドウの実現

このマルチウィンドウは、内部ではどのようなしくみによって実現されているのだろうか？　まず、**図**7.10 に示したように、それぞれのウィンドウにはそれに応じたプロセスがある。画面上である処理に対するウィンドウを操作すると、対応するプロセスが呼び出され、操作に応じた処理をする。新たなウィンドウを開くと、そのウィンドウに対応したプロセスが起動される。これらのプロセスおよび管理プロセスは、先に説明したマルチプログラミング方式により、**CPU** や **I/O** を共用しつつお互いに独立に処理を進めている。

# 第8章 アセンブリ言語でプログラムを作成し実行する
―機械命令を書きやすくするための言語―

コンピュータは機械語で動作する。しかし、機械語でプログラムを作るのは大変だ。このため、まずアセンブリ言語というプログラミング言語が考えられた。アセンブリ言語は、基本的に機械命令と1対1に対応するので、機械語と同等にコンピュータの能力を引き出すことができる。

### トピックス　Topics
- なぜアセンブリ言語でプログラムを書くか？
- アセンブリ言語と機械語との関係
- アセンブリ言語から機械語へ変換する〜アセンブラ
- 複数のプログラムを結合する〜リンカ
- 再配置可能とは？
- 実行可能イメージを作成する〜ローダ

## なぜアセンブリ言語でプログラムを書くか

機械語とはどんなものか、ここで思い出してみよう。

図8.1に、第4章で設計したASCの機械語プログラム（→ P.78、図4.4）の先頭の命令を2進形式で示す。

この命令は、先頭の4ビットが0000なので、メモリからレジスタへのロード命令であることがわかる。また、下位12ビットの2進表記が4番地を表しており、ロードするメモリアドレスは4番地からである。

これらの2進表記は、コンピュータには都合がよい。つまり、ハードウェアでデコードして、意味を解釈するのに向いていることは、ここまで読み進んだ皆さんにはよくわかっていただけるものと思う。

しかし、このような2進表記は、人間向きではない。人間がこの命令の意味するところを理解するには、まず機械命令セットの定義を理解した上で、2進表現の意味するところを理解する必要がある。

第二に、メモリ上のアドレス指定もすべて2進（場合によっては8進や16進）形式で行う必要がある。当然、分岐先アドレスも2進で表記する必要があるし、レジ

### 機械語

コンピュータにはわかりやすいが人間にはわかりにくい

```
0000    0000    000000000100
アドレス  ロード命令  4番地からロード
```

### アセンブリ言語

```
START   LD    ONE
```

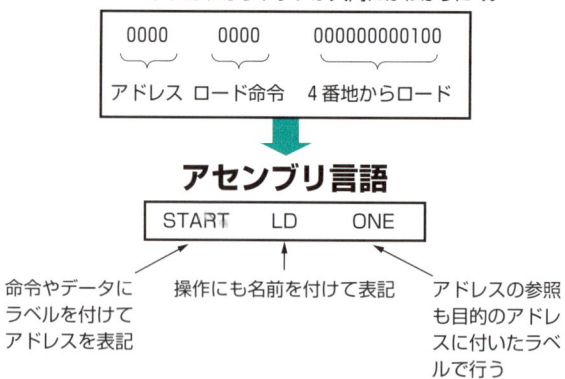

- 命令やデータにラベルを付けてアドレスを表記
- 操作にも名前を付けて表記
- アドレスの参照も目的のアドレスに付いたラベルで行う

**図 8.1　機械語とアセンブリ言語**

スタ修飾をしている場合は、レジスタの値と目的のアドレスとの差を計算して、変位分を決める必要がある。プログラムの途中に新たな命令を挿入すれば、それ以降の命令やデータのアドレスをすべて変更する必要がある。

これではあまりに大変なので、**アセンブリ言語**が考えられた。

そこで図 8.1 に、同じロード命令をアセンブリ言語で表記したものがある。命令には、ラベルをつけることができ、この命令を参照したい場合には、ラベルを使って参照することができる。操作にも名前を付ける。この場合は、ロードを意味する **LD** である。この置き換えを**ニーモニック**と呼ぶ。また、参照するオペランドもラベルを付けて参照することが可能となっている。もし、命令やデータの挿入や削除によってアドレスが変わっても、ラベルの名前は変わらないので、プログラムは変更する必要がない。

このようにアセンブリ言語で書かれたプログラムを、機械語に変換するプログラムを**アセンブラ**（assembler）と呼ぶ。

機械語と比べてアセンブリ言語で書く場合には、次のような利点がある。

(1) **操作コードやレジスタ番号がニーモニック表記できる** ･･･ どんな命令かとか、どんなレジスタを使っているのかがこれによってわかりやすくなる。

(2) **アドレスの表記が名前によって行える** ･･･ 分岐先アドレスや、データ・記憶領域のアドレスに、その意味を表すような名前を付けることができる。また、プログラムの途中に新しい命令やデータを挿入したり、削除したりすると、それ以降の命令やデータのアドレスが変わることになるが、記号で表現しておけば、何もする必要がない。

先の ASC の例で言えば、図 8.2 の (a) が機械語プログラム、(b) が対応するアセンブリ言語プログラムとなる。(a) のようなプログラムを作るのも大変であるが、後からこのプログラムが何をやっているのかを解釈するのもやっかいだ。

またこの例では使用していないが、必要ならさらにコメントを付けることも可能である。コメントには、そのプログラムの動作を説明する任意の文字列が置ける。アセンブリ言語であっても、何をしようとしているのかを他の人が読み取るのは大変なので、その場合には大きなヒントになる。たとえ自分が書いたプログラムであっても、やっていることはすぐに忘れるので、コメントはていねいに書いておいた方がよい。

```
アドレス  操作    アドレス                      TITLE  ADD
          コード                                ORG    0
0000     0000    000000000100        START    LD     ONE
0001     0010    000000000101                 ADD    TWO
0010     0001    000000000110                 ST     KEKKA
0011     1111    000000000000                 HLT

0100     0000000000000001             ONE     DC     1
0101     0000000000000010             TWO     DC     2
0110     0000000000000000             KEKKA   DS     1
                                              END
```

(a) 機械語　　　　　　　　　(b) アセンブリ言語

図 8.2　ASC の機械語とアセンブリ言語プログラム

## 擬似命令とは

図 8.2 の (a) と (b) を比べると、LD、ADD、ST、HLT といった機械命令と直接対応するニーモニックと、対応しない DC とか DS といった表記があることに気付くだろう。後者の直接機械命令と対応しないニーモニックを**擬似命令**と呼ぶ。

擬似命令の表記もコンピュータごとに異なるが、ここではたとえば、DC はデファイン・コンスタント（**Define Constant**）の意味で、定数値（数字、文字列）を定義する。定数には、名前を付けることができるが必ずしも付けなくてもよい。DS は、デファイン・ストレッジ（**Define Storage**）の意味で、指定された大きさの記憶領域を確保する。

この他、プログラムのタイトルを示す TITLE や開始アドレスを指定する ORG（この場合は、0 番地）、終了を表す END などがどのようなアセンブリ言語にも共通して用いられる擬似命令である。

### Column

コーヒーブレイク…

#### コメントに何を書くか

コメントには任意の文字列を書けるが、ここに何を残すかは、後々プログラムを保守する上で非常に重要だ。一般的には、何をやっているかを書くのではなく、何をやりたいかを書いておくべきである。たとえば、図 8.2 のプログラムに対して、記憶領域 ONE からロードして、加算して…と、命令の動作を逐一解説しても意味はない。それよりは、このプログラムが全体として何をしたいのか、たとえば、1 と 2 を加算した結果を、KEKKA に残す、といったコメントの方が役に立つ。

## コンピュータごとのアセンブリ言語プログラムの違いは？

アセンブリ言語の定義には、コンピュータが違っても共通性のある部分と、各コンピュータの機械命令の定義を反映して機械依存になる部分とがある。

ラベルがあり、オペレーションコード部があって、その後にオペランド部が並ぶという形式は、基本的に共通である。

しかし、機械命令セットによって、たとえばオペレーションコードの種類と数が違い、また各命令で指定できるオペランド数やオペランドの指定法も違う。

## アセンブリ言語から機械語へどうやって変換する

アセンブラは基本的に、次の 2 段階の処理によって、アセンブリ言語プログラムを機械語プログラムに変換する。

第一段階では、最初の命令のアドレスからスタートして、命令と各データ、記憶領域のアドレスを順次確定する。各ラベルと、それに対応するアドレスとのペアを、記号表（シンボルテーブル）に格納する。

図 8.3 は命令とデータを 1 次元に並べるイメージである。また、図 8.4 に、記号表の例を示した。

第二段階において、このアドレスを参照しながら、ニーモニック表現を機械命令へと変換する。たとえば、図 8.3 の中のロード命令を例とすると、図 8.5 に示すように変換される。

このような 2 段階の方法を取るアセンブラを **2 パスアセンブラ**と呼ぶ。

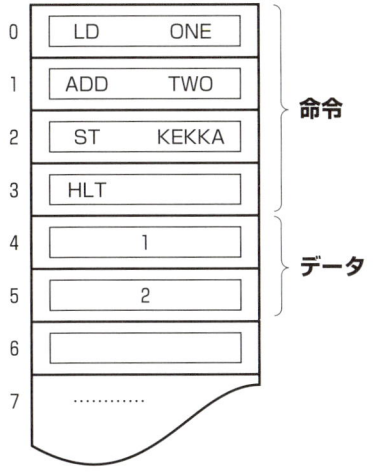

```
0  | LD    ONE   |
1  | ADD   TWO   |  命令
2  | ST    KEKKA |
3  | HLT         |
4  |     1       |  データ
5  |     2       |
6  |             |
7  | ………         |
```

命令とデータは一次元のメモリ上に並べられる

図 8.3　命令とデータを一次元に並べる

**記号表**

| 名札 | アドレス |
|---|---|
| START | 0000 |
| ONE | 0100 |
| TWO | 0101 |
| KEKKA | 0110 |

図 8.4　名札とアドレスを対応づける

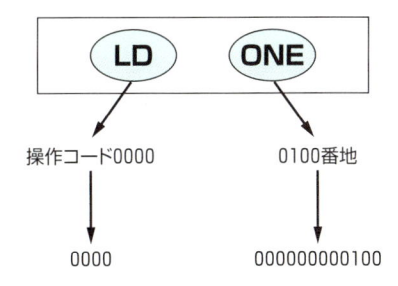

LD → 操作コード0000 → 0000

ONE → 0100番地 → 000000000100

図 8.5　LD ONE のアセンブル例

# 複数のプログラムを結合して実行する

　ある目的のためにプログラムを作るときに、全体として1つのプログラムで対応することは、実はあまりない。複数のプログラムを組み合わせて全体として1つのプログラムとすることが一般的である。

　この理由は、いろいろある。

　まず、第一に、複雑なシステムを作るときの常套手段として、できるだけ簡単なサブシステムに分解してそれぞれを作成し、組み合わせていく方法がよく用いられる。たとえば、航空機は世界各地に散らばった工場で部品ごとに作成し、これを一箇所に集めて組み立てる（図8.6）。それぞれの担当部署では、得意な部品を完成して引き渡すことに専念すればよい。

　このような作り方をするときに大切なのは、部品間の接合部分をあらかじめきっちりと決めておくことである。これは、プログラムを作るときもまったく同じで、いいかげんな約束で作ると組み合わせてもちゃんと動作しない。

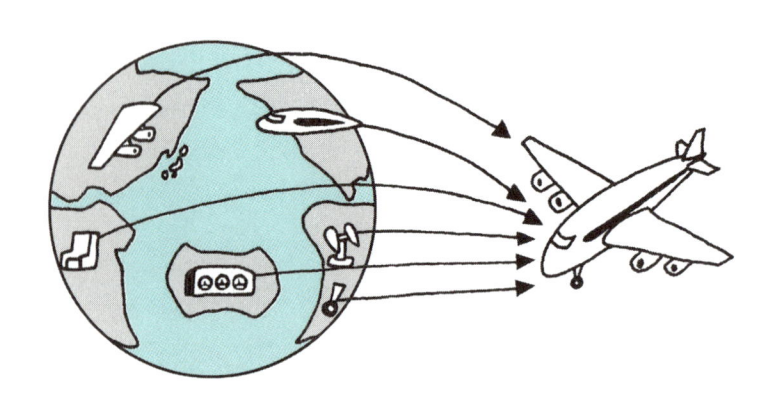

**図 8.6　世界に散らばった飛行機の製造プロセス**

　第二に、すでに出来上がったプログラムを活用するという場合がある。プログラム作りを経験してみるとわかるが、実はそのかなりの部分は、プログラムを設計して書くことよりも、プログラム中にひそむエラーを発見して、解消することに費やされる。プログラムにひそむエラーを好ましくない虫という意味で**バグ**と呼び、これを発見して取り除くことをバグ取り、あるいは**デバッグ**と呼ぶ。さらに、一通りデバッグを完了したつもりでも、実は入力データの組み合わせや使用法によって、プログラム作成者の想定外の振舞いをすることがある。このため、ソフトウェアの

品質を向上するために、ソフトウェアのテストや検証のための技術が重要となっている。

そういうわけで、すでに完成されたプログラムは非常に貴重な存在であり、このようなプログラムをうまく活用するために、必然的に複数のプログラムを組み合わせることになるのである。

プログラムを結合して作成するためには、次の 2 点を満たすことが必要になる。

### （1）機械語コードを任意の番地に配置できる

この条件を満たすコードを、**再配置可能コード**と呼ぶ（**図 8.7**）。再配置可能とするためには、命令語中のアドレス依存部分、あるいはデータとして定義されたアドレスなど、コードをロードするアドレスが変わると変更しないといけない部分を明確にしておく必要がある。P.153 の図 8.2 では、LD、ADD、ST 命令のオペランドアドレス指定部がこれに該当する。

もし、アドレス参照の多くが、ベースレジスタ（→ P.104、図 5.11）をもちいて行われていれば、その部分のコードの書き換えは不要となる。つまり、ロードするコードの先頭アドレスを実行時にベースレジスタに設定することで、以下のアドレス参照はベースレジスタの値に相対的になって、正しいアドレスとなる。

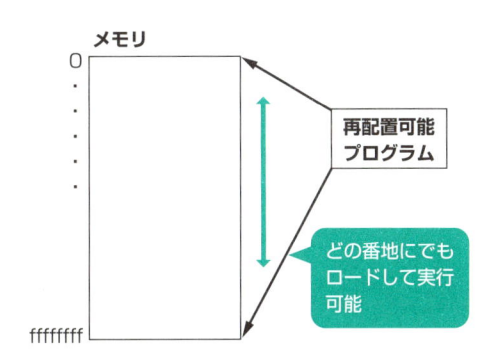

図 8.7　再配置可能コード

### （2）機械語コード間で相互に必要な参照ができる

この条件を満たすには、たとえば、あるプログラム A から別のプログラム B のアドレスを参照できるようにする必要がある。これは、A から B の命令へ分岐する場合も必要だし、A から B のデータを参照する場合も必要である。この場合、それぞれ別個に作成したプログラムなので、A のアセンブル時には、B のアドレスがまったくわからないことが問題になる。

これを解決するために、相互に参照する可能性のある記号を、機械語コードに付属する情報として付けておく。これは先ほどの擬似命令として付けてやればよい。図 8.8 では、3 つのプログラム A、B、C 間での相互参照関係を、他のプログラムへの参照を表す EXIT（出口の意味）と、他のプログラムからの参照を表す ENTRY（入口）の 2 つの擬似命令で表現している。

```
                              B 0 は外部から参照可能
                                    ↓
   ┌─────────────────┐         ┌─────────────────┐
   │    EXIT  B 0    │────────▶│   ENTRY  B 0    │
   │ A  ENTRY A 0    │         │   EXIT   C 0   B│
   └─────────────────┘         └─────────────────┘
            ▲                           ↑
            │                    外部のC 0 を参照
            │          ┌─────────────────┐
            └──────────│ EXIT A 0  ENTRY C 0 │
                       │        C        │
                       └─────────────────┘
```

モジュールA、B、Cの間の参照関係をEXITとENTRYで宣言する

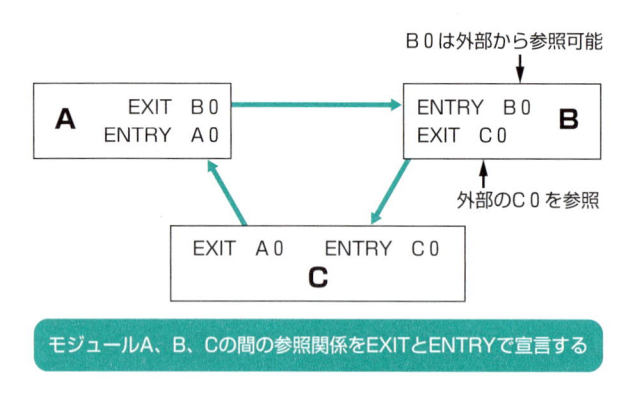

**図 8.8　外部参照関係**

A、B、C は、参照と被参照の立場を変えることにより、相互の参照関係を宣言することができる。これらのモジュールは、いわばお互いに手をつないだ状態にある。

以上のような、再配置と相互参照を可能とするため、アセンブラにはじまる処理系は、図 8.9 に示す構成で処理を行う。

```
┌─────────────────┐
│ アセンブリ・コード │
└────────┬────────┘
         ↓
   ⟨ アセンブラ ⟩
         ↓
┌─────────────────┐   ┌──────────────┐
│ オブジェクト・モジュール │   │ 再配置可能な    │
│ 再配置可能コード   │   │ オブジェクトモジュール │
│ 外部参照はそのまま │   └──────┬───────┘
└────────┬────────┘          │
         ↓←─────────────────┘
 ⟨ リンケージ・エディタ ⟩
         ↓
┌─────────────────┐
│ ロードモジュール   │
│ 再配置可能       │
│ 外部参照は解消    │
└────────┬────────┘
         ↓
     ⟨ ローダ ⟩
         ↓
┌─────────────────┐
│ 実行可能イメージ   │
│ アドレスの決まった │
│ 機械語コード      │
└────────┬────────┘
         ↓
     ⟨ 実　行 ⟩
```

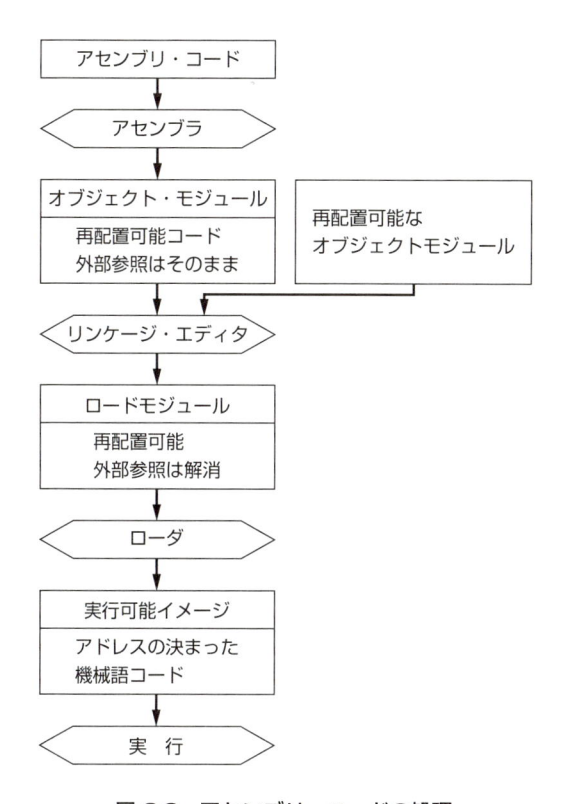

図 8.9　アセンブリ・コードの処理

## アセンブリ・コードから実行可能イメージの生成まで

アセンブラは、アセンブリ言語プログラム（アセンブリ・コード）を再配置可能な機械語コードに変換する。この機械語コードは、**オブジェクトモジュール**と呼ばれる。オブジェクトモジュールは、通常、相互に外部参照をしているが、この段階ではまだ外部参照部分は何も処理されない。

次の**リンケージエディタ**[注1] は、複数の再配置可能なオブジェクトモジュールを入力として、オブジェクトモジュール間で参照される側のアドレスをまず決定し、続いて参照する側の命令のアドレス指定部が参照される側のアドレスを正しく指すように決定する。

このため、まず結合したいオブジェクトモジュールが図 8.8 のように相互参照し

---

注1）リンケージエディタのリンケージ（linkage）とは、英語で「結合」を意味する。

ていると仮定して、これを図 8.10 に示すように並べる。

この先の手順は次のように進めればよい。

(1) 先頭にあるモジュール（ここでは A）の先頭アドレスを決め、これを起点としてすべての命令とデータのアドレスを決める。

(2) 各モジュールにおいて、ENTRY として他のモジュールから参照可能と宣言したラベルの付いた命令あるいはデータのアドレスが何番地になったかを調べる。たとえば、図 8.8 では、ENTRY A0、ENTRY B0、ENTRY C0 によってプログラム A、B、C 内のラベル A0、B0、C0 が他のモジュールから参照可能と宣言されているが、この A0、B0、C0 のアドレスが決まる。

(3) EXIT で参照している側では、自分のモジュール内で外部参照している部分すべてに対して、(2) で決まった番地を正しく参照するようにコードを設定する。図 8.8 の例では、プログラム A から B 中の B0 を、B から C 中の C0 を、C から A 中の A0 をそれぞれ参照しているので、参照している部分の命令あるいはデータを、決まった番地を指すようにする。

図 8.10 に示すリンケージエディタの出力は、**ロードモジュール**と呼ばれる。ロードモジュールでは、(1)〜(3) の手順によって、他のオブジェクトモジュールを参照している部分が参照先のアドレスを指すように変更されている。しかし、ロードモジュール全体は依然として再配置可能であり、何番地にでもロードすることができる。

**ローダ**は、ロードモジュールを入力とし、ロードするアドレスにしたがって、アドレスの決まった機械語コードを出力し、これをメモリにロードする。このメモリ

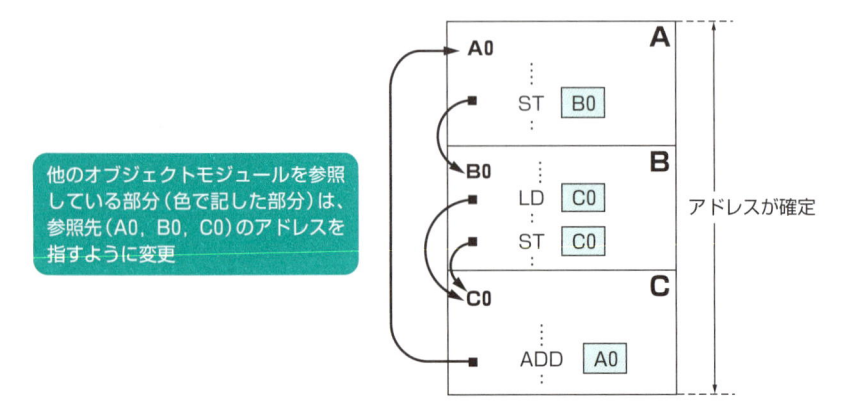

図 8.10　リンケージエディタによるロードモジュールの作成

にロードされたコードはそのまま実行可能であることから、**実行可能イメージ**と呼ばれる。主記憶にロードされた実行可能イメージは、文字通りそのまま**実行**することができる。

> **Column** コーヒーブレイク…
>
> ## 静的と動的
>
> 　実行前に行われる処理を**静的な処理**、実行時に行われる処理を**動的な処理**と呼ぶ。
> 　静的な処理に掛かる時間は実行時間に入らないため、じっくり時間を掛けて行うことが可能だ。
> 　一方、動的な処理は、実行時間に含まれるため、高速に行う必要がある。また高速に処理するためにハードウェア機構の助けを借りる必要がある場合もあり、その場合はハードウェアの複雑化につながる危険性がある。しかし、動的にしかわからない情報を使った処理が可能となる。
> 　プログラミング言語の処理において、何を静的に処理し、何を動的に処理するかは、重要な課題だ。

# 第9章 高水準言語でプログラムを作成する
## ―高水準言語を実現するしくみ―

機械語のプログラムを解釈するコンピュータに対し、我々は代わりにアセンブリ言語を使ってプログラムを作成する。アセンブリ言語は基本的に機械語と1対1に対応するものであり、その作成は依然としてそう簡単な仕事ではない。本章では、アセンブリ言語よりさらに高水準な言語によるプログラムの作成について説明する。

### トピックス　Topics
- なぜ高水準言語でプログラムを書くか？
- 高水準言語Cでプログラムを作って実行する
- コンパイラはどのような仕事をする
- 高水準言語の演算処理を機械語で実現する
- 実行順序を制御する文を機械語で実現する
- 関数を機械語で実現する
- もっと複雑なデータ構造を実現する〜配列やポインタ
- プログラミング言語の文法
- 高水準言語プログラムを作成してデバッグする

## なぜ高水準言語でプログラムを書くのか？

**高水準言語**とは、アセンブリ言語より、さらに高水準な言語であることを意味する。高水準であると何が良いのだろうか？　具体的な回答は、これから本章で説明する高水準言語の便利な機能を理解してもらうとして、ここでは大づかみな利点を説明しよう。

まず第一に、高水準言語で書く一文は、複数の機械命令によって実現される。どのようなプログラミング言語を用いても、一行のプログラムを書くのに掛かる手間はほとんど変わらないという経験則がある[注1]。つまり、アセンブリ言語で一生懸

---

[注1] もちろん例外はあり、APLといった一行に非常に多くのことが書けるような特殊なプログラミング言語も存在する。このような言語で一行のプログラムを書くのは極めて大変である。（演習問題 P.246、9-(2) 解答参照）

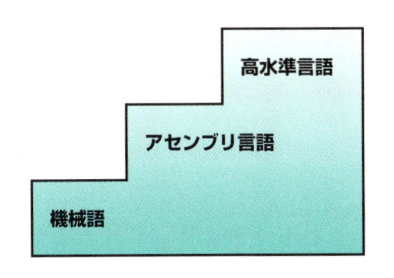

図 9.1　機械語からアセンブリ言語、高水準言語へと上る階段

命書いている間に、高水準言語をもちいれば同じ手間でその数倍のことを書けてしまう。

　また、第二の大きな利点は、アセンブリ言語のように、特定のコンピュータに依存しないことである。このため、作成したプログラムを任意のコンピュータ上で実行できる。ソフトウェアの有効利用という意味ではこれも欠かせない点である。

　では、アセンブリ言語の出番はないのか？　というとそんなことはない。アセンブリ言語は、実質機械語と同じであるから、コンピュータの隅々まで制御できる。だから、コンピュータの能力を極限まで引き出そうとすれば、時にはアセンブリ言語でプログラムを作成しないといけない場面も出てくる。

　これはコンピュータに限った話ではない。家電製品でも何でも、通常の使い方をしている限り、説明書などほとんど見ることもなく操作できる。これが高水準言語で使うことに相当する。しかし、もしひとたび通常とは違った使い方をしようと思えば、説明書を読み、機械の持つ機能を理解した上で、用意された詳細なメニューの中に立ち入って、普段使用しない機能を使わなければならない。それはアセンブリ言語でのプログラミングに似ている。

# Cのプログラム例

本章では、高水準プログラミング言語の例に C 言語を使用する。まず、簡単なプログラム例を示す。

◆ **プログラム 9–(1)** ・・・ a と b を加えて c に代入する

```
 1: #include <stdio.h>
 2:
 3: int main(void)
 4: {
 5:    int a, b, c;
 6:
 7:    a = 1;
 8:    b = 2;
 9:    c = a + b;
10:
11:    printf("c = %d\n", c);
12:
13:    return 0;
14: }
```

※注）説明のため、左端に行番号とコロン (:) を付けているが、これは本来のプログラムには必要ない。

● 1 行目

`#include <stdio.h>` は、とりあえず、プログラム中でプリントをするために `printf` を使う（11 行目）ためのおまじない程度に考えてほしい[注2]。

---

注2) 正確には、 `stdio` とは標準入出力（Standard I/O）を意味し、 `stdio.h` では標準入出力関数の宣言を行っている。`#include <stdio.h>` と書くと、この宣言の内容をこの行の位置に読み込む。プログラムの先頭に読み込まれることからヘッダファイルと呼ばれる。これによって、 `printf` などよく使用される関数はいちいち使用者が定義しなくてもよいようになっている。なお、関数については後で説明するが、ここでは先に説明したサブルーチンのようなものと理解しておいてほしい。

● 2 行目

空白行は、C では単に読み飛ばされるだけで意味はない。プログラムを見やすくするために、適当な区切りで入れておくものである。

● 3 行目

main が、このプログラムに付けた名前である。C では、必ず 1 つの main を定義しなければならず、プログラムの実行は必ず main からスタートすることになっている。

では、どこからそのスタート地点 main に飛んで来るのだろうか？ それはオペレーティングシステム（OS、P.142 参照）からである。main に続く () の中には、OS が main を起動する際に main に引き渡されるもの（引数と呼ばれる）が書かれるが、このプログラムでは引数を使用しないので、void（無効の意味）と書くか何も記入しないで main() とする。また、main の前にある int は整数を意味する integer の略で、OS に返す値が整数であることを意味する。

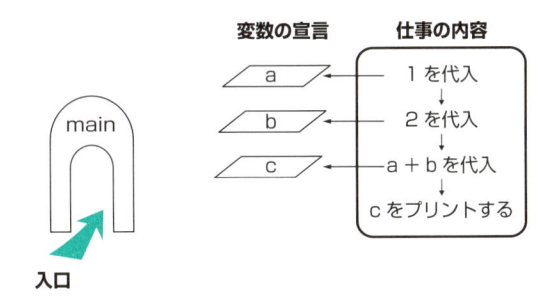

図 9.2 C プログラムへの入口

main に続く { から } までが、main というプログラムの中味だ。つまり、ゲートをくぐったあとの動作が、記述されている。

● 5 行目

```
int a, b, c;
```

main の中で使用する**変数**を宣言している。変数の宣言は、アセンブリ言語でいえば、記憶領域にそれぞれ a、b、c と名前を付けて確保したのと同じである。先頭に付けた int は、a、b、c が符号付き整数であることを意味する…つまり、a、b、c

には、整数しか格納できない。ここはアセンブリ言語とは大きく違う。アセンブリ言語では、それぞれの領域に a、b、c と名前を付けるだけで、そこに格納するデータは、整数、浮動小数点数、あるいはアドレスであっても何もお構いなしだからだ。

このような変数の種類分けを**型**と呼ぶ。多くの高水準言語では、変数は型をもち、その型に応じた取り扱いをしなければならない。

## ● 7 行目

        a = 1;

以降の行では、これを代入文と呼ぶ。a という変数に、値 1 を代入している。続いて、b に 2 を代入している。a、b ともに整数型であるので、1 や 2 の代入は問題ない。

## ● 9 行目

        c = a + b;

変数 a と b の内容を加えて、c に代入する。これも代入文ではあるが、右辺に加算が記述されている。a、b、c はすべて整数だから、この加算は、固定小数点加算でなければならない。

## ● 11 行目

        printf("c = %d\n", c);

計算結果が格納された変数 c を表示するための出力文である。どのようなプログラムでも、入出力は欠かせない機能であり、常に使われるので、あらかじめシステム側でそのような機能を持ったプログラムを**標準ライブラリ**[注3]として用意している。ここでは、printf と名付けられたそのような入出力のためのライブラリプログラムに、表示してもらいたい情報をカッコ () で包んで伝えることにより、実行を任せている。カッコ内の

        "c = %d\n", c

---

注3) 標準ライブラリは、図 8.9 (P.159) の再配置可能なオブジェクトモジュールとしてシステムが提供する。

は、c = に続いて、変数 c の値を十進数として（%d、d は十進を意味する英語 decimal から来ている）表示して、続いて改行する（\n）ことを指定している。

● 13 行目

```
return 0;
```

呼び出した OS に 0 という整数値を返すことを意味する。これによって、OS はプログラムが正常に終了したことを知る。

## C のプログラムを翻訳して実行する

　このプログラムを実行するには、コンピュータがわかる機械語に翻訳する必要がある。その際使用するのが、**コンパイラ**というソフトウェアである[注4)]。

　Windows 上で動作する**グラフィカルユーザインターフェイス**（GUI）を用いた統合開発環境によるプログラムの翻訳・実行の過程を見てみよう（**図 9.3**）。

　まず、統合開発環境の左上のウィンドウは、C プログラムを編集している画面である。コンパイラに入力するプログラムを**ソースプログラム**と呼ぶが、この場合、ソースプログラムのファイル名は、add.c としている。

　次に、ビルドの画面に移ると、ここでは、作成した C のプログラムをコンパイルしてリンクするまでの過程が表示されている。

　まずコンパイルによって add.obj と名付けられた**オブジェクトコード**が生成される。このオブジェクトコードと標準ライブラリとをリンクして 1 つのロードモジュールにまとめるのが、P.159 の図 8.9 でも説明したリンケージエディタである。

　この結果できるロードモジュールの名前が add.exe である。

　以上の説明からわかるように、プログラムは処理の過程で、add.c から add.obj、そして add.exe と名前を変えていく。'.' の右にある文字列は、そのファイルの性質を表しており、これを**拡張子**と呼ぶ。

　最後の画面は、このロードモジュールをロードして実行した結果として、

```
c = 3
```

を表示している[注5)]。

---

注4) コンパイラとは、和訳すれば、翻訳機といった呼び方になる。

**実際の統合開発環境**

【内部の処理過程】

ソースプログラム (add.c) ← ヘッダファイル (stdio.h)
↓
コンパイラ
↓
コンパイルしたオブジェクトモジュール (add.obj) ← 標準ライブラリ
↓
リンケージ・エディタ
↓
ロードモジュール (add.exe)
↓
ローダ
↓
実行

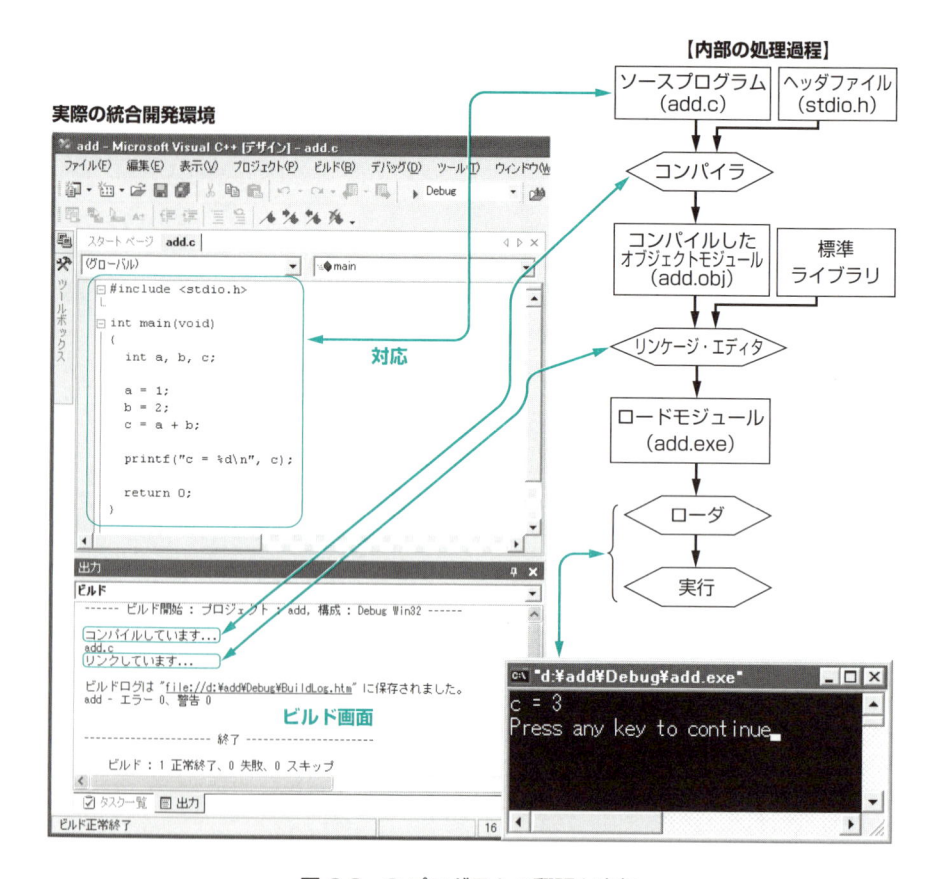

対応

ビルド画面

図 9.3　C プログラムの翻訳と実行

## コンパイラの仕事

次に、上記のプログラム例をコンパイルするときに、起動したコンパイラの仕事の中味を見てみよう。

---

注5）プログラムが作成者の意図した通りに動作しない、というときに、大きく 2 つの原因が考えられる。1 つは、プログラミング言語の要求する文法に従って記述されていない場合で、これはコンパイル時のエラーとなる。もう 1 つは、文法は正しいのだが、内容が正しくない、と言う場合で、これは実行時のエラーとなる。
　コンパイル時のエラーは、コンパイラの出力するエラーメッセージを手掛かりに解消できることが多いが、実行時のエラーはプログラムが複雑になるにしたがって解明するのが大変になる。

図9.4 にコンパイラの大づかみな流れを示す。高水準言語プログラムは、字句解析と構文・意味解析を行って、いったん中間言語形式に変換される。中間言語とは、高水準言語と機械語との中間にある言語を意味する。さらに、各中間言語から機械語コードが生成され、最適化される（P.171）。このような方式を**コンパイラ方式**と呼ぶ。この方式では、実行の際には第4章で ASC を用いて説明したように、ハードウェアが機械語コードを解釈・実行する。

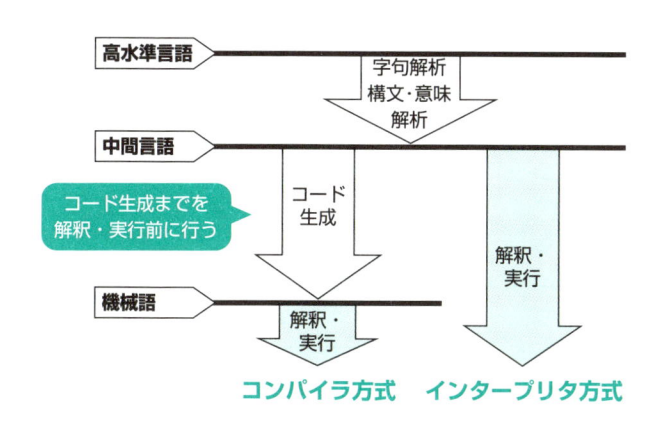

図 9.4　コンパイラ方式とインタープリタ方式

中間言語は、図の右側に示したように、そのまま解釈・実行することも可能であり、このような方式を**インタープリタ方式**と呼ぶ。図に示す通り、インタープリタ方式では、解釈・実行処理の割合が大きくなり、通常はソフトウェアとハードウェアを組み合わせて実現されることが多い。

インタープリタ方式では、実行時の処理が多くなって実行時間がかかるため、性能を重視する場合にはコンパイラ方式を使用する。

以下では、コンパイラ方式に限定して話を進める。

コンパイラ方式で、翻訳と実行をするまでの過程を示したのが、**図 9.5** である。

先の C プログラム中の文 c = a + b; に注目してみよう。まず、中間言語であるが、これは図にも示すように次のものが生成される。

　　　(+,a,b,T1)

　　　(=,T1,,c)

1行目は、a と b の内容を加えて一時変数 T1 に格納することを意味する。2行目は、この T1 を c に代入することを意味する。

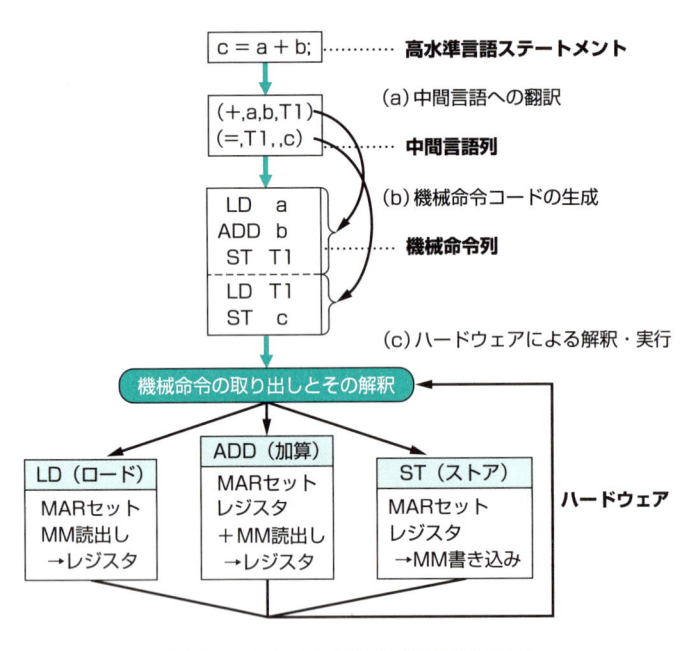

```
c = a + b;     ……… 高水準言語ステートメント
    ↓
(+,a,b,T1)     (a) 中間言語への翻訳
(=,T1,,c)      ……… 中間言語列
    ↓
LD   a
ADD  b         (b) 機械命令コードの生成
ST   T1        ……… 機械命令列
- - - - -
LD   T1
ST   c
    ↓          (c) ハードウェアによる解釈・実行

機械命令の取り出しとその解釈
   ↓      ↓      ↓
LD(ロード) ADD(加算) ST(ストア)
MARセット  MARセット  MARセット
MM読出し   レジスタ    レジスタ       ハードウェア
→レジスタ  +MM読出し  →MM書き込み
          →レジスタ
```

図 9.5 コンパイラによる翻訳と実行

　ここにくるまでに、コンパイラはまずプログラム中で使われている変数や演算記号といったいわば単語単位での処理を行う。これを**字句解析**と呼ぶ。さらに、さまざまな文に対して、それぞれ必要な処理を行う。上に述べたような演算式の解析もそうであり、このような文の構造を解析する仕事を**構文解析**と呼ぶ[注6]。

　さらに、各中間言語に対して機械語コードを生成する。ここでは、第4章のモデルコンピュータ ASC の機械語を使用することにすると、2つの中間言語コードに対して、次に示す5つの ASC 命令列が生成される[注7]。

---

注6) 簡単な英語の文を例に考えてみよう。

　　　This is a pen.

　我々がこの文の意味を正しく理解するには、まず This、is、a、pen といった1つ1つの単語を正しく認識することが必要である。これが字句解析に相当する。さらにまた、これらの単語の並びが正しくなくてはならない。もし表れる単語の並びが違っていて、is、this、a、pen であればこれは疑問文となる。これが構文解析に相当する。

注7) ここではわかりやすいようにアセンブリ言語で表記しているが、最終的にはアセンブラによって機械命令に変換されて実行される。

```
LD    a  ⎫
ADD   b  ⎬ (+, a, b, T1) に対する機械語
ST    T1 ⎭

LD    T1 ⎫
         ⎬ (=, T1,, c) に対する機械語
ST    c  ⎭
```

最初の3つの命令列と残りの2つの命令列がそれぞれ、図9.5のように2つの中間言語に対応している。この命令列の生成には、変数a、b、cがそれぞれ1語の整数（固定小数点数）であることを知っている必要がある。これを**意味解析**と呼ぶ。

このようにして、生成された機械語の命令は、ようやくハードウェアで解釈・実行される。これらの命令の実行にともなって、ASCのCPUとメモリとの間で行われる操作を、**図9.6**で順番に追ってみよう。

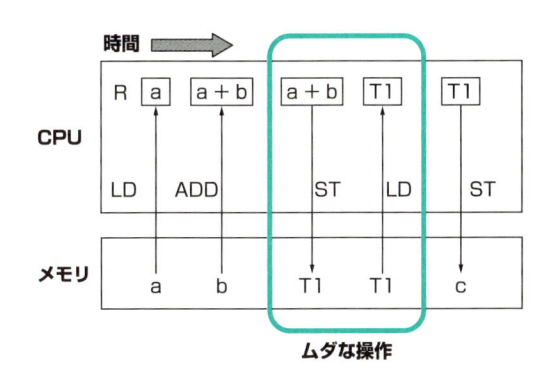

**図 9.6　ASCでの実行過程を追いかける**

この図から、3番目のST　T1と4番目のLD　T1はまったく無駄な仕事をしているのがわかる。いったんCPUからメモリに格納したT1という変数の値を直後で同じレジスタに読み出しているのである。そこでこのような無駄な操作を省く仕事もコンパイラの大切な仕事であり、**最適化**と呼ばれる[注8]。

なぜこのような無駄なコードを生成するのか？　という疑問をここで持つ人もいるのではないだろうか。この疑問には、式の処理を説明する際に答えることにしよう。

---

注8）「最適」という言葉は、数学の世界などでは、理論上これ以上良いものはない、という意味で使われるが、コンパイラの世界では、より性能の良いコードに変換することを最適化と呼ぶ。言い換えると、最適化後のコードでも、まだ最適化の可能性がある、ということを意味する。

> **Column**　　　　　　　　　　　　　　　　　　　　コーヒーブレイク…
>
> ### ブートストラップ余談（その2）
>
> 「ブートストラップ余談（その1）」（P.148）で、あるプログラミング言語Lの処理系を、Lそのものを使って作成することもブートストラップと呼ぶことを説明した。ここでこの一見無理なことをどうやって実現するかに触れておきたい。
>
> 実現法は1つではない。まず、他のコンピュータ上で動作するLのコンパイラがある場合には、このコンパイラの出力コードを目的のコンピュータ用に変更すればよい。このようなコンパイラを**クロスコンパイラ**と呼ぶ。
>
> また、Lの一部分の機能だけを使ってLのコンパイラを記述し、その「一部」に対応するコンパイラだけ実装する、という方法もある。この方法は、簡単なものを使ってより複雑なものを段階的に実現するという意味で、概念的にはブートストラップローダによく似ている。

次に、プログラムの構成要素を1つずつ取り上げて、それがコンパイラでどのように処理されるかを見てみたい。

## 変数には型がある

Cのプログラムでは、まずプログラム中で使用する変数や定数をプログラムの先頭で宣言する必要があることは先に説明した。この際、変数は型を持つが、基本的なデータ型として、次のようなものがある。

[機械語レベルで変換されるデータ種類]

| | | | | |
|---|---|---|---|---|
| `char` | 文字型 | ⇒ | 文字コード | （8ビット） |
| `int` | 整数型 | ⇒ | 2の補数表示 | （16ビット） |
| `float` | 単精度浮動小数点数型 | ⇒ | 浮動小数点形式 | （32ビット） |
| `double` | 倍精度浮動小数点数型 | ⇒ | 浮動小数点形式 | （64ビット） |

　　　　　　　　　　　　　　　　　　　　　　　　　　　　　　↑
　　　※カッコ内は16ビットを基本語長とするASCにおけるビット長を表す。

- 文字 … ASCIIの文字コードとして、図5.29（P.120）に示したように1文字8ビットで表現する。

- 整数型 … 実行するコンピュータの1語に変換することになっている。このため、1語16ビットのASCでは、16ビットの符号付きの固定小数点数に変換する。負の数の表現は、図5.19（P.110）に示した2の補数である。

- 浮動小数点形式 … C 言語の場合、図 5.25（P.116）に示した IEEE の浮動小数点形式に変換することになっている。 `float` と宣言された場合には、図 5.25(a) の 32 ビット形式に、 `double` と宣言された場合は、(b) の 64 ビット形式に変換される。このように変換することで、浮動小数点数は、機械語レベルではコンピュータに独立に共通の形式となり、このため丸めの扱い方を共通にすれば同じ演算結果が得られる。

宣言された変数の処理は、次のように行われる。

まず、変数の名前や型を、**記号表**と呼ぶテーブルに登録する（**図 9.7**）。C 言語においては、`main` の先頭で宣言された変数は、基本的にはそれが宣言された `main` の中でのみ使うことができ、これを変数の**スコープ**（scope）と呼ぶ。scope とは範囲とも言えるものだ。ここでは a、b、c が `main` の中で使用可能なことを表す。また、このような場合、a、b、c を `main` の**局所変数**と呼ぶ。

| 名前 | 型 | スコープ |
|---|---|---|
| a | int | main |
| b | int | main |
| c | int | main |

図 9.7　記号表

こうして、プログラムを実行するために、メモリには次のような領域が必要になる。
- ソースプログラムを翻訳した機械語コードを格納する領域

　　　　　　　　　　　　　　　　　　　（**テキスト・セグメント**）
- 機械語コードから参照される変数を格納する領域（**スタック・セグメント**）

## 演算処理を行う

実際の処理をする部分で演算処理を記述するのは、a+b のような演算式である。+ は加算を指定するが、算術演算には、これ以外にも次のような演算が用意されている。

[C で使用できる演算子]　　　　　[実現する機械命令]
+（加算） -（減算）　　　　⇒　固定小数点・浮動小数点加減算命令
*（乗算）　　　　　　　　　⇒　固定小数点・浮動小数点乗算命令
/（除算の商） %（除算の余り）⇒　固定小数点・浮動小数点除算命令

高水準言語でプログラムを作成する

この他、C には、大小関係を求める関係演算や、先に説明した論理演算なども用意されている。たとえば、論理演算には、論理否定（!）、論理積（&）、論理和（|）がある。

ここで、もう少し複雑な式を書いてみよう。次のプログラムは、a + b * c という式を含んでいる。このとき、この式に相当する部分は、どのように翻訳されるのだろうか？

◆ **プログラム 9-(2)** ・・・ a+b*c を計算して d に代入する

```
#include <stdio.h>

int main(void)
{
  int a, b, c, d;

  a = 3;
  b = 5;
  c = 7;
  d = a + b * c;

  printf("d = %d\n", d);

  return 0;
}
```

この式に対する中間言語は次のようになる。

   (*,b,c,T1)

   (+,a,T1,T2)

   (=,T2,,d)

つまり、式 a + b * c を左から見ると + が先に出てくるが、演算はその先にある * から先に行われる。この中間言語は、**図 9.8** に示す**木**による表現（次コラム参照）と本質的には変わらない。

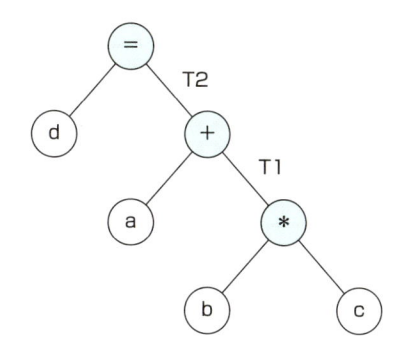

**d = a + b \* c の構文解析**

**図 9.8 木による代入文の中間言語表現（1）**

実行結果は、

    d = 38

として画面に表示される。もし、この式を、(a + b) \* c と書き換えると、対応する中間言語は次のようになる。

    (+,a,b,T1)
    (*,T1,c,T2)
    (=,T2,,d)

**図 9.9** は対応する木表現を示す。

この実行結果は、

    d = 56

となる。

さて、ここまでの話で、T1、T2 といった一時変数の役割がわかってもらえたのではないだろうか。図 9.8、9.9 からもわかるように、T1、T2 は木を表現するために枝分かれの部分にある節を表現するのに使われている。この結果、構文解析の規則を一律に適用すると、**プログラム 9–(1)** 中の c = a + b; の構文解析結果（P.169）に見られるように、一見無駄な一時変数 T1 が現われることになる。しかし、それも最適化によってすぐに解消されることは先の例で見たとおりである。

高水準言語でプログラムを作成する

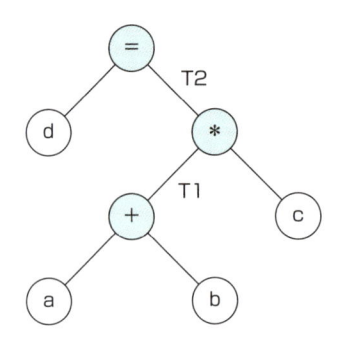

**d ＝（a ＋ b）＊ c の構文解析**

**図 9.9　木による代入文の中間言語表現（2）**

---

### Column　　　コーヒーブレイク…

#### 木表現

　コンピュータの世界では「木」構造が重要な役割を果たす。我々が普通に見る木と違い、コンピュータで扱う木は上下をひっくり返して、最上部にある節を木の根（ルート）と呼ぶ。末端の節は、葉（リーフ）と呼ぶ。

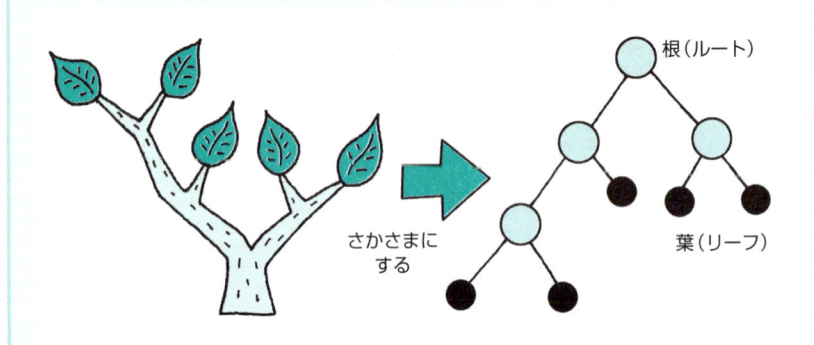

**図 9.10　木による表現**

# 式の構文解析をする

　中間言語を生成するためには、さまざまな方法が考案されている。ここでは、直感的にわかりやすい方法として、演算子の優先順位をもちいて式の構文解析と中間言語の生成を同時に行う方法を紹介する。

　簡単のため、式に含まれる演算子は * と + とに限定し、* と + が並んでいるときには * を先に計算するように、* により高い優先順位を与える。

　優先順位を考慮しながら、中間言語を生成するには、**スタック**が便利な道具として使える。今、図 9.11 (a) のような線路を考える。これは、貨物列車の入れ替え線のようなものであるが、先に説明したスタック（P.100）の表現を変えたものとなっている。線路の右から、式 a + b * c と式の終わりの記号「終」を乗せた貨物列車がやってくる。

　また、最初スタックの底には、「始」があり、これは「*」「+」の優先順位よりも低く設定されており、処理の最後に「終」との対応関係で終了の合図にもなる。

　解析処理の手順は次のようになる。

(1) 貨物列車のうち、変数 a、b、c が先頭に来ると、そのまま左方向に直進して、左側に行く。

(2) もし、演算子が貨物列車の先頭に来た場合は、スタックに積まれた演算子との優先順位の比較をして次のことを行う。

　(a) 列車の先頭の演算子の優先順位の方が、スタック先頭の演算子の優先

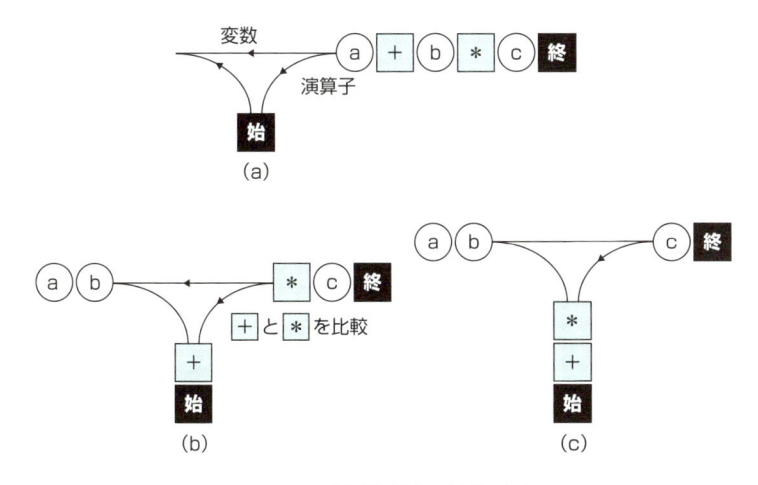

図 9.11　式を処理する線路（1）

順位より高い場合は、列車の先頭の演算子をスタックの上にプッシュする。
- (b) (a) の比較の結果、優先順位が同じか低いと判定された場合は、スタックの先頭の演算子をポップアップして、左側に送り、左側の変数とを組み合わせた中間言語を生成する。
- (c) 列車の最後にある「終」と、スタックの底にある「始」の比較が行われたときは、処理を終了とする。

では、処理を開始しよう。まず、変数 a が左に進み、続いて手順 (2)(a) に従って、「+」が「始」の上に積まれる。また、「+」に続く b が左側に送られる（図 9.11 (b)）。

次に、演算子「*」とスタック先頭の「+」との優先順位を比較するが、「*」の方が優先順位が高いので、手順 (2)(a) に従って「+」の上に「*」が積まれる（図 9.11 (c)）。

次の変数 c を左側に送った後、「*」と「終」の優先順位が比較される。「終」の優先順位が低いので、手順 (2)(b) に従って「*」演算子がスタックよりポップアップされ、左側の先頭にある変数 b と c との間の掛け算のための中間言語

(*, b, c, T1)

が出力される（図 9.12 (d)）。中間言語となった b、c と「*」が消えて、演算結果 T1 によって、置き換えられる（図 9.12 (e)）。

さらに、「+」と「終」の優先順位が比較され、「終」の方が低いので、再び手順 (2)(b) に従って、「+」がポップアップされ、変数 a と T1 の加算のための中間言語

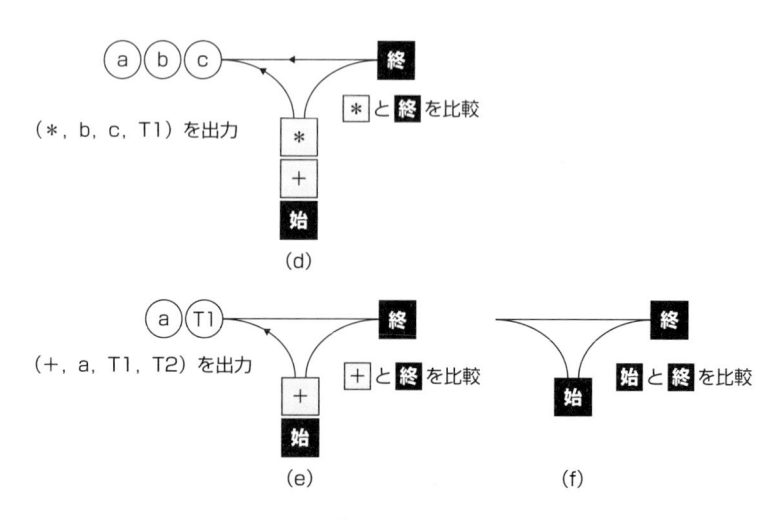

図 9.12　式を処理する線路（2）

```
(+,a,T1,T2)
```

が出力される。

最後に、「始」と「終」との組み合わせが残って、手順 (2)(c) から構文解析は終了する（図 9.12 (f)）。

ここで出力された 2 つの中間言語コードは、たしかに先の構文解析例（P.174）と一致している。

> ### Column　　　　　　　　　　　　　　　　　コーヒーブレイク...
>
> ### 構文解析の方法あれこれ
>
> 　ここで示した構文解析の方法は、演算子の優先順位とスタックを使用するもので**演算子順位文法**に基づいた構文解析の方法に分類される。実際の処理を見るとわかるように、レールに乗ってやってきた演算子の優先度が高いことがわかると、その時点で中間言語を生成している。これを解析木の上で見てみると、木の下位部分より、上位に向かって中間言語コードが生成されていることがわかる。たとえば、P.175 の図 9.8 で見ると b*c に対する中間言語が先に生成され、その結果と a との加算の中間言語が次に生成されている。
>
> 　演算子順位文法では、このように木の下から上に向かって構文解析が行われることになり、このような構文解析法を**上向き構文解析法**と呼ぶ。より一般化された上向き構文解析法では、解析表によって構文解析のやり方を規定することにより、式だけでなくプログラム言語の持つ文法全体を統一的に扱えるようにしている。これらのうちで、LR 構文解析法がよく知られている。また、このような方法に沿ってコンパイラを作成するためのツールとして yacc がある。
>
> 　上向きがあれば、当然下向きもある。**下向き構文解析法**では、読み込むものがどの規則に合致するかを先に仮定してから、実際に合致するかどうかを調べる方法を取る。このことを解析木で見ると、ちょうど上から下に向かって木を構成していく形になる。合致していればそのまま処理を進めるが、合致していないことが判明した場合には、仮定したときの状態まで処理を戻す必要がある（このように処理を戻してやり直すことを**バックトラック**と呼ぶ）。
>
> 　下向き構文解析法では、文法規則の定義がそのまま構文解析プログラムの構成に直結するので、解析プログラムが作りやすく、またわかりやすくなる。しかし、読み込むものを仮定できるようにするために、文法に制限を加える必要が生じ、このため上向き構文解析法より適用範囲は狭くなる。このような文法に合致するプログラミング言語として Pascal がある。

# 実行順序を制御する

## ■ 流れ図の見方

Cには、プログラムの実行順序を制御する文もいくつか用意されている。これらの中から主要なものを選んで紹介するが、その前にこれ以降で使用する流れ図の表現を決めておこう。

流れ図の構成要素を図9.13に示す。流れ図には必ず1つの入口と1つの出口が必要である。これを必要なら「はじめ」と「おわり」として明示的に示すが、特に必要のないときは単に1本の線が上から入り、1本の線が下から出ていく。

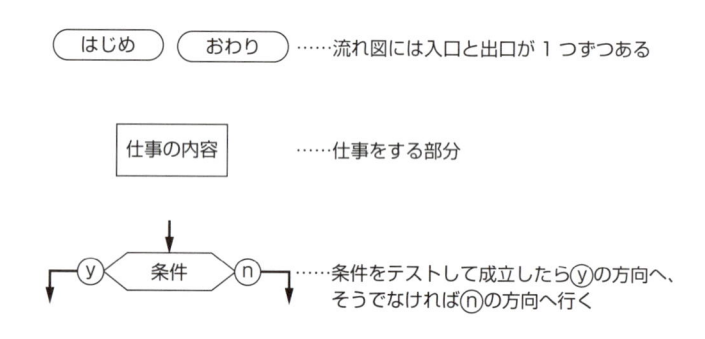

```
( はじめ )   ( おわり )   ……流れ図には入口と出口が1つずつある

  ┌─────────┐
  │ 仕事の内容 │   ……仕事をする部分
  └─────────┘

       ↓
  ─<y>─◇ 条件 ◇─<n>─   ……条件をテストして成立したら⑨の方向へ、
                         そうでなければ⑪の方向へ行く
```

**図 9.13 流れ図の構成要素**

四角の箱の中には、仕事の内容を書く。箱の中に書かれた仕事は上から順番に最後まで実行される。

テスト条件を指定した場合には、テストの結果の成立と不成立によって分岐する。

流れ図の構成要素はこれだけである。

## ■ Cの主要な制御文とその流れ図による表現

Cにはいろいろな順序制御のための機能が用意されているが、ここでは代表的な制御文として、**if文**、**for文**、**while文**を選び、それぞれの構文と、流れ図による意味の表現を図9.14、図9.15、図9.16に示す。

もし、<文>、<文1>、<文2> に相当するところに複数の文を書きたいときには、それらの文を{と}で包んでひとまとまりのブロックとしてやればよい。

さてこれでCの制御文の準備が整ったので、これらの制御文が機械語においてどのように実現されるかという、本書にとってもっとも肝心な部分を考えよう。このため、代表的なものとして、if文とfor文を取り上げて紹介する。

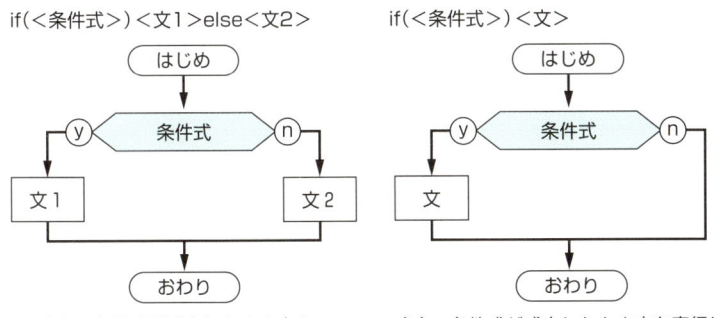

if(＜条件式＞)＜文1＞else＜文2＞　　　if(＜条件式＞)＜文＞

(a) 条件式が成立したとき文1、そうでないとき文2を実行

(b) 条件式が成立したとき文を実行し、そうでないときおわりへ

**図 9.14　if 文の構文とその意味**

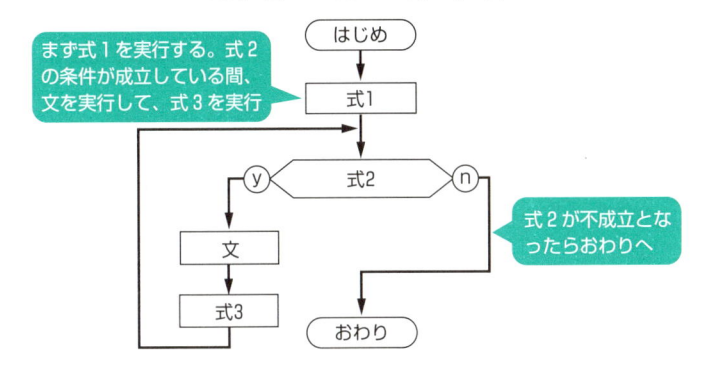

for(＜式1＞;＜式2＞;＜式3＞)＜文＞

まず式1を実行する。式2の条件が成立している間、文を実行して、式3を実行

式2が不成立となったらおわりへ

**図 9.15　for 文の構文とその意味**

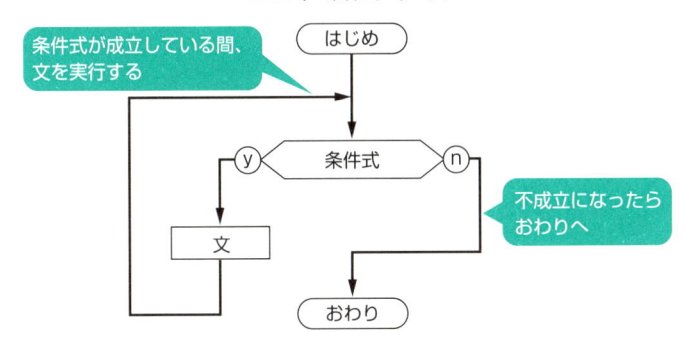

while(＜条件式＞)＜文＞

条件式が成立している間、文を実行する

不成立になったらおわりへ

**図 9.16　while 文の構文とその意味**

高水準言語でプログラムを作成する

## ■ if 文とその機械語へのコンパイル

if 文の構文を次に示す。

  if （ <条件式> ） <文 1>　else <文 2>

この意味は流れ図にも示したように、<条件式> が成り立ったら <文 1> を実行し、そうでなければ <文 2> を実行する。また、else 以下は次のように省略してもよい。

  if （ <条件式> ） <文>

この場合は、条件式が成り立ったら <文> を実行し、そうでなければ何もしないで if 文の次に進む。

if 文の例として、図 9.17 に示した 3 つのスイッチ a、b、c によってランプの点灯を制御する様子を記述してみよう。

まず流れ図を描いてみると、図 9.18 のようになる。

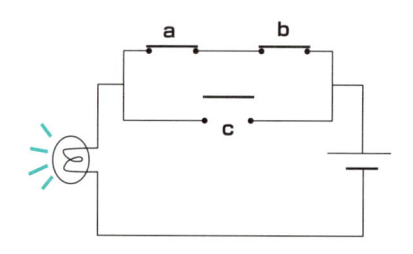

**図 9.17　3 つのスイッチによるランプの制御回路**

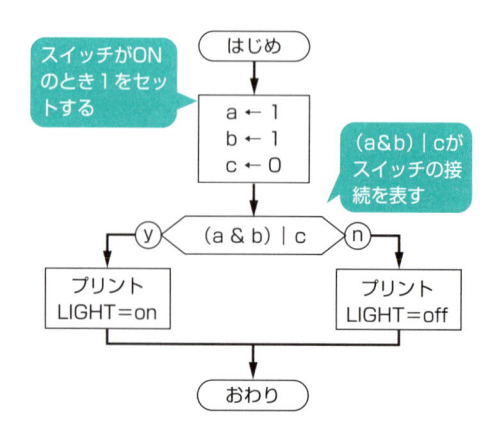

**図 9.18　ランプの制御回路の流れ図**

◆ **プログラム 9-(3)** ・・・ a, b, c によってスイッチを制御する

```
#include <stdio.h>

int main(void)
{
  int a, b, c;

  a = 1;
  b = 1;
  c = 0;

  if ((a & b) | c)
     printf("LIGHT=on\n");
  else
     printf("LIGHT=off\n");

  return 0;
}
```

if 文の構文解析結果は、P.181 の図 9.14 (a) に対応して、図 9.19 のようになる。

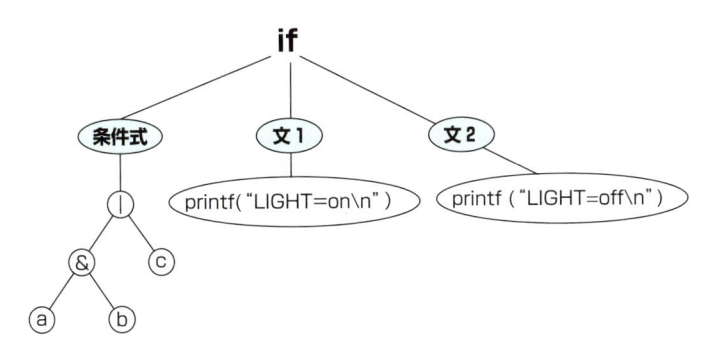

図 9.19　木による if 文の中間言語表現

この解析結果に基づく機械語コードの生成は、**図 9.20** のように行われる。

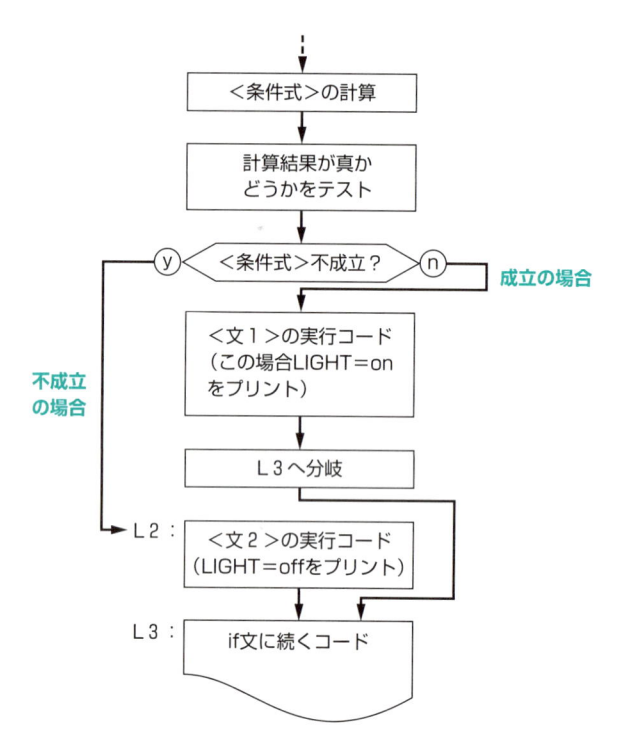

**図 9.20　if 文に対するコード生成の方法**

if 文の肝心な部分、つまり条件をテストする部分以降がどのような機械命令によって実現されているかを具体的に見てみよう。((a & b) | c)に対応する ASC の機械語コードは、次のようになる。

(if 文の構成要素との対応)

```
        LD      a           ; a 番地の内容をレジスタ R にロード（条件式の計算）
        AND     b           ; b 番地の内容との論理積（a・b）を R に残す
        OR      c           ; c 番地の内容との論理和（(a・b)+c）を R に残す
        BZ      L2          ; (a・b)+c = 0 なら条件不成立として L2 へ行く
        //LIGHT=on を表示//  ; そうでなければ LIGHT=on を表示（文1の実行コード）
        B       L3          ; L3 へ無条件分岐
L2: //LIGHT=off を表示//  ;   （文2の実行コード）
L3:                              (if 文に続くコード)
```

なお、簡単のため、//LIGHT=on を表示//と//LIGHT=off を表示//の部分は、機械語コードを省略している[注9]。

まず、a、b、c の間の論理演算（(a & b) | c）を AND 命令と OR 命令で実現して結果を R に残す。論理演算の結果設定されるゼロフラグ（Z）をテストすることによって、演算結果がゼロと判明すれば条件不成立として LIGHT=off を表示し、そうでなければ、成立として LIGHT=on を表示することになる。

このプログラムを実行すると、a、b、c の初期設定の値から、論理演算 ((a & b) | c)) の演算結果は、((1 & 1) | 0)) = 1 となり、if の条件が真となって成立するので、ⓝの方へ進み次のように表示される。

　　LIGHT=on

## ■ for 文とその機械語へのコンパイル

for 文もよく使われる制御文で、次のような形式となる。

　　for ( <式1>; <式2>; <式3> ) <文>

この for 文の意味だが、図 9.15 にも示した通り、まず <式1> は初期化を行う。そして、<式2> の条件が成り立っている間、<文> を実行し、<文> の実行直後に <式3> を実行する。

応用例として、1 から 10 までを加算して、その平均を求めることを考えてみよう。この流れ図は、図 9.21 のようになる。

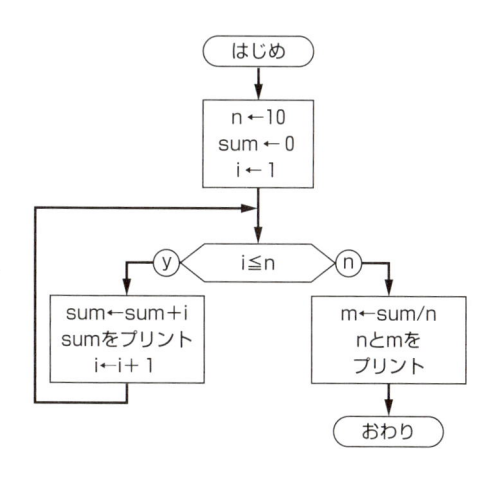

図 9.21　平均を計算する

これを for 文を使って表現すると次のようになる。

### ◆ プログラム 9–(4)　… 1〜10 を加えて平均を計算する

```c
#include <stdio.h>

int main(void)
{
    int n, i, sum, m;

    n = 10;
    sum = 0;

    for (i = 1; i <= n; i++) {
        sum = sum + i;
        printf("sum = %d\n", sum);
    }

    m = sum/n;
    printf("n = %d, m = %d\n", n, m);

    return 0;
}
```

（for 文）

先に説明したように、{から}までをひとまとまりのブロックとして扱っている。この for 文の実行により、まず i = 1 が実行される。続いて、i <= n であるかどうかがテストされ、条件が成立すれば、2 つの文（この場合は、sum の計算と printf からなる）を実行し、引き続き i++ を実行する。i++ とは、i=i+1 を簡略して記述できるようにしたもので、C 独特の書き方である。

このプログラムを実行すると、次のような結果が表示される。

---

注9）//LIGHT=on を表示//と//LIGHT=off を表示//する部分には、 printf を実行する関数（サブルーチンのようなもの）の呼び出しのための命令列が並ぶ。

```
sum = 1
sum = 3
sum = 6
sum = 10
sum = 15
sum = 21
sum = 28
sum = 36
sum = 45
sum = 55
n = 10, m = 5
```

この結果、各ステップで部分和の計算が行われ、最後に平均値5が正しく得られていることがわかる。

次に、for文がどのような機械語で実現されているのかを示す。簡単のため、途中結果を表示する文を除いた次のfor文を取り出す。

```
for (i = 1; i <= n; i++)
    sum = sum + i
```

このfor文の構文解析木は、図9.22のようになる。

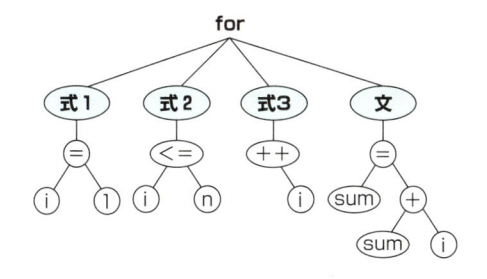

図9.22　木によるfor文の中間言語表現

**[コード生成の結果]**　　　　　　　　　　　　　　　　　　　(for 文の構成要素との対応)

```
        LD    ONE      ;  1をレジスタRに設定                           (式 1)
        ST    i        ;  Rの内容をi番地に格納してi=1とする
L2:
        LD    n        ;  n番地の内容をRにロード                       (式 2)
        SUB   i        ;  n-iをALUで計算
        BN    L3       ;  計算結果が負、つまり、i > n ならL3へ分岐して、
                       ;  for文の実行を終了
        LD    sum      ;  sum番地の内容をRにロード                     (文)
        ADD   i        ;  sum + i の結果をRに設定
        ST    sum      ;  Rの内容をsum番地に格納
L4:
        LD    i        ;  i番地の内容をRにロード                       (式 3)
        ADD   ONE      ;  Rに1を加えi+1をRに残す
        ST    i        ;  Rの内容をi番地に格納、つまり、i=i+1を実行
        B     L2       ;  ループの先頭に戻る
ONE:    DC    1
L3:
```

# ひとまとまりの仕事を関数とする

## 関数の考え方

　さて、ここまでのプログラム例は、すべて main という名前を付けて{から}までの中に作成した。しかし、プログラムのサイズが大きくなるとこのような作り方ではすぐ限界が来る。世の中を見回しても、それなりのシステムを作るときには、いきなり全体を1つのものとして作ったりはしない。建物でも、いきなり全体を1つのものとして作ったりはせず、土台から、順番に、組織的に作り上げていくのと同じである。

　ソフトウェアも同じである。規模が大きくなればなるほど、たくさんの階層化され、組織化された小さなプログラムの集合体となる。このような作り方を可能にするのが、機械語レベルでは図 6.18（P.133）をもちいて説明したサブルーチンであり、高水準言語レベルではこれから説明する関数である。

　**関数**は、仕事を請け負って、与えられた仕事をこなし、その結果を返す。このた

め、関数は、固有の名前をもち、仕事をするのに必要なデータを入力として必要とする。関数に仕事を依頼するには、関数の名前とともに、仕事に必要な情報を**入力引数**として渡してやる必要がある。関数は、この入力をもとに仕事をして、その結果を**返値**として、関数の呼び出し元へ返す。

この関係はちょうど発注元と下請けの関係に相当し、**図 9.23** に示すように、どこまでも必要なだけ続けることになる。

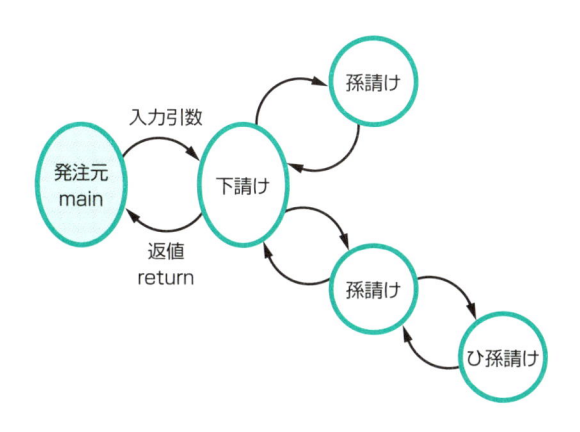

図 9.23　関数の呼び出しと返値の関係

## ■ 関数の例

先に示した平均のプログラム例を、関数を使って書き直したプログラムを次に示す。

◆ **プログラム 9–(5)**　··· 関数 average を使って平均を計算する

```
#include <stdio.h>

int average(int n);/*プロトタイプ宣言*/

int main(void)
{
  int n, m;

  n = 10;
```

```
    m = average(n);
    printf("n = %d, m = %d\n", n, m);

    return 0;
}


/*平均を計算する関数*/
int average(int k)
{
    int i;
    int sum;

    sum = 0;
    for (i = 1; i <= k; i++) {
        sum = sum + i;
        printf("sum = %d\n", sum);
    }
    return sum/k;
}
```

関数 average

実行結果は先の**プログラム 9-(4)** とまったく同じになる。

関数として定義したのは、平均を計算する部分で、average という名前を持つ。入力となる引数は整数 k だけで、1 から k までの総和を sum として得たのち、これを k で割って平均を求めている。return は、この計算結果を関数 average を呼び出した側（この場合は main）に送り返す。これが返値である。関数名 average の前にある int が、返値のデータ型を示す。つまり、この場合は、sum/k の商である整数が返されるので、返値のデータ型も整数となる。

ここでいくつか大切なことを指摘しておきたい[注10]。

● 2つの関数 main と average があるが、それぞれで参照可能な変数は違う。

---

注10) なお、2行目のプロトタイプ宣言 int average(int n); は、main から呼び出される average が main より後にある場合に必要になる。もし、main より前に関数 average の定義を置くようにすれば、プロトタイプ宣言は必要ない。

mainの中では、nとmが参照可能であり、これをmainの**局所変数**と呼ぶ。(P.173で説明したスコープという用語を使えば、変数nとmのスコープはmainの中ということになる。)

一方、averageの局所変数は、iとsumである。また、averageの中では、mainから設定される引数としてkが使用可能である。それぞれの関数内では、それぞれの局所変数と引数を参照することができる。

● 相互の値のやり取りの関係を図9.24で見てみたい。mainの側では、自分の持っているnをaverage呼び出しの引数としているので、これがaverageの引数kに設定される。iとsumは、averageの局所変数である。averageの計算結果は、return文の実行により関数からの返値として、mainに返され、mainでは、これをmへの代入文の実行によってmに格納している。このような形で、関数の呼び出し側と呼び出される側との間の情報の受け渡しが行われる。

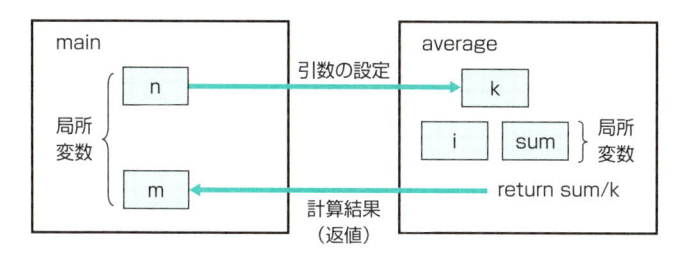

mainとaverageの箱の中では、それぞれの局所変数が参照可能となる。
mainは引数kにnを設定してaverageを呼び出し、averageはreturnによって計算結果を返す

**図 9.24　関数の局所変数と関数間の値の受け渡し**

● mainもまた関数である。ただ、mainの呼び出し側はユーザのプログラム中には存在しないという違いがある。また、mainに渡される引数は空（void）であり、mainからの返値は整数で、正常終了したときには0を返すことになっている。

このように関数を定義することの利点は、サブルーチン（→ P.132、図6.16）の利点と共通するのものがある。つまり、大きなプログラムでも小さな関数の集合体として作成できる。関数という小さな単位で動作を確認しながら、作ることができるわけである。また、同じような仕事は、最初から書き下す必要がなくなる。同じプログラムをあちこちで書く手間も省けるし、間違いを取り除く手間も省ける。

## ■ 関数を機械語で実現する

では、このような関数は、機械語においてどのように実現されるのだろうか？ 図 9.25 は、この方法の概略を示している。main では、average に渡す引数の値 n を k に格納して、_average に分岐する。_main や_average は、コンパイラが関数名 main あるいは average の前に_を付けて作成したラベルで、それぞれの関数の先頭アドレスを表す。

この分岐は、ブランチアンドリンク命令（BAL）（→ P.133、図 6.18）を使用する。BAL 命令が b 番地にあるとすると、サブルーチン実行終了後の戻りアドレス（b+1）がサブルーチンの先頭アドレス_average に格納される。

呼ばれた側の関数 average の中では、戻りアドレスや、関数の中で使用するレジスタの現在値をメモリに保存した上で、本体部分で入力引数 k と局所変数 i、sum をもちいて関数の実行を行う。

関数の実行が終わったときには、保存した情報を復帰し、また返値をレジスタ R に置いて、間接的な分岐命令 BND _average によって、main 中の BAL 命令の次の番地（b+1）に戻る。main はそこから返値を使って計算を継続する。

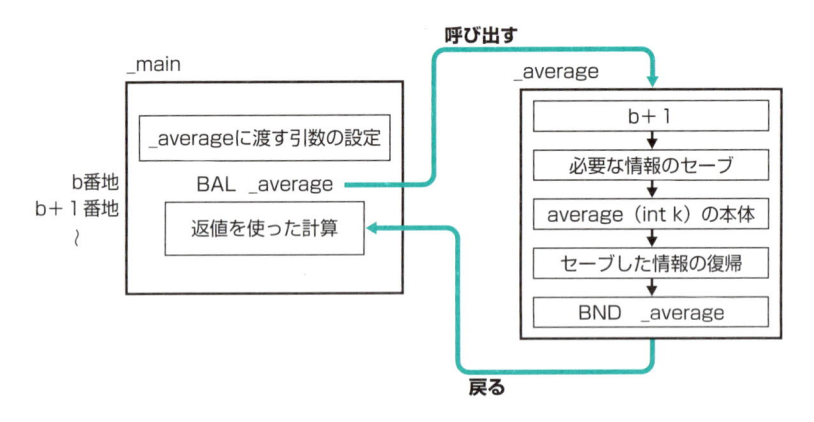

図 9.25　関数呼び出しの実現法

## ■ スタックを活用して必要な情報を保存し復帰する

さて、main と average の間は、階層が 1 つであるが、もちろんこの階層の数には制約がない。とすると、このときの関数の入り口での必要な情報の保存と復帰はどのようにすればよいのだろうか？　この答えはスタックである。

図 9.26 に、テキストセグメントにある関数 main の実行から、average の呼び出し、そしてもとの main に戻るまでのプログラムの実行に伴うスタックセグメン

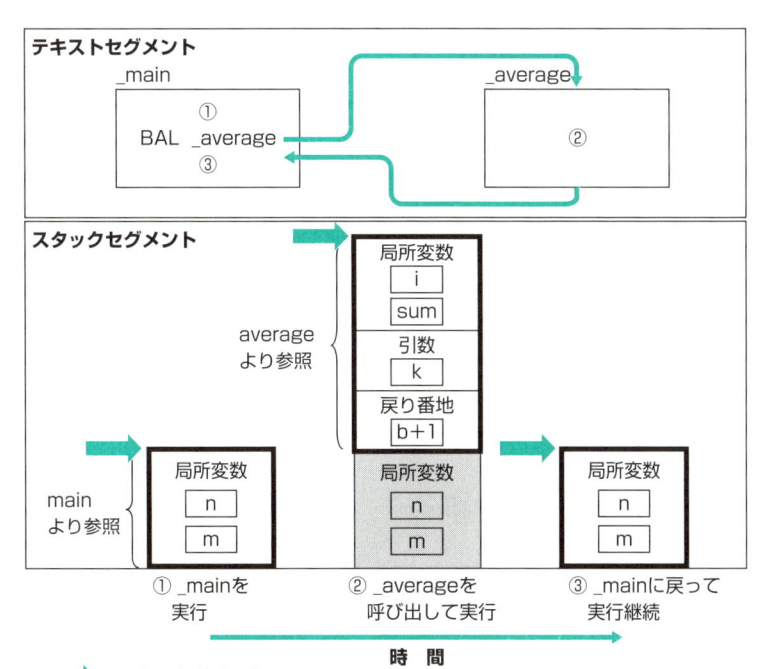

:スタックポインタ

テキストセグメントのプログラムの実行が①、②、③と進んだときのスタックセグメントのスタックの変化を示す。
各関数の実行時にはスタックポインタの指す所より下にある駆動レコード（太字で囲んだ部分）が参照可能となる。

---

【図 9.26 の見方】
　まず、①で関数 main の実行中、main から参照される駆動レコードには局所変数 m と n が置かれている。また、この駆動レコードの次の領域をスタックポインタが指している。
　②は、main から average を呼び出したときのスタックの様子を示す。①でスタックポインタの指していたところから average 用の駆動レコードが格納されている。また、スタックポインタはこの駆動レコードの次の領域を指すように更新されている。
　駆動レコードの中には、局所変数 i と sum に加えて、average に渡される引数 k、average の実行が終わった際の戻り番地 b+1 が格納してある。average の実行中は、この駆動レコード中の引数、局所変数を参照する。一方、網掛けにした局所変数 m と n は参照できない。
　もし、average からさらに別の関数を呼び出せば、スタックポインタはさらに上に移動し、同様の駆動レコードが作成される。
　また、average が終了した際には、返値をレジスタ R に置いて、戻り番地を駆動レコードから_average の先頭に格納し直して[注11]、先の図 9.25 に示したように間接的な分岐命令 BND _average の実行によって main に戻る。このときのスタックの状態が③である。

図 9.26　関数の呼び出しと関数からの戻りにともなうスタックの変化

高水準言語でプログラムを作成する

ト中のスタックの内容の変化を示した。スタックセグメントは、先に説明した変数の保存領域にあたり、その中はこのようにスタック構造になるため、スタックセグメントと呼ばれる。矢印で示したスタックポインタの指す先から下の部分（太線内）に、それぞれの関数実行終了時の戻り番地、関数に渡される入力引数、関数内の実行で使用する局所変数などを格納する領域が用意してある。このようなデータ構造を**駆動レコード**あるいは**フレーム**と呼ぶ。

なお、ここでは、第 4 章で設計した ASC を前提に説明しているため、関数間の受け渡しを主に主記憶上の領域を使って行っている。しかし、現在の多くのコンピュータでは、より多くのレジスタを持っているので、レジスタを活用してもっと簡便かつ高速に受け渡しを実現している。

## もっと複雑なデータ構造

さて、ここまでのプログラム例では、整数型という簡単なデータ型を宣言して用いてきた。しかし、現実の問題を扱おうとすると、このような型だけでは困る場合が出てくる。

そのような場合に用意されているデータ構造として、**配列**と**ポインタ**について説明する。

### ■ 配列…同じものがたくさん並ぶ

まず配列だが、これは**図 9.27** に示すように、整数型などある型を持った一様な箱を複数並べたデータ構造である。これは、あらかじめ決まった数のデータを並べる場合に使われる。たとえば、先頭の箱の内容を参照したいときは、a[0] と書けばよい。また、a[i] などと表現して、変数 i の指す箱を参照することもできる。

---

注11）P.193 の図 9.26 で average をコールした際に _average の先頭にある戻り番地をいったん駆動レコードに格納し、average から main に戻る際に再び駆動レコードから _average の先頭に書き戻す操作は一見無駄な操作に見える。しかし実際にはある関数の実行中に、再びその関数自身が呼び出されることがある。たとえば、P.189 の図 9.23 に示した呼び出し関係で、「下請け」と「孫受け」あるいは「ひ孫受け」が同じ関数であるような場合にこのようなことが起こる。この場合、戻り番地を関数の先頭に置いたままで駆動レコードに保存しておかないと、孫受けやひ孫受けの実行の際に戻り番地が上書きされてしまい、正しい戻り方ができなくなってしまう。

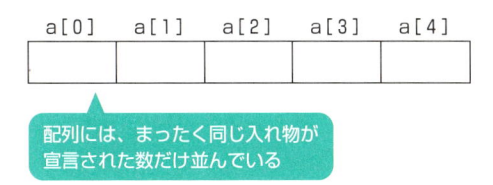

配列aの宣言　int a [5]

```
   a[0]   a[1]   a[2]   a[3]   a[4]
 ┌──────┬──────┬──────┬──────┬──────┐
 │      │      │      │      │      │
 └──────┴──────┴──────┴──────┴──────┘
```

> 配列には、まったく同じ入れ物が宣言された数だけ並んでいる

図 9.27　配列

## ■ ポインタ型…要素間をポインタでつなぐ

もう1つは、ポインタ型である。図 9.28 はポインタ p がある箱をポイントしている様子を示す。並べるデータ数が実行してみないとわからない場合や、実行時にデータの並びからある要素を削除したり、要素間に新たな要素を挿入したり、といった操作を加えたい場合に使用される。

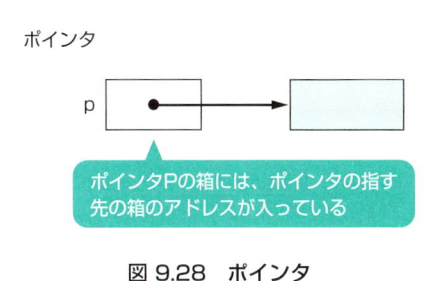

ポインタ

> ポインタPの箱には、ポインタの指す先の箱のアドレスが入っている

図 9.28　ポインタ

たとえば、五十音順に並べた名簿に新たな人を加えるような場合、人名を配列にしていたのでは、挿入する位置より後の人名をそのつどすべて移動する必要がある。ポインタ型を使用していれば、ポインタの指す場所を変更するだけで挿入や削除ができる。

図 9.29 にポインタを用いた挿入と、削除の例を示す。すでにあるデータの置き場所を変えることなく、ポインタの変更だけで新たなデータの挿入や削除が行えることがわかる。

ポインタの実体は、アドレスである。アドレスだからポインタの内容を見ただけではそれが何を指しているのかはわからない。ポインタを用いたプログラムのデバッグが難しい理由はここにある。

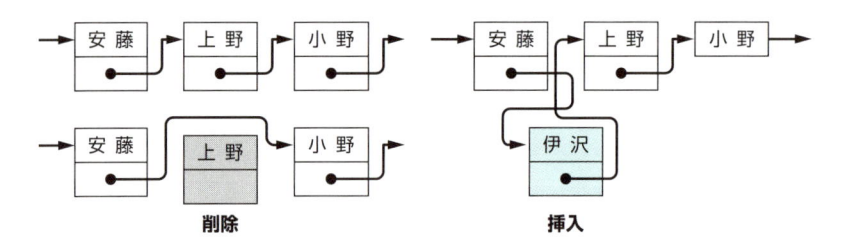

図 9.29　ポインタをもちいた挿入と削除

## ■ 配列やポインタ型の実現

　配列やポインタといったデータ構造は、メモリ上では**データセグメント**と呼ばれる領域に確保される。

　まず、配列の方は、プログラムを翻訳する時点でデータの大きさが決まるので、その分のメモリ領域をデータセグメントの中に確保してやればよい。

　問題はポインタ型である。ポインタ型では、実行時に新たに領域を確保し、ポインタでつないで、データ構造を作っていく必要がある。このようなデータ構造では、操作の対象となるポインタ値は実行時にならないとわからないし、データ構造の実現に必要な領域サイズも、実行してみないとわからない。このため、このようなデータを確保するために自由に使える領域をあらかじめ確保しておく必要があるが、これを**ヒープ**と呼ぶ。ヒープの中に新たな要素を確保するには、Cの場合、`malloc`と名付けられたシステム側の関数を、必要な領域サイズを引数として実行時に呼び出して、確保を依頼する。`malloc` の返値は、ヒープ中に確保したメモリ領域の先頭アドレスとなる。

## ■ メモリ上の領域を分類する

　以上の結果、C言語において、メモリ上の領域はデータセグメントを加えて、最終的に**図 9.30** のようになる。

　テキストセグメントとスタックセグメントには、すでに説明したように、それぞれ機械語プログラムと、関数実行に伴う変数の値が格納される。

　データセグメントは、上述したデータの領域とヒープの領域に分割される。データ部分にはコンパイラの解析結果に基づいて静的に確保されるデータを格納する。この領域は、さらに指定された値に初期設定されている領域と、単にある大きさの領域が確保されているだけで初期設定されていない領域とに分けられる。前者はデファインコンスタント（→ P.153、図 8.2）に、後者はデファインストレッジに対応する。

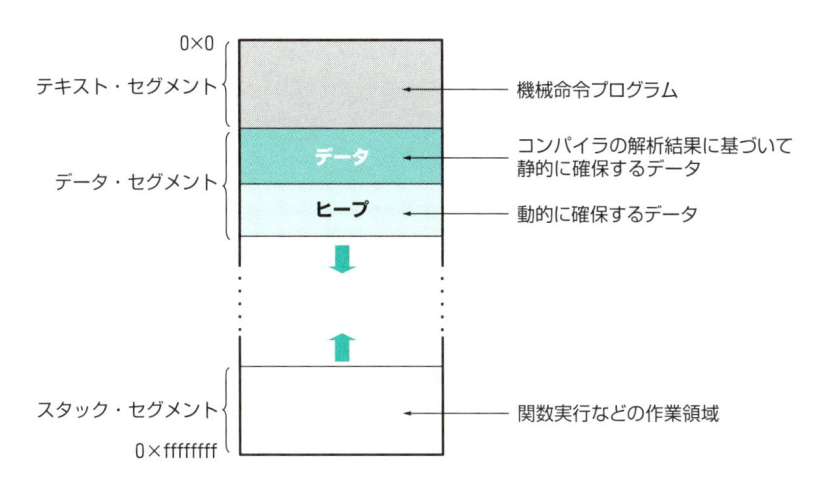

図 9.30　メモリ上の領域をどのように使うか

　注意してほしいのは、図中、ヒープとスタックセグメントは実行時にサイズが変化することである。このため、これら2つを向かい合わせに置いて、両端から使う形にして使用領域の無駄を省く工夫をしている。

## プログラミング言語の文法

　さて、Cというプログラミング言語について、必要な部分部分で文法を定義してきた。が実際には、プログラミング言語全体の文法をきちんと定義する必要がある。ここでは、そのような文法の定義のしかたとその役割を明確にしておきたい。
　図 9.31 に示すように、プログラミング言語の文法は、プログラムを書く人が参照するものであるが、同時に、コンパイラは、この文法に沿って書かれたプログラ

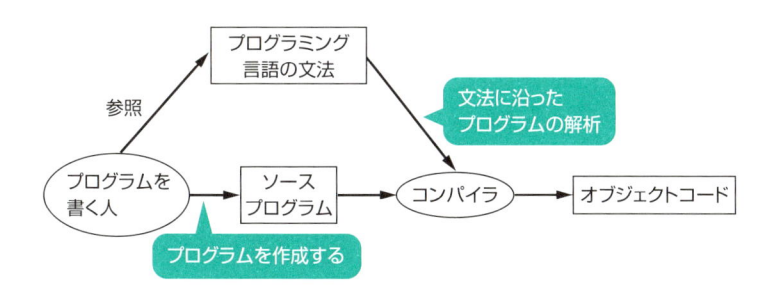

図 9.31　プログラミング言語の文法の役割

高水準言語でプログラムを作成する　197

ムを受け付け、処理をして、対応するオブジェクトコードを生成するように作成される。つまり、当然ながら両者は同じ文法に基づいて、プログラムを書く側と、処理する側に分かれ、それぞれの仕事をするわけである。

このような文法をどうやって定義するかを例で示そう。

図 9.32 に、＋ と ＊ の演算子とカッコを使う算術式の代入文の定義を示す。::= は、その左辺を右辺で置き換えられることを意味している。

```
<代入文>::=変数名＝<式>
<式>::=<式>＋<項>｜<項>
<項>::=<項>＊<因子>｜<因子>
<因子>::=変数名｜(<式>)
```

> たとえば<代入文>は、<変数名>＝<式>に置き換えることができる。
> <式>は、<式>＋<項>か、単なる<項>に置き換えることができる。

図 9.32　プログラミング言語の文法の定義

この規則を使って、先の図 9.8 と図 9.9（P.176）に示した 2 つの式を導出する過程を、**図 9.33** と **図 9.34** に示す。これを見ると、図 9.32 に示した文法の定義から、異なる式が導出される様子がわかる。

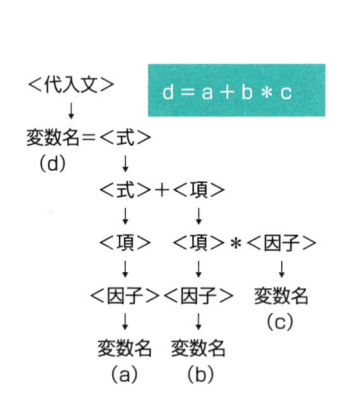

図 9.33　式の導出例（a+b＊c）

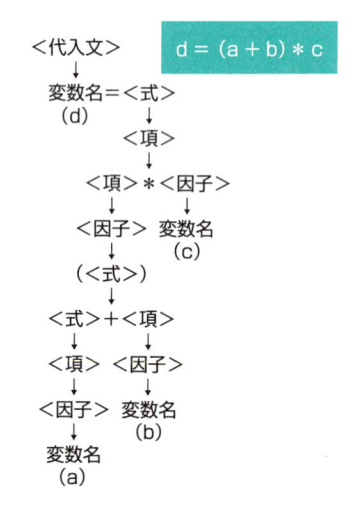

図 9.34　式の導出例（(a+b)＊c）

実際のプログラミング言語を定義するには、このような定義を繰り返しもちいながら、言語の全体を可能なかぎりあいまいさのないように決めていく必要がある。

## Column ☕ コーヒーブレイク...

### 文法の持つあいまいさ

図 9.32 の方法で、さも完全に文法が定義できるかのように思うかもしれない。しかし実際にはこのような形では定義しきれないことがいろいろある。

一例を挙げると次のような if 文である。

```
if (a == b) if (a == c) x = 0; else x = 1;
```

この文は、次の2通りの解釈の可能性がある。

```
if (a == b) { if (a == c) x = 0; else x = 1; }    (α)
if (a == b) { if (a == c) x = 0;} else x = 1;     (β)
```

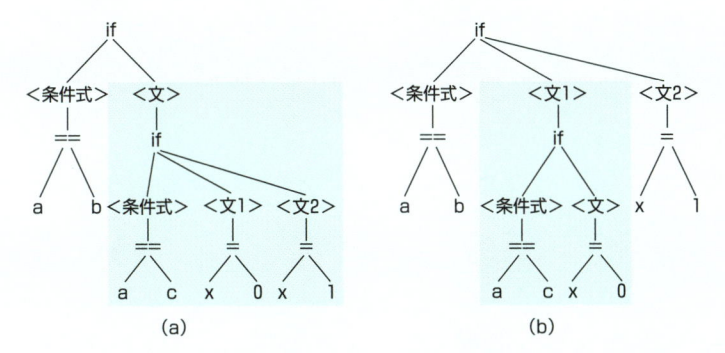

(a)では、全体を図9.14(b)の形にみなした後で、<文>の部分を図9.14(a)の形として解析している。
(b)では全体を図9.14(a)の形にみなした後で、<文1>の部分を図9.14(b)の形として解析している。

**図 9.35　1 つの if 文に 2 通りの構文解析木の可能性がある**

図 9.35 の (a) と (b) はそれぞれ上の2つの文 (α) と (β) に対応する解析木である。
当然ながら実行結果は変わってくる。もし、a=1, b=2, c=1 の場合、最初の文 (α) では x にはこの if 文の実行前の値がそのまま残る。後の文 (β) では、x=1 となる。C では、このようなあいまいさに対して、前者の解釈をすることに決めている。つまり、より近いところにある if と else の組を優先する。

同様に、a = b + c + d の解釈も a = (b + c) + d と a = b + (c + d) の2通りの解釈ができるが、前者の解釈をすることに決まっている。

どちらでも同じではないかと思われるかもしれないが、この場合も、演算結果は変わる

> 可能性がある。たとえば、仮に8ビットの整数（固定小数点数）であれば、b = 01111111、c = 00000001、d = 11111111 のとき、前者の解釈ではオーバフローとなるが、後者の解釈では a = 01111111 となる。浮動小数点数では、仮数部に丸めの誤差が生じるため、やはり演算順序によって結果が変わる可能性がある。

## 高水準プログラムの作成から実行まで

　高水準プログラムを作成編集するには、**エディタ**を使用する。エディタによって作成したソースプログラムを、コンパイルして、アセンブリ言語プログラムに変換し、さらにアセンブラによって機械語にアセンブルしてオブジェクトコードを生成する。あとは、これをリンク、ロードすることによって、先に述べた実行イメージが作成される。

　第8章の図8.9（P.159）に示したように、必要な部分は静的に[注12]リンクすることができるので、プログラム全体を常にコンパイルする必要はない。プログラムを分割して作成し、リンクすることにしておけば、変更した部分だけコンパイルし、他のオブジェクトコードとリンクしてやればよい。このような方法を**分割コンパイル**と呼ぶ。

　こういった手順はプログラムを完成するまでに繰り返し使うことが多いし、完成後も使われることが多い。そのたびにいちいち指定するのは面倒なので、手順そのものを記述できれば便利だ。昔はジョブ制御言語として、処理の流れを制御した。現在、たとえばUNIXであれば、一連の処理をシェルスクリプトによって記述して1つのコマンドとして定義しておけば、ユーザ定義のコマンドとして簡単に使用することができる。シェルスクリプトは、いわばお料理のレシピのようなものであり、料理名を指定すればレシピ通りにシステムを制御してくれる。

## 高水準言語レベルでプログラムをデバッグする

　第8章でプログラムのデバッグに触れたが、高水準言語レベルで記述したプログラムのバグは大きくコンパイル時のエラーと実行時のエラーの2つに分けられる。
　コンパイル時のエラーは、コンパイラの出力するエラーメッセージを手掛かりに、エラーの場所と内容を検討することになる。たいていの場合は、このメッセージを頼りにして解消することができる。

---

注12）この本では簡単のため静的なリンクに限定しているが、動的なリンクの可能性もある。

これに対して面倒なのは、実行時のエラーである。実行時のエラーはどのような場合に生じるのだろうか。原因はさまざまであるが、ごく一部をあげると以下のようになる。

- 変数の初期化を忘れた（黙って宣言すれば初期値があたかも 0 にリセットされているかのように思い込んでしまう）
- 記述した手順そのものに誤りがある
- 定義した変数の領域を越えて参照しようとした（配列の参照する際のインデックス値の計算をまちがえたなど）
- ポインタの操作を間違えて、まちがった領域を参照した

実行時のエラーの原因はさまざまであり、プログラム作りの経験を重ねることでエラーに対処する力を付けるしかない。

重要なことは、ただやみくもに計算の途中結果をプリントするようなデバッグのしかたを身につけてはダメということである。デバッグをするときには、プログラムの出力からなぜそうなるのかを推理する過程が非常に重要だ。プログラムのデバッグはある意味で創造的なプロセスであることを意識してほしい。

### Column — コーヒーブレイク...

#### いろいろなプログラミング言語

本章での説明は、一貫して C というプログラミング言語を使った。世の中には、この他にも多くの高水準プログラミング言語があるが、それらは、大きく手続き型言語、関数型言語、論理型言語などに分けることができる。

多くの言語は手続き型言語に分類されるが、具体的には本書でも取り上げた C の他に、C++、FORTRAN、Pascal、Java などがある。関数型言語の例としては、LISP がよく知られている。論理型言語の例としては、Prolog が知られている。

演習問題 9-(2)（P.246）の略解に示したように、それぞれの言語は、その設計の動機、目的、背景が違っており、それぞれの良さと欠点を持っている。それぞれの言語について深く調べてみるのも面白い。

# 第10章 アルゴリズムを考える
―処理の手順を明確にする―

プログラムを記述するためのアセンブリ言語と高水準言語について学んできたが、まだその先に、これらの言語を使って何を記述するかという大きな課題がある。何か目的や課題が与えられたとき、それをどういう手順でこなすかが重要だ。本章では、このような処理の手順について説明したい。

**トピックス** *Topics*
- アルゴリズムとは？
- アルゴリズムの条件
- 効率の良いアルゴリズム
- アルゴリズムからプログラムへ
- 問題を定義し解析する

## アルゴリズムとは？

**アルゴリズム**とは簡単に言うと計算のための手順である。

我々が朝起きてから、出かけるまでにどんなことをしているだろうか。人によってさまざまだろうが、たとえば、**図 10.1** のように、「食事をする」、「洗面をする」、「着替える」といった順番としてみよう。「食事をする」の中も、細かく見れば、「コーヒーを飲む」、「パンを食べる」、「目玉焼きを食べる」、といった動作が、何回か繰り返されて、食事が終了する。

このように、「出かける準備をする」という目的のために、「何をどういう順番にすればよいか」というのが、手順であり、アルゴリズムである。

我々が、コンピュータに何か仕事をさせるときには、この手順がはっきりしていないことには始まらない。まず第一に、手順を考える必要がある。手順を考えるという仕事は、高水準言語によってプログラムを書くことよりも、さらに上位のことだと言える。

では、手順として必要な要件は、何だろうか？

まず、何よりもやることが明確に定義されていなくてはいけない。朝の用意が「食事をする」がまず「コーヒーを飲む」からスタートするとしても、さらに「コーヒー

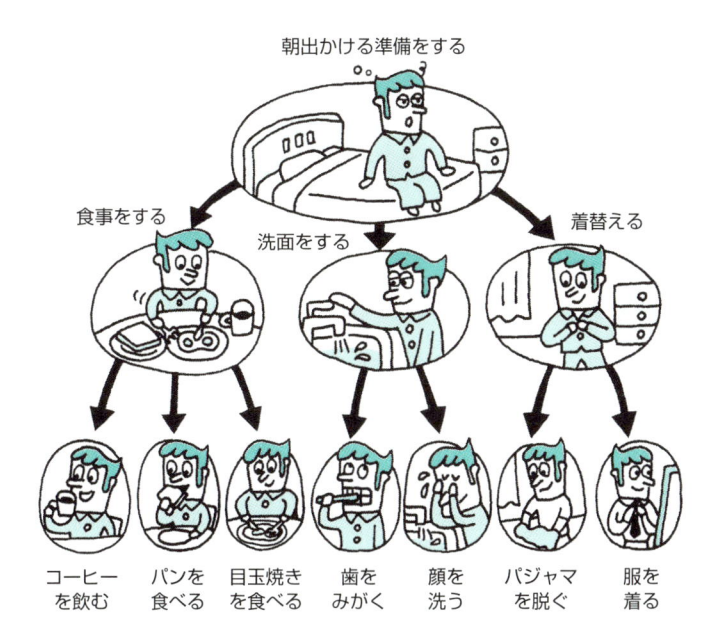

**図 10.1** 朝出かけるまでに、何をどういう順番でこなす？

を飲む」は、「コーヒーを入れる」から始まる。「コーヒーを入れる」は「コーヒーの粉を冷蔵庫から取り出す」、「コーヒーフィルターを敷き、粉を入れる」、「上からお湯をそそぐ」とその手順はどんどん詳細化して明確にしていく必要がある。

それから、手順は、必ず有限の時間で停止することが必要である。停止することを保障されない手順に従って作られたプログラムは、当然ながらいつまで待っても止まらない可能性がある。ある大学の先生は、講義に行く途中に、少し遠くにある池に石を投げて、投げた石が3回続けて池に入らないと教室に行かない、という習慣を持っていたそうである。ここでは、3回というのが微妙な数字で、1回や2回では面白くないし、かといってこれが10回とか100回とかになると、途中で入らない確率が高くなり、最初からやり直しとなって、いくら学生が待っていても教室に現れないということが起こり得る。先に述べた「食事をする」も、食卓の食べ物はいつかなくなるし、胃袋の方はいつか満腹になるから、いつか終わるときが来る。

次に、具体的な例を使って、アルゴリズムについて考えてみよう[注1]。

---

注1）アルゴリズムの語源
　アルゴリズムということばは聞き慣れない人には訳のわからない用語かもしれない。9世紀前半のアラビアの数学者モハマド・イブン・ムーサ・アル・フワリズミ（Muhammad ibn Musa al Khwarizmi）の名前が語源と言われている。

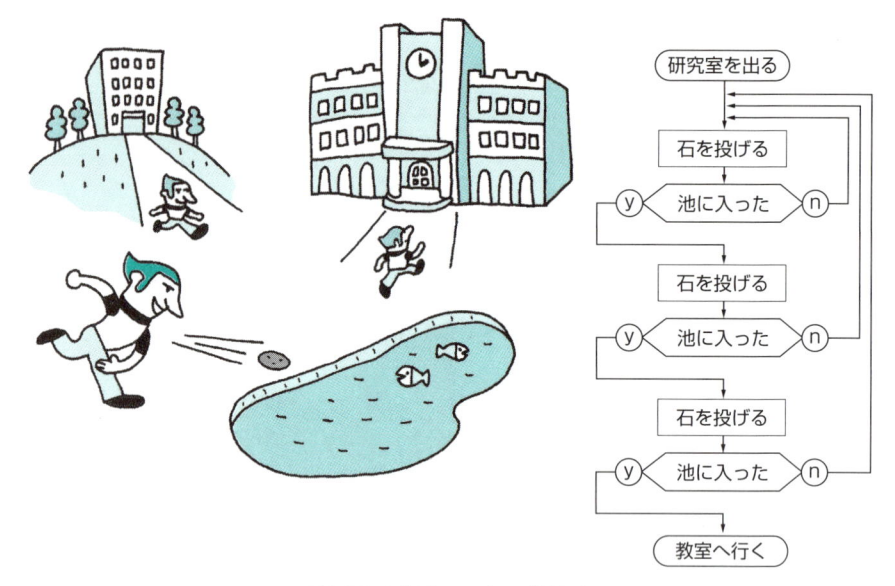

この流れ図には無限ループの可能性がある

図 10.2　有限の時間で停止するか？

# 数字を大小順に並べる問題

　数字を大小順に並べ替える処理は、**整列**とか**ソーティング**と呼ばれ、コンピュータの非常に基本的な処理の1つとなっている。ファイルを作成の日付順に並べ替えるとか、ファイル名のアルファベットの順に並べ替えるということをやろうとすると、このような処理が必要になる。

　例として、図 10.3 に示すような8つの数を大小順に並べ替えることを考えてみる。このような数字が与えられれば、我々は即座に 2、3、5、7、11、13、17、19 という答えを出す。普通の人は、無意識のうちに、数字の中から、一番小さい数字は 2、その次の数字は 3、と最小の値を探して左端に並べている。

　この様子を示したのが、図 10.4 だ。最小値が左端に来て、さらに残った数字の列の最小値がその次に来ているようすがわかるだろう。

　では、このようにして整列をするための手間を見積もってみよう。処理時間の見積もりのために、機械命令の原点に戻って、処理をすることを考えてみる。すると、次のような「比較＆交換」処理が基本として必要なことがわかる。

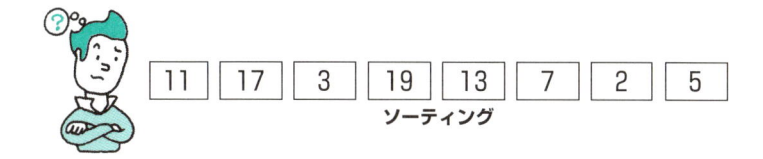

図 10.3　数を大小順に並べる

最小値を探す手間が大変

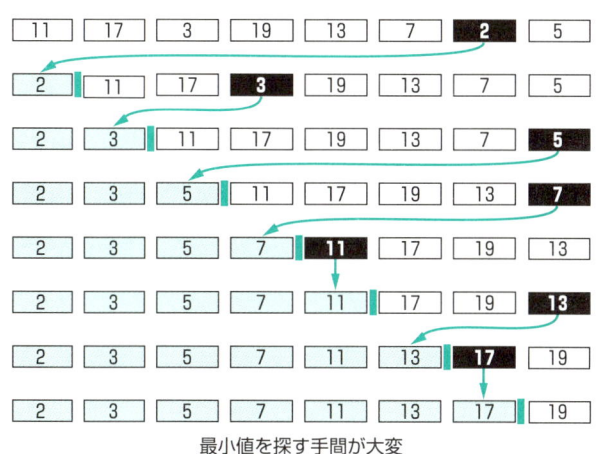

図 10.4　最小値を探して仕切りの左に置く

**【比較＆交換（A, B）】**
- 比較したい 2 つの数 A、B をメモリから CPU のレジスタにロードする
- レジスタ中の値 A、B を比較し、A > B なら A と B を入れ替える
- 2 つの数 A、B をメモリに格納する

　図 10.4 の 1 行目を例に取ると、まず左端の 11 をとりあえず最小値 M としておいて、これと 17 との比較＆交換、つまり、比較＆交換（M, 17）を行い、次に 3 との比較＆交換、と進めていって、最後に 5 との比較＆交換が終わった時点で、最小値 2 が M に残るはずである。

　つまり、2 が最小値であることを探し出すために、7 回の比較＆交換が必要となる。一般に、要素数が n 個とすれば、n − 1 回ということになる。

　ここで最小値と決まったデータは、壁の左側に置き、右側から取り除くことにするとデータ数がひとつ少なくなる。だから、2 行目の処理では、n − 2 回、3 行目の処理では、n − 3 回、と減っていき、7 行目で 1 回の比較＆交換を行って、整列が

アルゴリズムを考える

完了する。このことから、比較＆交換の総数は、

$$(n-1) + (n-2) + (n-3) + \cdots + 1 = \frac{n(n-1)}{2} = \frac{n^2}{2} - \frac{n}{2}$$

となる。つまり、整列対象となるデータの数 $n$ が増えていったとき、それを整列する手数は、この式で表現されるということである。

整列は基本的な問題なので、その手数を少なくすることは非常に重要な課題であり、このため多くのアルゴリズムが考えられている。その中から、まず**バブルソート**と呼ばれるアルゴリズムを紹介しよう。

この方法では、左端からスタートして、隣り合う 2 つの数の間の比較＆交換を右端に到達するまで繰り返す。その様子を図 10.5 に示す。右端まで繰り返すと、最大値は必ず右端に収まる。だから、右端の数字は、7 回の比較＆交換で決まる。また、毎回の比較＆交換によって、より小さな数字が左側に来る。

8 回目の比較＆交換は、左端に戻り、11 と 3 の間で行う。同様に、比較＆交換を繰り返していくが、右端の 19 はすでに確定しているので、17 と 5 の間で比較＆交換を行うと、また左端に戻る。

これを繰り返していくと、左端から右端まで比較＆交換するたびに 1 つずつ右端の数字が決まっていくので、$n-1$ 回このような左端から右端への処理を繰り返せば整列は完了することがわかる。このやり方では、より大きな数字が左から右に移動して次々と右端に到達し決まっていく。図の左端を水底、右端を水面とみなせば、ちょうど泡が水の中から水面に浮かび上がる様子に似ているので、バブルソート、つまり泡ソートの名前が付いている（図 10.6）。

各回の処理中での比較＆交換の数は、$n-1$、$n-2$、$n-3$、$\cdots$ 1 と減少していくので、その総数は、次の式で表すことができる。

$$(n-1) + (n-2) + (n-3) + \cdots + 1 = \frac{n(n-1)}{2} = \frac{n^2}{2} - \frac{n}{2}$$

一見スマートに見えるが、比較＆交換の手数は、先に説明した最小値を求める方法から本質的に改良になっていないことがわかる。

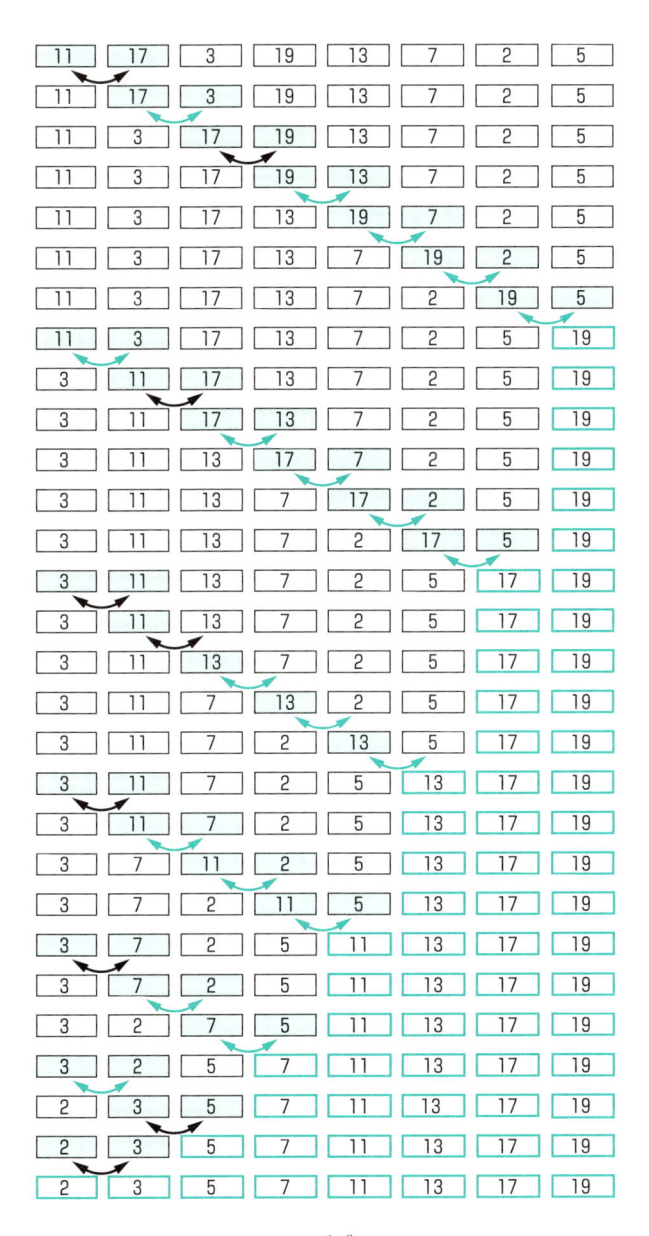

図 10.5 バブルソート

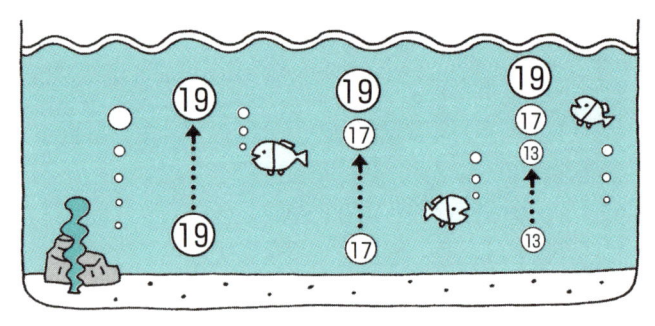

泡が次々と水面に上っていくイメージ

図 10.6　バブルソート…泡のイメージ

## 効率の良いアルゴリズム

ここまで紹介した 2 つのアルゴリズムとも、比較＆交換の手数は同じ式で表されることがわかった。この手数の目安を表現するのに、この手数の**オーダ**は $n^2$ であると言い、$O(n^2)$ と表現する。つまり、整列したいデータの数を $n$ とするとき、これらのアルゴリズムの計算コストは、$n$ の 2 乗が目安となるという意味である。

> **Column**　　　　　　　　　　　　　　　　　　　コーヒーブレイク…
>
> ### 計算コストの目安を与えるオーダ
>
> オーダとは、正確には次のように定義する。手数を表す式を $T(n)$ としたとき、ある正の定数 $c$ と $n_0$、$n$ の関数 $f(n)$ が存在して、$n_0$ 以上の $n$ に対して常に
>
> $$T(n) \leq c \cdot f(n)$$
>
> が成り立つとき、$T$ のオーダは $f(n)$ であると言い、$T(n) = O(f(n))$ と記す。
>
> 上記の例に当てはめると、1 以上の $n$ に対して、$T(n) = (n^2/2 - n/2) < n^2$ が成り立つから、$c = 1$、$f(n) = n^2$ となり、$O(n^2)$ であることがわかる。
>
> $n > 1$ について、$n^2 < n^3 < n^4$ だから、$O(n^2)$ であるアルゴリズムは、$O(n^3)$ であり、また $O(n^4)$ であるとも言える。これでは目安がわかりにくいので、通常は、上から抑えることのできるできるだけ小さな $n$ の式を用いて表現する。

ここで、もう少し効率の良いソーティングアルゴリズムを紹介する。それは**マージソート**と呼ぶもので、**図 10.7** に示すような手順で整列を行う。

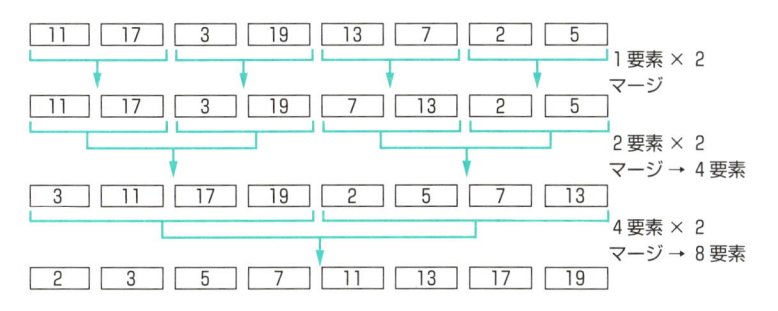

図 10.7　マージソート

　まず、最初に、入力データを 2 つずつの組に分割する。それぞれの組のデータに併合（マージ）と呼ぶ操作を加える。併合の操作は、図 10.8 に示すように、2 つの並び A と B から先頭のデータを比較し、より小さいものを並び C に並べていくような操作である。その結果、倍の長さの整列データを得る。

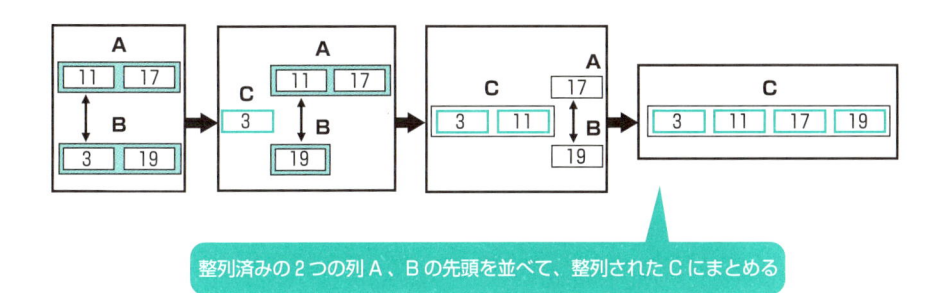

図 10.8　マージ操作

　これはちょうど図 10.9 のように、年齢順に 2 列に並んだ人の列から、先頭の人の年齢を比較して、1 列にしていくことと同じである。
　この結果が、第 2 行となる。
　第 3 行では、整列済みの 2 つずつの組を併合（マージ）して、4 つのデータとする。
　第 4 行では、同様に 4 つのデータ同士を併合することにより、8 要素全体の整列を完了することができる。
　この整列全体の手数を考えてみよう。1→2 行目への比較＆交換の回数は 4 回となる。次の、2→3 行目では 6 回となる。これは、図 10.8 に示すように比較をするたびに、新たに 1 つの要素が C に置かれること、最後に残った要素は、比較することなく置くことができることからわかる。

アルゴリズムを考える

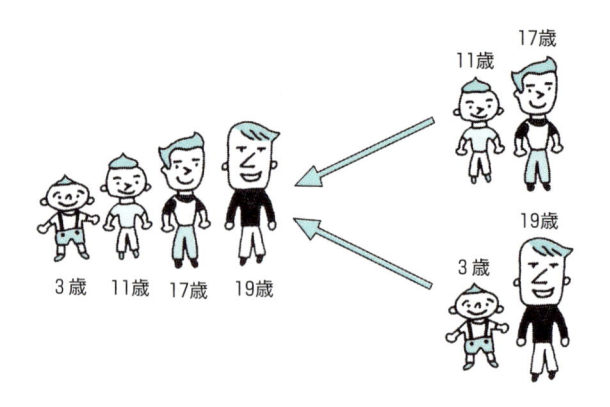

図 10.9 人の列のマージ

同様に、3 → 4 行目では、7 回となる。

この図からわかるように、$8 = 2^3$ 個の要素を整列するには、3 行のマージ処理が必要となる。つまり、$n = 2^m$ 個のデータに対しては、$m$ 行の処理が必要であり、各行での比較＆交換の演算は、たかだか $n-1$ である。$m = \log_2 n$ であるから（logの底が 2 であることに注意）、全体の手数のオーダは、$n \cdot \log_2 n$ と表すことができる。一定数（先のコラム中の定義の $n_0$ に相当）以上の $n$ に対して、$n > \log_2 n$ であるから、オーダ $n \cdot \log_2 n$ のアルゴリズムは、オーダ $n^2$ の先の 2 つのアルゴリズムよりも高速であることがわかる。

## アルゴリズムからプログラムを作る
　　…アルゴリズム＋データ構造＝プログラム

このようにアルゴリズムを考えた上でコンピュータ上に実現するには、高水準言語によって表現してやる必要がある。次の課題は、どうやってアルゴリズムをプログラムに表現していくかである。

この場合、最初に考えないといけないのは、入力データや処理対象となるデータをどのような形で定義するかだ。たとえば、先のバブルソートを例にとると、ソートの対象となるデータは四角い箱に入って並んでいるが、このイメージをプログラム上に表現することがまず必要になる。その上で、四角い箱に入った数字に対して、考えたアルゴリズムを記述していくことになる。

このように、プログラムの作成には、アルゴリズムとデータ構造の両方を決める必要がある。当然ながら、アルゴリズムとデータ構造は密接に関連している。整数、

浮動小数点数、配列、ポインタを使用した動的なデータ構造といろいろな可能性がある中から、アルゴリズムを実現するのに適したデータ構造を決めることがプログラミングへの第一歩となる。

このことを、先のバブルソートをもとに考えてみよう。この場合、P.207 の図 10.5 により、まず整列の対象となる入力データを置く場所が必要なのがわかる。ここでは、整数を対象に考えており、またその整数は、あらかじめ決められた整列対象とするデータの数だけ並んでいるので、配列として宣言することにする。つまり、次のような宣言となる。

```
int data[N] = {11, 17, 3, 19, 13, 7, 2, 5};
```

ここでは、N 個の要素からなる配列を宣言している。また、同時に、11、17、3、19、13、7、2、5 の値を設定している。C では、このように、宣言と同時に値の設定が行えることを知っていると便利である。

この配列に対して先ほどのアルゴリズムを実現するわけだが、このとき、アルゴリズムをまず**図 10.10** に示すような流れ図に表現するとわかりやすい。

この流れ図に沿って、C でプログラムを記述したのが、次のプログラムである。

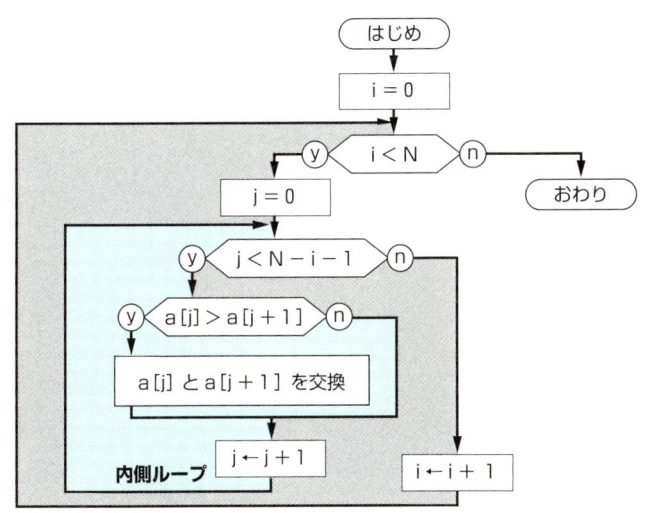

内側ループでは、図10.5で比較＆交換が左端から右端まで行く処理を実現している。外側ループが、この処理を何回行うかを制御している。

図 10.10　バブルソートの流れ図

◆ **プログラム 10-(1)** ・・・ バブルソートプログラム

```c
#include <stdio.h>
#define N 8

void bubblesort(int a[]);
void print_data(int a[]);

int main(void){
  int data[N] = {11, 17, 3, 19, 13, 7, 2, 5};

  print_data(data);
  bubblesort(data);
  print_data(data);

  return 0;
}

/* 配列 a をバブルソートによって整列する */
void bubblesort(int a[]){
  int i, j, temp;

  for (i=0; i<N; i++)              /*外側ループ*/
    for (j=0; j<N-i-1; j++)        /*内側ループ*/
      if (a[j]>a[j+1]){
          temp = a[j];
          a[j] = a[j+1];
          a[j+1] = temp;
      }
}

/* サイズ N の配列の各要素を表示 */
void print_data(int a[]){
  int i;

  printf("data = {");
  for (i=0; i<N; i++)
    if (i<N-1) printf("%2d,", a[i]);
    else printf("%2d}\n", a[i]);
}
```

このプログラムを実行すると、bubblesort を呼び出す前と後に置いた print_data の呼び出しによって次のような出力がなされ、正しく整列されていることがわかる。

　　　　data = {11, 17, 3, 19, 13, 7, 2, 5}
　　　　data = {2, 3, 5, 7, 11, 13, 17, 19}

このプログラムで、#define N 8 とあるのは、このプログラム中で N と書いたら、それは 8 ですよ、ということを意味する。データサイズに依存して変わる部分があるときに、このような宣言を一度しておいて、プログラム中で N を使用するようにしておけば、データサイズが変わったときには、この N の値を変更するだけでよい。

また、main の次に、

　　　　int data[N] = {11, 17, 3, 19, 13, 7, 2, 5};

とあるのは、先に説明したように data[N] の宣言と同時に初期値の代入を行っている。

肝心のバブルソートのアルゴリズムは、関数 bubblesort の中で実現されている。ここでは、最初の for 文 for (i=0; i<N; i++) で図 10.10 に示した流れ図の外側のループを実現し、次の for 文 for (j=0; j<N-i-1; j++) で内側のループを実現している。内側のループでは、左端から右端までの比較＆交換を行う。

同様に以下にマージソートの C プログラムを次に示す。プログラムの全体は末尾に付録としてあるが、ここでは肝心な部分、つまり整列済みのデータを対象に併合処理を行う関数 mergesort のみを示す。この関数をよく見ると、関数中で自分自身を呼び出していることがわかる。このような呼び出しを**再帰呼び出し**と呼ぶ（次コラム参照）。

この関数を使って 8 要素のマージソートをすると図 10.11 のように実行が進む。つまり 8 要素の整列は 2 つの 4 要素の整列とその結果のマージになり、4 要素の整列は 2 要素の整列とその結果のマージへと続いていく。

◆ **プログラム 10-(2)** ・・・ マージソートプログラム（重要な部分を抜粋）

```c
/* 配列 a を整列する */
void mergesort(int a[], int n){
  int i;
  int a1[N], a2[N];
  int s1 = (n+1)/2;
  int s2 = n - s1;

  if (n>1){

    for (i=0; i<s1; i++) a1[i] = a[i];
    for (i=s1; i<n; i++) a2[i-s1] = a[i];
    mergesort(a1, s1);
    mergesort(a2, s2);
    merge(a1, s1, a2, s2, a);
  }
}

/* 配列 a と b を併合して配列 c を作る */
void merge(int a[], int m, int b[], int n, int c[]){
  int i = 0, j = 0;

  while (i<m || j<n){
    if (j>=n || (i<m && a[i]<b[j])){
      c[i+j] = a[i];
      i++;
    }
    else{
      c[i+j] = b[j];
      j++;
    }
  }
}
```

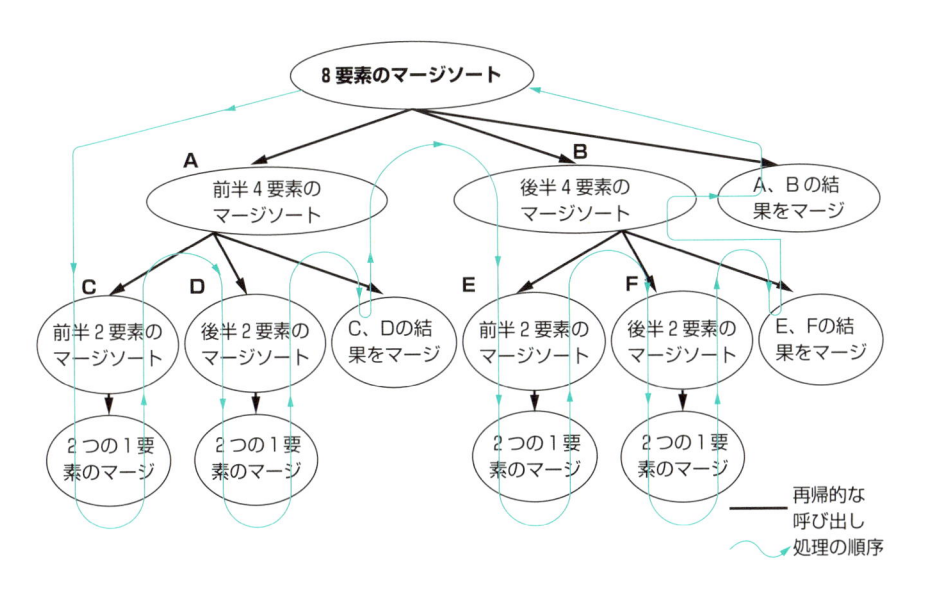

**図 10.11　8 要素のマージソート**

---

## Column　　　　　　　　　　　　　コーヒーブレイク…

### 自分で自分を呼び出す…再帰の考え方

　関数について説明するときに欠かせないのが、再帰的な関数の定義である。**再帰的**ということは、ある関数を定義するのに、その関数自身を使って定義することを意味する。たとえば、mergesort の中で、mergesort を呼び出しているといった具合だ。

　身近なところでこんな例もある。「再帰呼び出し」という用語を辞書で調べたとき、その説明文が「それは、関数の再帰呼び出しである」となっていたら、この語句解説は落第に違いない。しかし、実際のソフトウェアの世界では、この一見奇妙な使い方が重要な役割を果たす。

　再帰の考え方を見るために、n! を求める計算をもちいて、非再帰的な計算と、再帰的な計算の両方を行って比較してみよう。

　n! は次のように定義される。

$$fact(n) = n \cdot fact(n-1) \ (n > 0)$$

$$fact(0) = 1$$

　任意の $n$ の値が与えられたときに、$fact(n)$ を計算するにはどうすればいいだろうか？ 1 つには、値が決まっている $n$ から出発して、$n$ の値を 1 つずつ引きながら、$n \times (n-1) \times \cdots \times 1$ を計算することが考えられる。これを素直にプログラムにすると次の

ようになる。

## プログラム 10-(3) ・・・ 非再帰的な階乗の計算

```
#include <stdio.h>

int fact(int n);

int main(void)
{
    int a = 5;

    printf("%d! = %d\n", a, fact(a));

    return 0;
}

int fact(int n)
{
    int r = 1;

    while (n > 0){
        r = r * n;
        n--;
    }
    return r;
}
```

実行結果は次のように出力される。

```
5! = 120
```

一方、$fact(n)$ が、$n$ と $fact(n-1)$ を使って定義されていることに注目すると、再帰的な呼び出しを使って、もっとすっきりとしたプログラムになる。次に、再帰を使ったプログラムを示す。

**プログラム 10–(4)** ・・・ 再帰的な階乗の計算

```c
#include <stdio.h>

int fact(int n);

int main(void)
{
    int a = 5;

    printf("%d! = %d\n", a, fact(a));

    return 0;
}

int fact(int n)
{
    if (n > 0)
        return n * fact(n - 1);
    else
        return 1;
}
```

> 関数 **fact** の中で **fact** を呼び出している。これが再帰

実行結果は次のようにまったく同じになる。

```
5! = 120
```

このプログラムで注目してほしいのは、関数の再帰的な定義がそのまま素直にプログラムに反映されていることだ。

このプログラムはどのように動作するのだろうか？　その様子を示したのが**図 10.12**である。

アルゴリズムを考える | 217

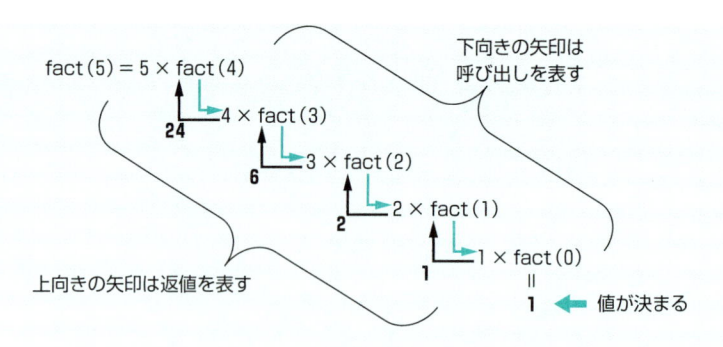

```
                    fact(5) = 5 × fact(4)
                              ↑ ↓
                           24  4 × fact(3)
                                ↑ ↓
                              6  3 × fact(2)
                                  ↑ ↓
                                2  2 × fact(1)
                                    ↑ ↓
                                  1  1 × fact(0)
                                        =
                                      1    ← 値が決まる
```

下向きの矢印は呼び出しを表す

上向きの矢印は返値を表す

**図 10.12　再帰的な階乗の計算のしくみ**

　まず、a = 5 によって a を 5 とした上で、fact(5) を計算しようとするところから図 10.12 が始まる。プログラム 10-(4) の中で、関数 fact の中に実行が進むと、まず if 文中の n > 0 が成立して、n * fact(n - 1) を実行しにいく。n の値は 5 であるから、$5 \times fact(4)$ を計算しようとする。ここで fact(4) の実行により、まさに自分自身の再帰的な呼び出しが起きる。これが fact(0) まで行くと、if 文中の n > 0 が不成立となり、else 以下の実行によって、初めて fact(0) = 1 の値が決まる。

　そして今度は、下から上向きに値が戻されていく。まず、$2 \times 1$ が計算されて 2、$3 \times 2$ が計算されて 6 といった具合で、最後に $5 \times 24$ が計算されて $fact(5) = 120$ と計算される。

　このような実行の進み方は、図 10.11 に示すように mergesort の実行の進み方にも見ることができる。

　さて、ここまで見ると、再帰的な定義のからくりが見えてきたのではないかと思う。関数 fact の場合には、n の値が 1 つずつ減っていき、必ず 0 になることによって、fact(0) が決まる。そこから逆順に値が決まっていく。また、関数をコールするたびに、必要な引数の値はスタックにプッシュされ、戻って計算するときには、返値が返されて使用される。関数 mergesort の場合も同様に、ソートする要素の数が半分になっていって、最後は 2 つの 1 要素のマージになることで値が決まる。

　ここで肝心なのは、定義さえきちんとしておけば、この実行のプロセスはコンピュータがやってくれることであり、いちいち追いかける必要はないということである。

　また、この考え方は、高校などで勉強する帰納的な証明法とよく似ている。帰納的な証明とは、$n = 1$ で成り立つことを示し、$n = k$ で成り立つなら、$n = k + 1$ でも成り立つことを証明する。つまり、対象となるすべての $n$ について証明するわけではなく、検討の対象は $n = k$ のときと $n = k + 1$ のときの関係に限定される。実は、再帰的も帰納的も英語では同じ **recursive** ということばが対応する。

## 実行時間を比較する

図 10.13 は、バブルソートと、マージソートのプログラムをデータ数を 2、4、8、16、32、64 と変えて実行したものである。タテ軸の実行命令数は、ほぼ実行時間と比例する。$n = 16$ までは、バブルソートの実行命令数の方が少なく、性能が良いことがわかる。しかし、$n = 32$ になると、マージソートの方が性能が良くなる。

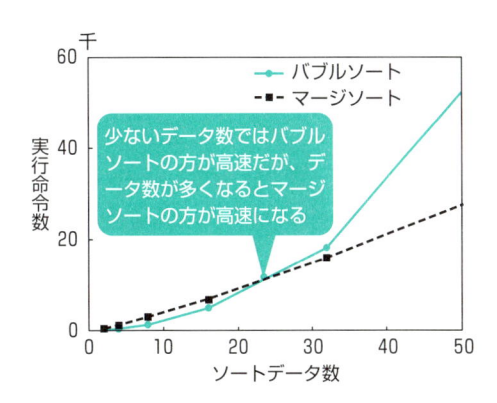

図 10.13　少ないデータ数でのバブルソートとマージソートの比較

さらにデータ数を増やしたのが、図 10.14 である。データ数が増えるとマージソートが優れていることがはっきりし、その差がどんどん開いていくことがわかる。

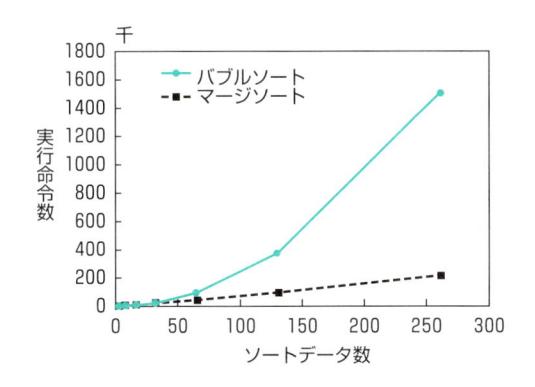

図 10.14　データ数を増やしたときのバブルソートとマージソートの比較

アルゴリズムを考える

# どうやってアルゴリズムを考えるか

　数字を整列するプログラムを作りなさい、と言われてバブルソートあるいはマージソートのようなアルゴリズムをどうやって考えるか。

　もちろん、整列のような基本的な課題については、多くのアルゴリズムの蓄積があるので、新たに考えるよりは先人の考えたアルゴリズムの中から目的に合ったアルゴリズムを選び出す方が賢い（もちろん新しいアルゴリズムの可能性を否定するものではないが）。

　ソートに限らず、多くの普遍的な問題には、すでに広まっている良いアルゴリズムが存在することが多い。だから、それらを一通り知っておくことは大切である。

　しかし、もし、どこにも既存アルゴリズムがないような課題が与えられたらどうするか？　これは、自分で考えるしかない。この場合の考えるヒントは、もし自分が手を動かしてやるとしたらどうやるだろう？　机上で紙と鉛筆を使ってやるならどうするだろう？　というつもりで考えてみることである。扱うデータのサイズも考えやすい小さなものでやってみる。最初から効率の良いアルゴリズムは思い付かないかもしれないが、少なくともこれが出発点になる。後は少しずつ改良を重ねて行けばいい。

　それからよくあるのが、最適な答えを見つけようとすると、その手数が膨大なものになって、最速のコンピュータを使っても有限の時間で計算が終了しない場合である。たとえば、よく知られた問題として**巡回セールスマン問題**がある。これは、n 都市（$n \geq 4$）すべてをできるだけ短い移動距離でまわるにはどういう経路がよいかを求める問題である。

　図 10.15 に A～D の 4 都市の例を示す。

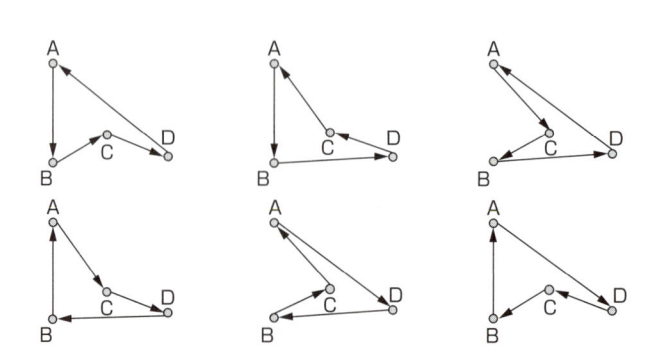

図 10.15　巡回セールスマン問題（4 都市の例）

都市 A から出発すると、残りは 3 都市だから可能なまわり方の数は B、C、D の順列の数、つまり 3!=6 通りとなる。具体的には、(B, C, D)、(B, D, C)、(C, B, D)、(C, D, B)、(D, B, C)、(D, C, B) となる。この程度であれば手数も知れているが、都市数 n が増えると、n! は急激に大きくなる。

ここでオーダ n! がいかに大きな数字であるかを、いくつかの関数と比べながら示してみよう。**図 10.16** は、横軸に n を取って、縦軸に n の関数 T(n) を取ったものである。T(n) としては、$n$、$n \cdot \log_2 n$、$n^2$、$n^3$、$n!$ をプロットしている。$n \cdot \log_2 n$ はマージソートの手数を表し、$n^2$ はバブルソートの手数を表すことを思い出そう。また、図の縦軸は 10 の対数を取っていることにも注意してほしい。

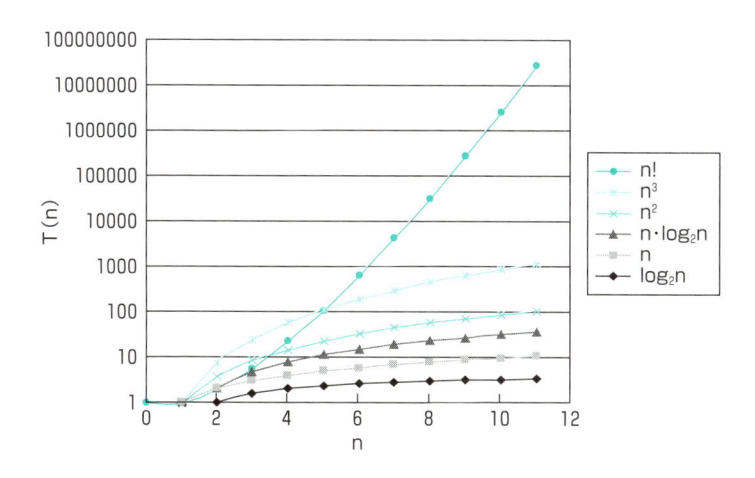

**図 10.16　さまざまな計算の手数をプロットしてみる**

というわけで、$n!$ は急激に大きくなる。この結果、巡回セールスマン問題を図 **10.15** のように総当たりで求めようとすると、最速のコンピュータを使っても有限の時間では解が求められなくなる。

しかし、現実にはこのような問題を有限な時間で解かなければならない。それも、有限とはいえ実用上は、年単位などの途方もない時間がかかっては使いものにならない。厳密な最適解ではなくてもそれに近い解を、妥当な時間で解くためには、何らかの工夫が必要になる。

こういうときに、プログラマの力が問われることになる。プログラミング言語を駆使してプログラムを作る能力ももちろん大切だが、このようなことを考える力をどうやって養うかは一言では難しい。あえて言えばコンピュータのしくみの理解、定

番アルゴリズムの系統立った理解、そして論理的に物事を考える習慣を養えば、近道かもしれない。

さらに言うと、アルゴリズムを考える前にも、やるべき重要なことがある。問題の明確な定義と、解析だ。解くべき問題をきちんととらえ、何を入力として、どんな処理を施し、何を出力すればよいのか…を考えることができれば、やれる仕事の範囲は格段に広がるだろう。

## 正しいアルゴリズムとプログラムを作る

アルゴリズムは効率が良い前に、「正しく」なければならない。アルゴリズムの誤りは、それを反映するプログラムの誤りになる。

これを検証するのは、ソフトウェアテストと呼ばれる技術であるが、正しいことを完全に保障するのは難しい。しかし、基本的な枠組みとして以下の2点を挙げることができる。

(1) 手続きの出入り口での値のチェック…出入り口で満足するはずの変数間の関係などをチェックすること
(2) プログラムの停止性の確認…ループや再帰呼び出しにおいて、単調に減少あるいは増加してある値に到達することを確認すること

短いプログラムであれば、その実行時間があっという間のものばかりなので、予想外の時間がかかる場合には無限ループに陥ったと推定できる。しかし、世の中には、なんと最高速のコンピュータを使っても何週間もかかるようなプログラムもある。このようなプログラムの実行の際には、事前に停止性について十分確認するとともに、エラーがあって遅いのか？　単に時間がかかっているだけなのか？　を見極める方法を、あらかじめ組み込んでおくことが必要だ。

# 付録

```
========================================================
付録  マージソートのプログラム（全体）
========================================================

#include <stdio.h>
#define N 8

void mergesort(int a[], int n);
void merge(int a[], int m, int b[], int n, int c[]);
void print_data(int a[]);

int main(void){
  int data[N] = {11, 17, 3, 19, 13, 7, 2, 5};

  print_data(data);
  mergesort(data, N);
  print_data(data);

  return 0;
}

/* 配列aを整列する */
void mergesort(int a[], int n){
  int i;
  int a1[N], a2[N];
  int s1 = (n+1)/2;
  int s2 = n - s1;

  if (n>1){
    for (i=0; i<s1; i++) a1[i] = a[i];
    for (i=s1; i<n; i++) a2[i-s1] = a[i];
    mergesort(a1, s1);
    mergesort(a2, s2);
```

```
    merge(a1, s1, a2, s2, a);
  }
}

/* 配列 a と b を併合して配列 c を作る */
void merge(int a[], int m, int b[], int n, int c[]){
  int i = 0, j = 0;

  while (i<m || j<n){
    if (j>=n || (i<m && a[i]<b[j]))
      {c[i+j] = a[i]; i++;}
    else
      {c[i+j] = b[j]; j++;}
  }
}

/* サイズ N の配列の各要素を表示 */
void print_data(int a[]){
  int i;

  printf("data = {");
  for (i=0; i<N; i++)
    if (i<N-1) printf("%2d,", a[i]);
    else printf("%2d}\n", a[i]);
}
```

========================================================

このプログラムを実行すると、マージソートを実行する前のデータと後のデータが次のように出力される。

   data = {11, 17,  3, 19, 13,  7,  2,  5}
   data = { 2,  3,  5,  7, 11, 13, 17, 19}

当然ながらこの結果は、**プログラム 10–(1)** に示したバブルソートの実行結果と同じである。

# そして最後に
## ―コンピュータを理解しましたか？―

　ここまで到達した人は、コンピュータの世界を、一歩ずつ登ってきて、最上階までの道を究めたことになる。お読みいただいた方へ、まず「おめでとう」のことばを差し上げたい。これらの内容を理解することで、コンピュータの本筋が見えてきたのではないかと思う。本章は、道を究めた人に伝えたい最後のメッセージだ。

## ■ 階段を逆向きに下りていく

　この本では、コンピュータのしくみを下から上にステップアップする方向で説明してきた。しかし、今後もし何らかの課題を解こうとするときには、階段を逆向きに下りながら考えることになる。この階段の存在を意識することで、理解は非常に深くなるはずだ。

　今、階段を下りながら、各ステップを簡単に復習しておこう。

## ■ 問題を定義することからプログラムの実行まで

　コンピュータのシステム構築にあたってまず第一に求められるのは、問題を明確に定義することであり、それを解析して、アルゴリズムを考案することである。

　次に、考案したアルゴリズムを実際に動作させるため、高水準言語プログラムを作成することになる。ここで注意したいのは、コンピュータは、高水準言語で動作するのではなく、機械語で動作することである。このギャップをきちんと理解することも大切になってくる。

　また実行の制御に、オペレーティングシステムが介在することも意識しておく必要がある。

　最後に、実行が行われるハードウェアの理解にも努めてほしい。高水準言語レベル、あるいはそれよりさらに上位のレベルでコンピュータを使う機会が多いため、「ハードウェアが実行している」ことは何となく意識されないことが多い。本書はこの部分のウェイトも重視して解説したが、必ずやこれらの基礎知識が役に立つシーンがあると思う。

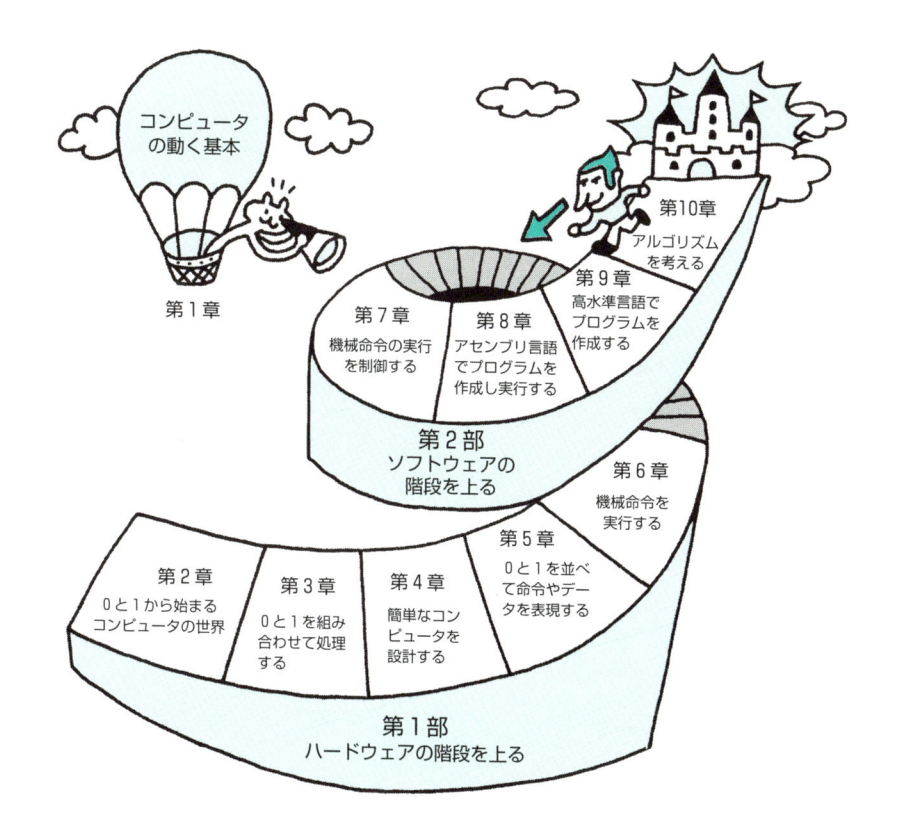

## ■ この本の先にあるもの

　電子式のコンピュータ ENIAC が世の中に現れたのが 1946 年だが、以来半世紀余に及ぶ素子技術からハードウェア、ソフトウェアそしてアルゴリズムとコンピュータに関わる技術の発展は目覚しいものがある。最初に断った通り、これらの技術の集積をすべて紹介するのが本書の目的ではない。この本の目的は、段階を追って縦に一本筋の通った知識を身につけていただくことである。さらにこの先、深いコンピュータに関わる技術の内容は、参考文献として紹介した書物等でさらに学んでほしい。

　本書によって、この先の半世紀あるいは未来のコンピュータの発展に興味を持つ人が現われてくれれば、著者としてこの上の喜びはない。

# 文献紹介

各章で説明したことをさらに深く調べたい人に参考となる文献を紹介する。できるだけ初心者向けのものを、また洋書の場合は訳本のあるものを選んだ。

## 第1章の参考文献

本書と同様に、コンピュータの動くしくみについて、初心者を意識してわかりやすく書かれた本として、以下のようなものがある。

- Charles Petzold 著、永山操訳『CODE コードから見たコンピュータのからくり』日経BPソフトプレス、p.506（2003）
  …モールス信号から始めて、2進数、論理回路そしてマイクロプロセッサへと階段を昇るプロセスは、本書の基本概念と通じるものがある。

- 梅津信幸『あなたはコンピュータを理解していますか？』技術評論社、p.287（2003）
  …コンピュータに対する著者の好奇心を感じさせる本である。

- 安野光雅、野崎昭弘『石頭コンピューター』日本評論社、p.125（2004）
  …コンピュータのしくみと面白さに触れている。

いずれもどうやってコンピュータの動くしくみをわかってもらうか、そして面白さを伝えるか、ということに種々工夫している。また、次の本は、コンピュータに関わる広範な技術について、項目に分けイラストをもちいてしくみを説明している。

- ロン・ホワイト著、トップスタジオ訳『ビジュアル版　コンピュータ＆テクノロジー解体新書』、SBクリエイティブ株式会社、p.363（2015）

コンピュータの歴史についての本も多数出版されているが、その中で次の本を推薦したい。

- 星野力『誰がどうやってコンピュータを創ったのか？』共立出版、p.158（1995）
  …吟味した資料に基づいて、コンピュータ創生期の歴史的なことがらがきちんと整理されて書かれている。

## 第 2 章と第 3 章の参考文献

第 1 章の参考文献の多くは、なんらかの形で 0 と 1 の物理的な表現に触れた部分があるので、それらも参考になる。

コンピュータハードウェアの入門書として次の本を紹介する。

- 宮井幸男、尾崎進、若林茂、三好誠司『イラスト・図解　デジタル回路のしくみがわかる本』技術評論社、p.191（1999）
　…イラストを用いて論理回路の基本を説明している。

## 第 4 章、第 5 章、第 6 章の参考文献

4～6 章の主題は一言で言えば、どうやってコンピュータを設計して作り上げるかであり、これは専門的な用語ではコンピュータアーキテクチャ（つまりコンピュータの建築学）と呼ぶ。コンピュータアーキテクチャに関する専門書の中から、まず次の書物を紹介したい。

- 馬場敬信『コンピュータアーキテクチャ（改訂 4 版）』オーム社、p.408（2016）
　…本書の延長上にある書物として紹介する。広く一般の人にも読んでもらえるように、丁寧な説明を心がけたつもりであり、本書を読んでさらに専門的な内容を学びたいと思った方にはぜひ読んでいただきたい本である。

コンピュータアーキテクチャを主題とする多数の専門書の中から、初心者向きと思われるものをさらにいくつか挙げておきたい。

- 内田啓一郎、小柳滋『IT Text コンピュータアーキテクチャ』オーム社、p.235（2004）

- 坂井修一『コンピュータアーキテクチャ』コロナ社、p.145（2004）

さらに専門的なことを学ぶのであれば次のものをすすめたい。

- D.A. Patterson, J.L. Hennessy 著、成田光彰訳『コンピュータの構成と設計　第 5 版　〜ハードウェアとソフトウェアのインタフェース〜』日経 BP 社、【上】p.359、【下】p.356（2014）
　…今や世界的な標準となった感のある、コンピュータの構成についての教科書。丁寧に書かれているが分量が多い。

- 天野英晴、西村克信著、小栗清監修『作りながら学ぶコンピュータアーキテクチャ』培風館、p.217（2001）

... ハードウェア記述言語（HDL）をもちいて実際にコンピュータを設計する過程を説明している。実証を重んじる著者の姿勢が感じられるが、初心者がいきなり取り組むには難しいかもしれない。

## 第 7 章の参考文献

オペレーティングシステムに関する本も多数あるが、その中から次の 3 冊を初心者向けに挙げる。

- 野口健一郎『オペレーティングシステム』オーム社出版局、p.230（2002）
  ・・・ オペレーティングシステムの開発経験を持つ著者ならではの視点から、最新の技術が選ばれてわかりやすく説明されている。ぜひすすめたい好著である。
- 大久保英嗣編著『オペレーティングシステム』オーム社、p.145（1999）
  ・・・ 入門者向けにわかりやすく書かれている。
- 河野健二『オペレーティングシステムの仕組み』朝倉書店、p.171（2007）
  ・・・ 汎用オペレーティングシステムの要点が簡潔にまとめられている。実例として Windows OS を取り上げている。

さらに深く学びたい方には次のような本格的な本もある。

- A・S・タネンバウム著、水野忠則、太田剛、最所圭三、福田晃、吉澤康文訳『モダンオペレーティングシステム』原著第 2 版、p.986（2004）
  ・・・ オペレーティングシステムの全容や UNIX、Linux、Windows の事例にいたるまで詳細に説明してある。頁数が多く、全体を読み切るのは覚悟がいる。

## 第 8 章の参考文献

- A・S・タネンバウム著、長尾 高弘、ロングテール訳『構造化コンピュータ構成 第 4 版―デジタルロジックからアセンブリ言語まで』ピアソンエデュケーション、p.746（2000）
  ・・・ 本書と同様の趣旨で、ディジタル回路からアセンブリ言語、さらに並列コンピュータまでの階段を登る本であるが、かなり高度な内容を含む。
- J.D. ウルマン著、浦昭二、益田隆司訳『プログラミングシステムの基礎』培風館、p.390（1981）
  ・・・ 古い本ではあるが、アセンブラからコンパイラまでをモデルコンピュータを用いて一貫して説明している点に特徴がある。

## 第 9 章の参考文献

高水準言語の基本的な概念について解説した書物として次の 2 冊を紹介する。

- ダニエル アップルマン著、小林 敦子、矢沢 久雄、サライシダ訳『コンピュータ・プログラムのしくみ―イラストで理解する、プログラミングの基本的な考え方』ソシム、p.214（2003）
  … イラストを使って絵本風に書いてあるが、プログラミングの基本からかなり上級編までをわかりやすく解説した好著である。

- ジェラルド・ジェイ・サスマン、ハロルド・エイブルソン、ジュリー・サスマン著、和田英一訳『計算機プログラムの構造と解釈（第 2 版）』ピアソンエデュケーション、p.410（2000/02）
  … Scheme という言語（演習問題 9-2 参照）をもちいてプログラミング言語の基本概念から並列性などかなり高度な概念まで解説している。MIT の教科書として使われただけあって内容はかなり高度であり初心者向けとは言い難いが、より深く知りたい方に推薦したい。

高水準言語とその処理についてさらに深く調べたい人に、次のような本がある。

- 湯淺太一『情報系教科書シリーズ　コンパイラ』オーム社、p.248（2014）
  … コンパイラの理論的な裏付けと、実際とをバランス良く解説している。

- 中田育男『コンパイラ』オーム社、p.193（1995）
  … PL/0′ と名付けた言語のコンパイラが具体的に示してあり、具体的な例から学ぶことができる。

## 第 10 章の参考文献

アルゴリズムについてさらに勉強したい人向けの本である。

- 茨木俊秀『C によるアルゴリズムとデータ構造』オーム社、p.226（2014）
  … 本書で説明したアルゴリズムとデータ構造についてより深く知りたい人にぜひおすすめしたい。

- D.E. Knuth: The Art of Computer Programming, Vol. III, Sorting and Searching, Addison-Wesley, Reading Mass, p.723（1973）
  … 分厚い洋書で残念ながら訳本がないが、本書で紹介した整列や検索に興味があれば、この本を読むのが最善。

# 演習問題

### 第 1 章の演習問題

(1) 「身の回りにあるコンピュータ」の例を示しなさい。
(2) 「電卓とコンピュータは何が違う」のか説明しなさい。
(3) 「プログラム内蔵方式とは」どのような方式か説明しなさい。
(4) 「命令サイクル」とはどのようなことを繰り返すのか説明しなさい。
(5) 「プログラム内蔵方式コンピュータの基本的な構成要素」を挙げなさい。
(6) プログラム内蔵方式コンピュータの特徴を挙げなさい。
(7) プログラム内蔵方式コンピュータの問題点を挙げなさい。

### 第 2 章の演習問題

(1) 10 進数の 21 を、2 進、5 進、8 進、16 進で表しなさい。
(2) 2 進数で、次の計算をしなさい。$0101 + 0110$、$0011 + 0001$
(3) 5 進数で、次の計算をしなさい。$1234 + 0123$
(4) 8 進数で、次の計算をしなさい。$3456 + 4567$
(5) 16 進数で、次の計算をしなさい。$789A + 89AB$
(6) 同じ情報をアナログで表示したり、デジタルで表示したりしている例を示しなさい。

### 第 3 章の演習問題

(1) 図 3.3、3.4 を参考にして、$L = (A + B) \cdot (C + D)$ に対応するランプとスイッチと電池からなる回路を示しなさい。また、ランプが点灯するための条件を言葉で述べなさい。
(2) 図 3.6 を使って、入力が 1 と 0 のとき、出力が 0 と 1 になる理由を説明しなさい。
(3) 図 3.7 の回路が、論理的に NAND と NOR を実現するスイッチとなっていることを説明しなさい。

(4) 電圧のハイ（H）を 1 に、ロー（L）を 0 に対応させて図 3.9 (a) の AND の真理値表を実現すると、電圧のハイとローの関係は次のように表すことができる。ただし出力は Z とする。もし、この図を電圧のロー（L）を 1 に、ハイ（H）を 0 に対応させてみると、どのような真理値表になるか考えなさい。

| A | B | Z |
|---|---|---|
| L | L | L |
| L | H | L |
| H | L | L |
| H | H | H |

(5) 図 3.14 に示した式から任意の式を選び、ベン図を使って正しいことを確かめなさい。また、同じ式に対して、各変数に 0 と 1 の任意の組み合わせを代入する方法で正しいことを確かめなさい。

(6) 次の図に示す 2 つの論理回路が等価であることを示しなさい。（ド・モルガンの公理を使う、あるいは A、B に 0 と 1 の組み合わせを入力してみるなどの方法がある。）

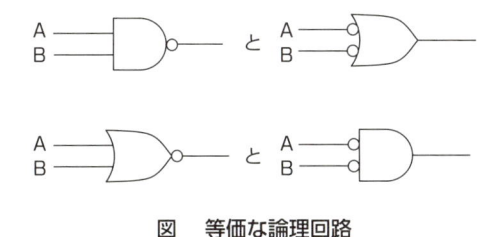

**図　等価な論理回路**

(7) NOR によって、NOT と OR を実現できることを示しなさい。

(8) 図 3.53 に示したフリップフロップでは、$S=1$、$R=1$ の組み合わせは実際上使用しない。もしこの組み合わせを使うとすると、出力が反転するとするのが自然だ。このようなフリップフロップを JK フリップフロップと呼ぶ。

　SR フリップフロップをどのようにすれば JK フリップフロップとなるか調べてみなさい。

## 第 4 章の演習問題

(1) ASC に新たな命令として排他的論理和を計算する命令 EXOR a を次の手順で加えなさい。
   (a) 図 4.3 に op コード 1001 として追加しなさい。
   (b) 図 4.7 の命令サイクルに状態 $S13$ として EXOR 命令の実行のための状態を追加しなさい。
(2) 図 4.17 に続いて、図 4.4 の 2 番地と 3 番地の命令をロードして実行する様子を示しなさい。
(3) ［難問］余力のある人は、図 4.18 の組み合わせ回路を設計してみなさい。

## 第 5 章の演習問題

(1) 10 進数の 14.875 を 2 進数に変換しなさい。
(2) 変換した 2 進数を図 5.24 に示した 16 ビットの浮動小数点形式に表現しなさい。必要なら正規化を行いなさい。
(3) 図 5.29 から、2 進数 01000010 は何を表す文字コードかを答えなさい。
(4) 図 5.29 から、小文字の n を表す 8 ビットのコードを求めなさい。
(5) 図 5.19 の上に、図 5.20 のバイアス表示数をプロットしてみなさい。この結果から、2 の補数表示とバイアス表示の間にある関係を言葉で述べなさい。（これは図 5.20 中の 2 の補数とバイアス表示とを比べるだけでもわかる。）
(6) ASC において、16 ビットのある語をみたとき、その値は 2 進数 0100001000000000 であったとする。この語を、以下のように解釈したとき、何を表現するか答えなさい。
   (a) 固定小数点形式の整数で 2 の補数表現を採用したときの値
   (b) 図 5.24 に示す浮動小数点数としたときの値
   (c) 8 ビット 1 文字の JIS 文字コードとして表現された文字
(7) 固定小数点形式から浮動小数点形式に変換するにはどうすればよいか。また、逆に浮動小数点形式から固定小数点形式への変換の方法も考えてみなさい。
(8) C などの高水準言語が使える人は、浮動小数点数 0.1 を 100 回加算して、結果を出力するプログラムを作成してみなさい。また、加算回数を、1000、10000 として結果を調べなさい。

## 第6章の演習問題

(1) 2進数 0110、1011、1101 は、符号と絶対値、2 の補数、1 の補数のそれぞれでどのような値になるかを 10 進数で答えなさい。また、任意の 2 つの数の組み合わせを加算した結果を示しなさい。

(2) 図 6.9 に示した 2 の補数表示の正負のデータに対する算術シフトの規則をことばで述べなさい。また、このシフトによって、左シフトでは 2 倍に、右シフトでは $\frac{1}{2}$ になっていることを確かめなさい。

(3) 2進固定小数点除算 $00011101 \div 0101$ を筆算で行いなさい。また、コンピュータで行う固定小数点乗算のアルゴリズムを参考に、除算をコンピュータで行うためのアルゴリズムを考えなさい。

(4) 浮動小数点数の演算結果を正規化するにはどうすればよいか考えなさい。

(5) 図 5.23 で示した形式で、$E = 4$、$F = 7$ として浮動小数点数を表すこととしたとき、次の問いに答えなさい。

　(a) A=0 1010 1101100 と B=1 1011 1110000 の表す値を 10 進数で答えなさい。

　(b) 浮動小数点形式で $A + B$、$A - B$、$A \times B$、$A \div B$ の計算を行って、正規化した結果を示しなさい。

## 第7章の演習問題

(1) 1命令の実行時間が 1 ナノ秒（ナノは $10^{-9}$ を表す）の CPU がディスク I/O を行うとする。1 回のディスク I/O に 10 ミリ秒（ミリは $10^{-3}$ を表す）かかるとすると、1 回の I/O の間に何命令実行することになるか計算しなさい。

(2) 割り込みの原因にはどのようなものがあるか調べなさい。

## 第8章の演習問題

(1) 図 8.2 において、プログラムカウンタが誤って 4 番地を指したときに、どのようなことが起きるか述べなさい。

(2) 図 8.2 に示すコードを再配置可能とするためにはどのような情報が必要か考えなさい。

## 第 9 章の演習問題

(1) 代入文 a = b*(c + d) + e*f の解析木を作成しなさい。また、その解析木を作成するのに使用する導出規則を図 9.32 より示しなさい。
(2) C 以外のプログラミング言語にどのようなものがあるか調べ、それぞれの特徴を述べなさい。
(3) C では変数に型があることを説明した。では、違う型間の代入などは可能なのだろうか？　この疑問に答えるためには、実際にそのようなプログラムを書いて、コンパイルと実行を試みるのが手っ取り早い。float と int 間の代入文、ポインタと int 間の代入文などで試してみなさい。
(4) 型を持たない変数を使う言語もある。どのような言語の例があるか、その利点、欠点は何かなどを調べてみなさい。
(5) あなたの家族構成をポインタを使ったデータ構造をもちいて図に表しなさい。各人については、名前、年齢の情報と、親、子供、兄弟へのポインタを持つものとする。
(6) 図 3.39、3.41 を参考にして、N ビットの加算器の動作を模擬するプログラムを作成しなさい。

## 第 10 章の演習問題

(1) ソーティングのための他のアルゴリズムについて調べてみなさい。
(2) 同じアルゴリズムでも、入力値が変わると計算のコストは変わってくる。ソーティングのプログラムを例に、適当に値が分散している場合、あらかじめ整列されている場合、まったく逆順になっている場合について、バブルソートとマージソートのコストの変化を調べなさい。
(3) 本章で紹介したアルゴリズムでは、あらかじめ整列するデータ数が静的に決まって宣言されている。もし、この数が実行時に入力され、いくつ入力されるかもわからないような場合にはどのようにしたらよいか、考えなさい。
(4) 本文中に示したバブルソートとマージソートのプログラムが停止することを、ソースプログラム上で確認しなさい。

# 演習問題解答

**第 1 章**

(1) 本文にも記したように、パソコン、家電製品の中の組み込み型コンピュータなどがある。
(2) 計算の手順もメモリにあり、これによってみずからを制御できるのがコンピュータの特徴である。
(3) プログラムもデータとともにメモリに格納し、これによってコンピュータを制御する方式
(4) 命令の取り出し、デコード、実行の繰り返し
(5) 制御、演算、記憶、入力、出力
(6) （1 章の本文参照）
(7) （1 章の本文参照）

**第 2 章**

(1) 図 2.3 に 10 進数で 20 までの表記があるので、これを参考に考えればよい。答えは次のようになる。

$$(10101)_2 \ (41)_5 \ (25)_8 \ (15)_{16}$$

(2) 以下の図に示す。

```
  0 1 0 1        0 0 1 1
+ 0 1 1 0      + 0 0 0 1
---------      ---------
  1 0 1 1        0 1 0 0
```

(3) 以下の図に示す。

```
  1 2 3 4
+ 0 1 2 3
---------
  1 4 1 2
```

(4) 以下の図に示す。

```
    3 4 5 6
+   4 5 6 7
-----------
  1 0 2 4 5
```

(5) 以下の図に示す。

```
    7 8 9 A
+   8 9 A B
-----------
  1 0 2 4 5
```

(6) 体重計、血圧計、温度計、時計、車の速度など

## 第 3 章

(1) 以下の図に示す。

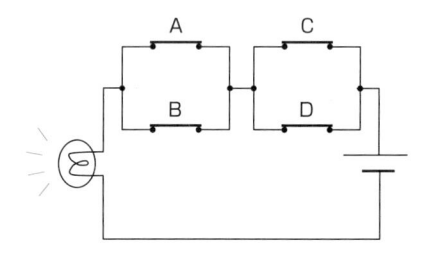

$A$ または $B$ が 1 で、$C$ または $D$ が 1 のときランプが点く

(2) （図 3.6 の図説参照）
(3) （図 3.7 の図説参照）
(4) 以下の図に示す。

| A | B | Z |
|---|---|---|
| 1 | 1 | 1 |
| 1 | 0 | 1 |
| 0 | 1 | 1 |
| 0 | 0 | 0 |

これは OR の真理値表である。H、L と 0、1 の対応を変えると AND から OR になる。同様に OR は AND になる。

(5) 図 3.14(4) の吸収則を取り上げてみよう。ベン図による方法は、図 3.15 に示した。0 と 1 を代入する方法を以下に示す。

| A | B | A + AB |
|---|---|--------|
| 0 | 0 | 0 |
| 0 | 1 | 0 |
| 1 | 0 | 1 |
| 1 | 1 | 1 |

ここから $A + AB = A$ であることがわかる。

(6) 論理式に表してみると、4 つの図は順に $\overline{A \cdot B}$、$\overline{A} + \overline{B}$、$\overline{A + B}$、$\overline{A} \cdot \overline{B}$ の 4 式によって表わされる。A、B の組み合わせに対して値を求めると次のようになり、それぞれに等価であることがわかる。

| A | B | $\overline{A \cdot B}$ | $\overline{A}+\overline{B}$ | $\overline{A+B}$ | $\overline{A} \cdot \overline{B}$ |
|---|---|---|---|---|---|
| 0 | 0 | 1 | 1 | 1 | 1 |
| 0 | 1 | 1 | 1 | 0 | 0 |
| 1 | 0 | 1 | 1 | 0 | 0 |
| 1 | 1 | 0 | 0 | 0 | 0 |

(7) 図 3.28 や図 3.29 と同様の方法で NOT と OR が実現できる。

(8) JK フリップフロップの真理値表を次に示す。

| J | K | $Q_{n+1}$ | $\overline{Q_{n+1}}$ |
|---|---|---|---|
| 0 | 0 | $Q_n$ | $\overline{Q_n}$ |
| 0 | 1 | 0 | 1 |
| 1 | 0 | 1 | 0 |
| 1 | 1 | $\overline{Q_n}$ | $Q_n$ |

$J = 1$、$K = 1$ のとき、状態が反転する。このようなフリップフロップは、以下のように図 3.53 に示したクロック付きの SR フリップフロップを 2 つつなぐことにより実現できる。左側をマスタ、右側をスレーブと呼ぶ。

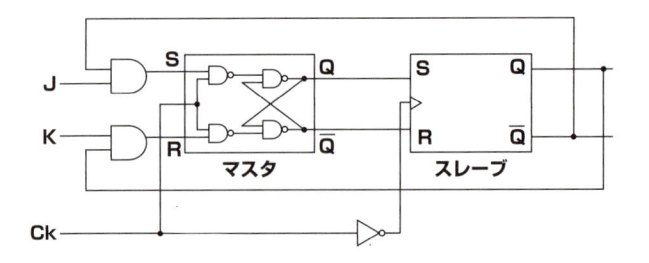

この回路において、スレーブにはクロックが反転して入力されている。このため、動作は以下のようになる。(P.72〜73、図3.53、3.54、3.55とその説明参照)

(a) クロックが1のときは、マスタが変化し、スレーブは変化しない。このときのマスタへの入力は、S入力がJ入力とスレーブの$\overline{Q}$出力との論理積、R入力がK入力とスレーブのQ出力との論理積である。特に、$J = K = 1$のときに着目すると、マスタのS、R入力には、スレーブの$\overline{Q}$とQ出力が入力されることから、反転した状態を記憶することがわかる。

(b) クロックが0のときは、マスタは変化せず、スレーブが変化する。このときのスレーブは、(a)のクロックが1のときに変化したマスタの値を、そのまま保持する。

以上より、上記の真理値表が得られる。

## 第4章

(1) 次のように追加すればよい。

(a) 演算の欄に以下のように追加する。

| 機能 | op | ニーモニック | 動作 |
|---|---|---|---|
| 排他的論理和 | 1001 | EXOR a | レジスタとa番地の内容との排他的論理和をレジスタに残す |

(b) S2からの矢印を1本追加し、その先に次の状態を置く。

EXOR (op=1001)

| S13 | MM(MAR)$\oplus$R → R |

(2) 2番地の命令としてストア命令の読み出し、デコード、実行する様子を図示すればよい。

3番地の命令として停止命令の読み出し、デコード、実行を行いコンピュータが停止するまでを図示すればよい。

(3) 第4章〜6章の参考文献を参照。拙著『コンピュータアーキテクチャ（改訂2版）』（オーム社）には、実際に設計した例が示してある。

## 第5章

(1) 1110.111
(2) $0.1110111 \times 2^4$ と変形できることから、次のような表現になる。

| 0 | 1 0 1 0 0 | 1 1 1 0 1 1 1 0 0 0 |

(3) 大文字のB
(4) 01101110
(5) プロットは省略する。2の補数 +1000 を行って、桁あふれを無視するとバイアス表示が得られる。
(6) (a) 先頭が0なので正の数となり、2の補数表現は実質関係がない。1の立っているビット位置から表す値は、以下のように計算される。

$$2^{14} + 2^9 = 16384 + 512 = 16896$$

(b) 浮動小数点としてみるために数字の列を次のように区切ってみる。

0 10000 1000000000

この表す数字は定義から $0.1 \times 2^0$ となり、これは $(0.1)_2 = (0.5)_{10}$ となる。

(c) 図5.29の定義表から、上位8ビットの **01000010** はBを表し、下位の8ビット **00000000** はNULを表すことがわかる。

(7) 図5.22を矢印の向きにたどれば固定小数点数から浮動小数点数への変換となる。また、逆向きにたどれば、浮動小数点数から固定小数点数への変換となる。

(a) 固定小数点形式→浮動小数点形式

固定小数点数を $0.f \times 2^{e'}$ の形に変換する。ただし $f$ の先頭は非零とする。

符号、$e'$、$f$ をこの順に並べた後に、$e'$ をバイアス表示 $e$ とする。

(b) 浮動小数点形式→固定小数点形式

$e$ をバイアス表示からその表す値 $e'$ に変換する。

$0.f \times 2^{e'}$ の形にした後、$e'$ の値に応じて左あるいは右方向に $f$ をシフトする。

(8) C によるプログラム例を以下に示す。このプログラムでは、0.1 を 10 回加算するごとにその結果を表示する。

======================================================
**プログラム解答**　　　10 進の 0.1 を繰り返し加算するプログラム
======================================================

```c
#include <stdio.h>

#define N 100
#define D 0.1

int main(void){
  int i;
  float data = 0;

  for(i=0; i<N; i++){
    if (i % (N/10) == 0) printf("%5d: data = %10f\n", i, data);
    data = data + D;
  }

  printf("%5d: data = %10f\n", i, data);

  return 0;
}
```

======================================================
このプログラムの実行結果は以下のようになる。10 回の繰り返しごとに、

242

floatデータ（data）を出力しており、一番左端の数値が繰り返しの回数、右端の数値がdataの値を示している。

```
  0: data =   0.000000
 10: data =   1.000000
 20: data =   2.000000
 30: data =   2.999999
 40: data =   3.999998
 50: data =   4.999998
 60: data =   5.999997
 70: data =   6.999996
 80: data =   7.999995
 90: data =   8.999998
100: data =  10.000002
```

小数点以下6桁までの値で見ると、30回以降、誤差の影響が明確に表れていることがわかる。

加算回数を変化させるにはNの値を変更すればよいので、加算回数を増やしたときにどうなるかは各自試してもらいたい。

## 第6章

(1)

|  | 符号と絶対値 | 2の補数 | 1の補数 |
|---|---|---|---|
| 0110 | 6 | 6 | 6 |
| 1011 | −3 | −5 | −4 |
| 1101 | −5 | −3 | −2 |

- 符号と絶対値

```
   0110 (+6)        0110 (+6)        1011 (−3)
 + 1011 (−3)      + 1101 (−5)      + 1101 (−5)
 ───────────      ───────────      ───────────
   0011 (+3)        0001 (+1)       オーバフロー
```

- 2の補数

```
    0 1 1 0  (+6)         0 1 1 0  (+6)         1 0 1 1  (-5)
 +  1 0 1 1  (-5)      +  1 1 0 1  (-3)      +  1 1 0 1  (-3)
 ─────────────────     ─────────────────     ─────────────────
 (1) 0 0 0 1  (+1)     (1) 0 0 1 1  (+3)     (1) 1 0 0 0  (-8)
```

- 1の補数

```
    0 1 1 0  (+6)         0 1 1 0  (+6)         1 0 1 1  (-4)
 +  1 0 1 1  (-4)      +  1 1 0 1  (-2)      +  1 0 1 1  (-2)
 ─────────────────     ─────────────────     ─────────────────
 ①0 0 0 1             ①0 0 1 1             ①1 0 0 0
 +         1           +         1           +         1
 ─────────────────     ─────────────────     ─────────────────
    0 0 1 0  (+2)         0 1 0 0  (+4)         1 0 0 1  (-6)
```

(2) 
- 左シフトでは論理シフトと同じく符号ビットを無視して左にシフトする。符号ビットの値が変化したときに、オーバーフローになることに注意すればよい。
- 右シフトの場合、左端から符号ビットの値を補ってやればよい。

(3)
```
                0 1 0 1
        ┌─────────────────
  0 1 0 1) 0 0 0 1 1 1 0 1  (+29)
           0 1 0 1
           ─────────
             0 0 1 0 0 1
                 0 1 0 1
                 ─────────
                 0 1 0 0
```

これは $(+29) \div (+5) = +5 \cdots$ 余り $+4$ の計算を行っている。

コンピュータで行うには、シフトと減算を組み合わせればよいがその詳細は拙著など他文献に譲る。

(4) 仮数部 0.f としたとき f の先頭が非零となるようにシフトして、その分を指数部で補正すればよい。もし、指数部で補正しきれない場合は、その数は正規化ができないので非正規化数として表現することになる。(**図 5.25** 中の非正規表現参照)

(5) (a) $A: +0.1101100 \times 2^2 = (11.011)_2 = (3.375)_{10}$
$B: -0.1110000 \times 2^3 = (-111)_2 = (-7)_{10}$

(b) 加減算については**図 6.13**、乗除算については**図 6.15**を参照のこと。

## 第 7 章

(1)
$$\frac{10(\text{ミリ秒})}{1(\text{ナノ秒})} = \frac{10 \times 10^{-3}}{1 \times 10^{-9}} = 10 \times 10^6 = 10^7$$

つまり 1000 万命令実行することになる。入出力の間に CPU を有効に活用すれば、これだけの仕事ができる。

(2) CPU の外部に割り込みの原因があるもの（外部割り込み）の原因として、入出力装置、コンソールからの割り込みなどがある。

一方、CPU の内部に割り込みの原因があるもの（内部割り込み）はさらに (a) プログラム実行をモニタするための割り込みに代表されるトラップ、(b) 演算オーバフロー、アドレスエラー、未定義命令実行などの例外、(c) 電源エラーなどのハードウェアエラー、などに分類される。

## 第 8 章

(1) 先頭の 4 ビットが 0000 なのでロード命令として実行してしまう。ロードアドレスは 1 番地となる。続いて 5 番地のデータを命令として実行する。

(2) 配置する場所によって書換えが必要な命令・データとそうでないものを区別する必要がある。この命令形式では書換えが必要なのは停止命令以外のすべての命令であり、書換えの方法は 1 通りで下位ビットのアドレス a が正しいアドレスを指すようにしなければならない。したがって、以下の図に示すように、左端に 1 ビットの情報を付加し、書換えの必要のある命令には 1 を立てるようにすればよい。再配置の際には、左端が 1 のとき、右側の命令のオペランドアドレスを書換える。

```
1  0000  0000  000000000100
1  0001  0010  000000000101
1  0010  0001  000000000110
0  0011  1111  000000000000
0  0100  000000000000001
0  0101  000000000000010
0  0110  000000000000000
```

## 第 9 章

(1) 解析木は左のようになる。導出規則は右のようになる。

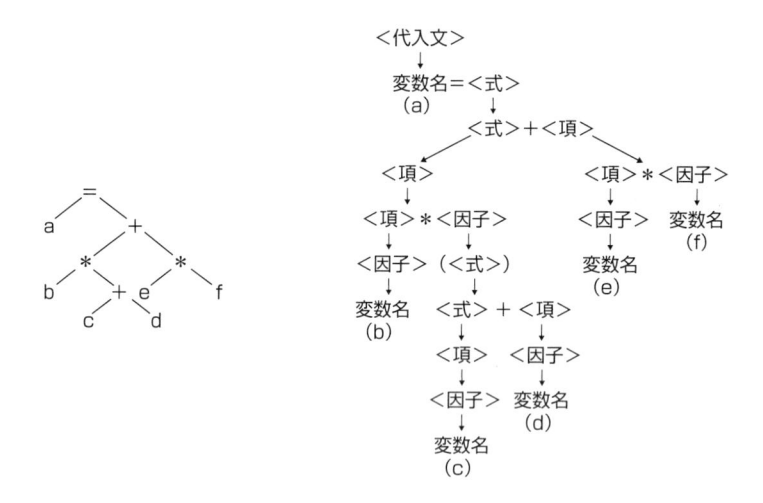

(2) プログラミング言語を手続き型、関数型、論理型の 3 つに分類して特徴を要約する。
   (a) 手続き型言語
   - **C:** UNIX の記述を目的に設計された言語で、低レベルな記述が可能。
   - **C++:** C をベースとしてオブジェクト指向プログラミングを可能とした言語。
   - **FORTRAN:** 歴史的に最初の高水準言語であり、科学技術計算に向いている。
   - **Pascal:** 最初は教育を目的に設計された言語で、構造化されたプログラム作成を意図して設計されている。
   - **Java:** オブジェクト指向のプログラミング言語。いろいろなコンピュータで動作可能とすることを意図して、仮想的な機械命令セットにより定義されたバーチャルマシン (**VM**) で動作するバイトコードをオブジェクトコードとして設計されている。
   (b) 関数型言語
   - **LISP:** リスト処理をベースとして設計されている。値は型を持つが、変数は型を持たない。

- Scheme: LISP の方言の 1 つ。
- ML: 明示的に型を宣言しなくても、データの使い方から型を推論する機能を持つ。
- APL: 多くの特殊記号を用いる言語で、通常のプログラミング言語なら数行を要することが一行で書けてしまう。
  (c) 論理型言語
    - Prolog: 一階述語論理に基づくプログラム言語
(3) 変数の型が静的に決まっている C では、コンパイル時に型のチェックが行われる。その結果、整数とポインタ間の代入文を書くとコンパイラによって次のような注意メッセージが出される。

　　warning: assignment makes integer from pointer without a cast
整数と浮動小数点数との間の代入は、コンパイル時には問題なく通り、実行時には自動的に型の変換をしてくれる。もし、変換先の型で決まったビット長に収まりきらない場合は切り捨てられる。
(4) 問 9–(2) で説明した言語の中では、LISP が代表的なものである。プログラマの負担は軽減されるが、処理する側の負荷は大きくなる。
(5) 次のようなデータ構造を用いればよい。

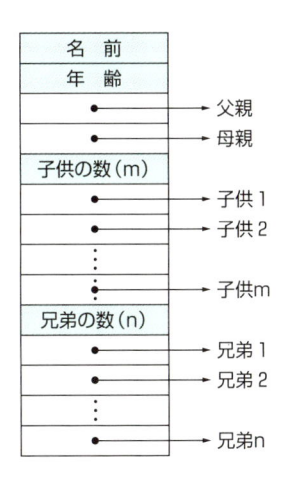

| 名　前 |
| 年　齢 |
| ● | → 父親 |
| ● | → 母親 |
| 子供の数 (m) |
| ● | → 子供 1 |
| ● | → 子供 2 |
| ⋮ |
| ● | → 子供 m |
| 兄弟の数 (n) |
| ● | → 兄弟 1 |
| ● | → 兄弟 2 |
| ⋮ |
| ● | → 兄弟 n |

(6) Cによる加算器のプログラム例を次に示す。

==================================================
**プログラム解答**　　　加算器の動作を模擬するプログラム
==================================================

```c
/*
 * N ビット加算器
 */
#define N 4

void print_data(int e[], char c);

int main(){
    int a[N] = {0, 0, 1, 1};
    int b[N] = {0, 1, 1, 0};
    int s[N];
    int c = 0;
    int i;

    /* 配列aとbの要素を表示する */
    print_data(a, 'a');
    print_data(b, 'b');

    /* 配列aとbの各要素を1ビットの全加算器でN回加算する */
    for (i=N-1; i>=0; i--){
        s[i] = ~a[i]&~b[i]&c | ~a[i]&b[i]&~c |
               a[i]&~b[i]&~c | a[i]&b[i]&c ;
        c    = b[i]&c | c&a[i] | a[i]&b[i];
    }

    /* 配列sの要素を表示する */
    print_data(s, 's');

    /* キャリ出力を表示する */
```

```
  printf("c = %d\n", c);
  return 0;
}

/* サイズ N の配列の各要素を表示 */
void print_data(int e[], char c){
  int i;

  printf("%c = {", c);
  for (i=0; i<N; i++)
    if (i<N-1) printf("%2d,", e[i]);
    else printf("%2d}\n", e[i]);
}
```

==================================================

このプログラムの実行結果は以下のようになり、$(0011)_2 + (0110)_2 = (1001)_2$ でキャリ出力が 0 であることを示している。

```
a = { 0, 0, 1, 1}
b = { 0, 1, 1, 0}
s = { 1, 0, 0, 1}
c = 0
```

## 第 10 章

(1) （第 10 章の文献紹介 P.231 を参照）

(2) バブルソートとマージソートでそれぞれ (1) 最初から昇順に整列された入力、(2) 逆順に（つまり降順に）なった入力を与えたときの計算のコストを図に示す。図からわかるように、マージソートでは、入力の違いによる影響をあまり受けない。第 10 章で説明したアルゴリズムからその理由を考えてみよう。

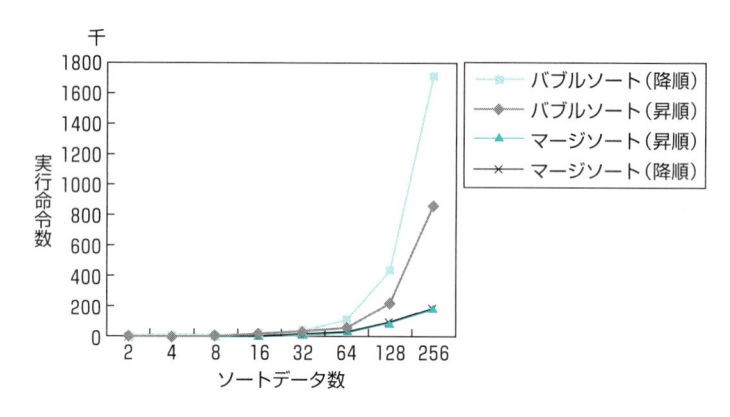

**図　入力データによる計算コストの変化**

(3) ポインタを使用した動的なデータ構造を使用すればよい。

(4) バブルソートの停止性 … 2 重の for ループの変数 i と j がそれぞれ 0 から 1 ずつ増加して、ある一定の値 N、N-i-1 で上から抑えられることが停止性の基本となっている。

マージソートの停止性 … 再帰的に呼び出してマージソートする対象のデータサイズが単調に減少し、最終段階では 2 つの 1 要素のマージ演算になって結果が確定することから、再帰の終了およびアルゴリズムが停止することがわかる。

# 索引

### ■ 英数字 ■

10 進数 ...................... 106
1 の補数 ..................... 111
2 安定回路 .................... 67
2 進数 .................. **31**, 106
2 の補数 ............. **110**, 123
2 パスアセンブラ ........... 154
2 変数の論理式表現 .......... 51
ADD ......................... 90
ALU ................. **79**, 90
AND ......... **39**, 44, 45, 55, 91
ASCII コード ................ 119
byte ......................... 121
CPU .......................... 18
DRAM ........................ 29
EDSAC ....................... 18
ENIAC ........................ 18
EXOR ........................ 52
FA ........................... 62
for 文 ................. 180, **185**
GUI ................. **146**, 167
IEEE 浮動小数点形式 ........ 116
if 文 ................. 180, **182**
I/O .......................... 139
IPL .......................... 147
IR ........................... 22
LD ........................... 77
LSB ................... **62**, 108
MOS トランジスタ ........... 40
NAND ......... **43**, 44, 46, 55, 68
nop 命令 ..................... 98
NOR ............. **43**, 44, 46, 55
NOT ............. **39**, 44, 45, 55
NOT 回路 .................... 67
N フラグ .................... 91
OR ............ **40**, 44, 45, 55, 91
OS .......................... 142
PC ................... **22**, 95
POP 命令 .................... 100
PUSH 命令 ................... 100
R ............................ 22
SR フリップフロップ ......... 70
ST ........................... 78
SUB ......................... 91
UNIX ....................... 146
while 文 .................... 180
Windows .................... 146
Z フラグ .................... 91

### ■ あ ■

アセンブラ .................. 152
アセンブリ言語 .............. 152
アドレス ..................... 20
アナログ ..................... 35

索引 251

アルゴリズム................202
イニシャルプログラムローダ...147
イミーディエト................101
意味解析.....................171
インタープリタ方式............169
インデックスレジスタ..........102

上向き構文解析法.............179

エクサ........................94
エディタ.....................200
エンコーダ....................60
演算子順位文法...............179
演算制御装置.................20
演算装置..................**25**, 75
エンドアラウンドキャリ.......126

オーダ.......................208
オブジェクトコード............167
オブジェクトモジュール........159
オペランド....................99
オペレーションコード..........77
オペレーティングシステム.....142

■ か ■

返値........................189
書き込み.....................20
拡張子......................167
加算.........................90
加算器......................22
仮想化......................144
仮想記憶....................144
型.....................**166**, 172

仮数........................113
関数........................188
間接アドレス指定............101

木..........................174
キーボードエコー.............149
記憶装置.............**25**, 75, 92
ギガ.........................94
機械命令..............**95**, 97
機械命令セット...............78
記号表......................173
擬似命令....................153
基数........................113
揮発性......................30
キャリ..................**60**, 126
局所変数..............**173**, 191

駆動レコード.................194
組み合わせ回路..............57
グラフィカルユーザインターフェイス
............................167
クロスコンパイラ.............172
クロック.................**71**, 76

ケー.........................94
ゲート........................83
ゲタバキ表示................111
ケチ表現....................117
減算.........................91

語..........................77
高水準言語..................162
構文解析....................170
固定小数点演算.............122
固定小数点形式........**108**, 112

| | |
|---|---|
| コメント | **153**, 154 |
| コンパイラ | 167 |
| コンパイラ方式 | 169 |

### ■ さ ■

| | |
|---|---|
| 最下位ビット | 62 |
| 再帰的 | 215 |
| 再帰呼び出し | 213 |
| 最適化 | 171 |
| 再配置可能コード | 157 |
| サブルーチン | 132 |
| サブルーチンコール命令 | 132 |
| 算術シフト | 126 |
| 算術論理演算装置 | **79**, 90 |
| サンプリング | 35 |
| 字句解析 | 170 |
| 指数 | 113 |
| システムコール命令 | 99 |
| 四則演算命令 | 98 |
| 下向き構文解析法 | 179 |
| 実効アドレス | 102 |
| じっこうかのうイメージ | 161 |
| シフト演算 | 126 |
| 主記憶 | 93 |
| 出力装置 | 25 |
| 巡回セールスマン問題 | 220 |
| 順序回路 | 65 |
| 真空管 | 40 |
| 真理値表 | 43 |
| スコープ | 173 |
| スタック | **100**, 177, 192 |
| スタック・セグメント | 173 |
| ストア | 98 |
| ストア命令 | 78 |
| 正規化 | 114 |
| 制御装置 | 25 |
| 制御部 | **74**, 87 |
| 静的な処理 | 161 |
| 整列 | 204 |
| セット | 70 |
| 全加算器 | 62 |
| 操作コード | **77**, 99 |
| ソースプログラム | 167 |
| ソーティング | 204 |
| ソフトウェア | 78 |

### ■ た ■

| | |
|---|---|
| たし算をする回路 | 60 |
| 中央処理装置 | 18 |
| 中間言語 | 169 |
| 直接アドレス指定 | 101 |
| ディジタル | 35 |
| 停止命令 | 98 |
| データ | 95 |
| データセグメント | 196 |
| データパス部 | **74**, 90 |
| テキスト・セグメント | 173 |
| デコーダ | 59 |
| デコード | 81 |
| テスト分岐命令 | **75**, 98 |
| デバッグ | 156 |

テラ .......................... 94
動的な処理 .................. 161
特権命令 ...................... 99
ド・モルガン則 ............... 49
トランジスタ .................. 40

■ な ■

流れ図 ....................... 180
ニーモニック ................ 152
ニーモニック表記 ............ 78
入出力装置 .................... 75
入力装置 ...................... 25
入力引数 ..................... 189
ノイマンボトルネック ........ 27

■ は ■

ハードウェア .................. 79
ハイ ........................... 28
バイアス表示 ................ 111
排他的論理和 ................. 52
バイト ....................... 121
配列 ......................... 194
バグ ......................... 156
バックトラック .............. 179
バブルソート ................ 206
半加算器 ...................... 61
番地 .......................... 20
半導体 ........................ 40
汎用レジスタ ................. 22

ヒープ ....................... 196
比較＆交換 .................. 205
ビジーウェイティング ...... 140
ビット ........................ 30
標準ライブラリ ............. 166
ブート ....................... 148
ブートストラップ ........ **148**, 172
ブール代数 ................... 43
ブール代数の公理 ............ 46
符号と絶対値表示 ........ **110**, 122
浮動小数点演算 ............. 129
浮動小数点形式 ............. 112
負の数 ...................... 110
フラグ ........................ 80
フリップフロップ ............ 70
フレーム .................... 194
プログラムカウンタ ..... **22**, 95
プログラム内蔵方式 .......... 18
プロセス .................... 140
プロセススイッチ ........... 140
分割コンパイル ............. 200
分岐命令 ............ **75**, 98, 132

ベースレジスタ ............. 102
ペタ .......................... 94
ベン図 ........................ 45
変数 ................... **165**, 172

ポインタ .................... 194

■ ま ■

マージソート ................ 208
マルチウィンドウ ........... 149

マルチプログラミング..........143
命令..............................20
命令サイクル....................22
命令セット......................78
命令レジスタ....................22
メガ..............................94
メモリ............................18

文字コード....................118

■ や ■

読み出し........................20

■ ら ■

リーフ..........................176
リセット........................70
リンケージエディタ............159

ルート..........................176
レジスタ........................92
レジスタ修飾..................102

ロー..............................28
ローダ..........................160
ロード............................98
ロード命令......................77
ロードモジュール..............160
論理演算....................**91**, **98**
論理回路の簡単化..............64
論理記号........................43
論理式............................43
論理積......................**39**, 43
論理否定....................**39**, 43
論理変数........................43
論理和......................**40**, 43

■著者略歴

**馬場敬信**（ばば たかのぶ）

| | |
|---|---|
| 1947年 | 栃木県生まれ |
| 1970年 | 京都大学工学部数理工学科卒業 |
| 1975年 | 京都大学大学院工学研究科博士課程単位取得退学 |
| 1975年 | 電気通信大学助手 |
| 1978年 | 工学博士（京都大学） |
| 1990年 | 宇都宮大学教授 |
| 2002年 | 放送大学客員教授 |
| 2009年 | 宇都宮大学理事・副学長 |
| 2013年 | 宇都宮大学名誉教授 |

情報処理学会会誌編集委員会ハードウェア分野主査、同学会計算機アーキテクチャ運営委員会委員、電子情報通信学会コンピュータシステム研究専門委員会委員長、同学会和文論文誌D編集委員会副委員長、同学会英文論文誌D編集委員会委員長などを歴任
情報処理学会 Best Author 賞、IASTED PDCS 国際会議 Best Paper Award などを受賞
情報処理学会フェロー、電子情報通信学会フェロー

著書　『Microprogrammable Parallel Computer』（The MIT Press，1987）
　　　『コンピュータアーキテクチャ（改訂3版）』（オーム社，2011）など

---

**コンピュータのしくみを理解するための10章**

2005年7月25日　初版　第1刷発行
2022年9月16日　初版　第14刷発行

著　者　馬場敬信
発行者　片岡 巌
発行所　株式会社技術評論社
　　　　東京都新宿区市谷左内町 21-13
　　　　電話　03-3513-6150　販売促進部
　　　　　　　03-3513-6166　書籍編集部
印刷／製本　港北メディアサービス株式会社

定価はカバーに表示してあります

本書の一部または全部を著作権法の定める範囲を越え、無断で複写、複製、転載あるいはファイルに落とすことを禁じます。

©2005　馬場敬信

造本には細心の注意を払っておりますが、万一、乱丁（ページの乱れ）や落丁（ページの抜け）がございましたら、小社販売促進部までお送りください。送料小社負担にてお取り替えいたします。

ISBN4-7741-2422-2　C3055

Printed in Japan

カバーデザイン ❖ 平塚光明（PiDEZA）
カバーイラスト ❖ イモカワユウ
本文イラスト ❖ 武曽宏幸
本文レイアウト ❖ 三美印刷株式会社

■本書に関するご質問につきましては、本書に記載されている内容に関するもののみとさせていただきます。また、電話でのご質問は受け付けておりません。下記お問い合わせ先あるいは弊社Webサイトのご質問用フォームをご利用ください。
　なお、ご質問の際に記載していただいた個人情報は、ご質問に対する回答以外の目的には使用いたしません。回答の返信後には速やかに廃棄あるいは削除いたします。

【宛先】
〒162-0846
東京都新宿区市谷左内町 21-13
株式会社 技術評論社　書籍編集部
『コンピュータのしくみを理解するための10章』係
Webサイト　http://gihyo.jp/book